அகர ரகசியம் என்ற

அண்டக்கல் முப்பு ரகசியம்

THE SECRETS OF THE PHILOSOPHER'S STONE

தொகுப்பாசிரியர்

மரு. குப்புசாமி சித்தா

notionpress.com

INDIA • SINGAPORE • MALAYSIA

Notion Press Media Pvt Ltd

No. 50, Chettiyar Agaram Main Road,
Vanagaram, Chennai, Tamil Nadu – 600 095

First Published by Notion Press 2021
Copyright © Dr. Kuppusamy Siddha 2021
All Rights Reserved.

ISBN 978-1-63957-407-0

This book has been published with all efforts taken to make the material error-free after the consent of the author. However, the author and the publisher do not assume and hereby disclaim any liability to any party for any loss, damage, or disruption caused by errors or omissions, whether such errors or omissions result from negligence, accident, or any other cause.

While every effort has been made to avoid any mistake or omission, this publication is being sold on the condition and understanding that neither the author nor the publishers or printers would be liable in any manner to any person by reason of any mistake or omission in this publication or for any action taken or omitted to be taken or advice rendered or accepted on the basis of this work. For any defect in printing or binding the publishers will be liable only to replace the defective copy by another copy of this work then available.

பொருளடக்கம்

அணிந்துரை: 1 5
அணிந்துரை: 2 11
அணிந்துரை: 3 15
முகவுரை 17

அகர ரகசியம் - பகுதி 1 21
அகர ரகசியம் - பகுதி 2 27
அகர ரகசியம் - பகுதி 3 34
அகர ரகசியம் - பகுதி 4 41
அகர ரகசியம் - பகுதி 5 46
அகர ரகசியம் - பகுதி 6 51
அகர ரகசியம் - பகுதி 7 57
அகர ரகசியம் - பகுதி 8 73
அகர ரகசியம் - பகுதி 9 87
அகர ரகசியம் - பகுதி 10 97
அகர ரகசியம் - பகுதி 11 106
அகர ரகசியம் - பகுதி 12 113
அகர ரகசியம் - பகுதி 13 121
அகர ரகசியம் - பகுதி 14 127
அகர ரகசியம் - பகுதி 15 137

அகர ரகசியம் - பகுதி 16 143
அகர ரகசியம் - பகுதி 17 152
அகர ரகசியம் - பகுதி 18 158
அகர ரகசியம் - பகுதி 19 162
அகர ரகசியம் - பகுதி 20 168
அகர ரகசியம் - பகுதி 21 172
அகர ரகசியம் - பகுதி 22 180
அகர ரகசியம் - பகுதி 23 189
அகர ரகசியம் - பகுதி 24 195
அகர ரகசியம் - பகுதி 25 202
அகர ரகசியம் - பகுதி 26 210
அகர ரகசியம் - பகுதி 27 214
அகர ரகசியம் - பகுதி 28. 219
அகர ரகசியம் - பகுதி 29 226
அகர ரகசியம் - பகுதி 30 229
அகர ரகசியம் - பகுதி 31 236
அகர ரகசியம் - பகுதி 32 239

ஆதார நூல்கள் 245

அணிந்துரை: 1

அன்பு நண்பர்- பாரம்பரிய சித்த மருத்துவர் திரு.குப்புசாமி சித்தா அவர்களின் கனவு நூலான அகர ரகசியம் என்ற அண்டக்கல் முப்பு ரகசியம் எனும் கலைப்படைப்பிற்கு அணிந்துரை வரைவதில் பெருமை கொள்கிறேன்.

இந்த நூலின் முதல் சில கட்டுரைகள் தமிழ்ச் சித்தர்களின் தத்துவக் கருத்துக்களின் அடிப்படையில் தொகுக்கப்பட்டுள்ளது. அதன் பிறகு வரும் கட்டுரைகள் மேலைநாட்டு ஞானிகளின் ஆங்கில நூல்களின் தமிழ் மொழியாக்கம் ஆகும்.

சாகாக்கலைக்கு ஆதாரமான முப்பு அல்லது அமுரி பற்றிய விவரங்களை ஆழமாக விளக்கிய திரு.கருணாகர சாமிகள் மற்றும் அவரது சீடர் ஜட்ஜ் வி.பலராமையா அவர்களின் நூல்களான அகர ஆய்வு, அமுதகலசம் மற்றும் முப்புகுரு போன்ற நூல்களை அடியொற்றியே ஆசிரியர் அகர ரகசியம் என்ற அண்டக்கல் முப்பு ரகசியம் எனும் நூலை அறிமுகப்படுத்துகிறார்.இது ஒரு தொகுப்பு நூல் என்ற நிலையிலேயே வாசகர்கள் இந்நூலை அணுக வேண்டும்.

இந்த நூலாசிரியரின் குருவின் அனுபவத்தில் பூத்த மலர்களாகவே இந்நூலை நான் கருதுகிறேன்.ஒரு சில முக்கியமான-பரிபாசை இல்லாத - குழூக்குறி அற்ற நேர் வார்த்தைகளில் பேசக் கூடிய மேலை நாட்டு ஞானிகளின் நூல்களில் உள்ள சில பல பகுதிகள் இந்நூல் முழுவதுமே பரவலாக தமிழ் மொழியாக்கம் செய்யப்பட்டு தேவையான இடத்தில் பயன்படுத்தப்பட்டுள்ளது.

தமிழ் மொழி பெயர்ப்பு என்பது ஒரு கலை.மூலநூல்களின் கருத்துக்கள் மற்றும் சொற்களுக்கு இணையான சொற்கள் மற்றும்

கருத்துக்களை தேர்வு செய்து மிக நேர்த்தியாக வாக்கிய கட்டமைப்பு செய்யப்பட்டு இந்நூல் உருவாக்கப்பட்டுள்ளது.

வெளியின்றி தோற்றமுமில்லை தொழிலுமில்லை.தோற்றப் பொருள்களுக்கு ஆதியாக - தாயகமாயுள்ள 'வெளியை' உணர்வது தலையாய கடமை என்பதால், அதனை தெளிவுபட கூறியுள்ளார் இந்நூலாசிரியர்.

ஆகாயம் என்ற வெளியில் அண்டசராசரங்களும் சுழன்று கொண்டுள்ளன.உயிர் அல்லது பிராணன் காற்று மாத்திரமல்ல. காற்றிலுள்ள ஒரு பொருள். ஆனால் காற்று எங்கும் வியாபித்த பொருள் அல்ல.பூமிக்கு சில மைல்களுக்கு அப்பால் காற்று கிடையாது.அதை ஆங்கிலத்தில் - ether — ஈதர் - என்று சொல்வர். இந்த ஈதர் என்ற சொல்லுக்கு ஆவி என்று பொருள் சொன்னால் பொருந்தும்.

மேல் நாட்டு ஞானிகளின் "ஆர்கானம்" என்ற "இரகசிய மருந்து" நான்கு வகைப்படும்.இவற்றின் தன்மை, செய்முறை மற்றும் பயன்பாடுகளை தமிழ்ச் சித்தர்களின் மொழியில் விளக்கி இருக்கும் பாங்கு போற்றுதலுக்கு உரியது.

இயற்கையைப் புரிந்து கொண்டால் தான் முப்பு செய்முறையை புரிந்து கொள்ள முடியும்.இயற்கையான செய்முறைகளின் மூலம் தான் நமது மருந்தை செய்து முடிக்க முடியும்.ஆகவே தான் இயற்கையை சிறப்பான பல உதாரணங்கள் மூலம் விளக்கி உள்ளார்.

என்னுடைய பார்வையில் இந்த நூல் ஒரு கலைப் பெட்டகம் மட்டுமல்ல- சாகாக்கலையை ஆய்வு செய்யும் கலைஞனுக்கு ஒரு சிறந்த கையேடு என்று கூறினால் அது மிகையாகாது.

அமுரி அல்லது அண்டக்கல் முப்பு என்பது ஒரு "Universal Medicine" என்பதால் மேல்நாட்டு ஞானிகளின் தத்துவக் கருத்துக்களுக்கு ஏற்ப - அவற்றிற்கு இணையான தமிழ்ச் சித்தர்களின் பாடல்களை தேர்வு செய்து மிக அழகான ஒரு சிறந்த ஒப்பீட்டுக் காவியமாக இந்நூல் வடிக்கப்பட்டுள்ளது.

நூலின் சிறப்பு அம்சங்களாக சொல்லப்படும் மெய்ப்பொருள், ஞானிகளின் நெருப்பு, ஞானிகளின் இரசம், ஞானிகளின் கந்தகம் மற்றும் எல்லாவற்றிக்கும் மேலான முப்பு செய்முறை சூட்சுமங்களை இந்நூல் போல் வேறு எந்த நூலும் வெளிச்சம் போட்டுக் காட்டியிருக்க முடியாது என்பது எனது கருத்து ஆகும். சரியான புரிதலுக்கு தடையாக இருக்கின்ற ஒன்று ஞானிகள் பயன்படுத்தும் "Metaphors" உருவகங்கள் அல்லது பரிபாஷை ஆகும்.

ஒப்பீடு செய்யப்படும் இருவேறு கருத்துகள், உருவகங்களாக இருப்பதால் ஒன்று எளிதில் புரிந்து கொள்ளும் வகையில் இருக்க, மற்றொன்று புரிந்து கொள்ள முடியாத வகையில் இருக்கும். மறைக்கப்பட்ட கருத்தை புரிந்து கொள்வது தான் சாகாக்கலையை ஆய்வு செய்யும் கலைஞனுக்கு வெற்றிப் பரிசாக இருக்கும். உதாரணமாக 'ஜீவவிருட்சம்' என்ற உருவகச் சொல்லில் இருந்து புரிந்து கொள்ளக் கூடியது தாவரம் என்பது.புரிந்து கொள்ள முடியாத படி மறைத்துச் சொல்லப்பட்டது மெய்ப்பொருளின் "வளர்ச்சி நிலைகளை" குறிக்கும் எனலாம்.

பரிபாசைச் சொற்களைப் புரிந்து கொள்ள ஆங்கில நூல்களே துணை புரிகின்றன.மேலைநாட்டு ஞானிகளின் நூல்களையும், நம் நாட்டுச் சித்தர்களின் நூல்களையும் ஒப்பீட்டு முறையில் ஆய்வு செய்து- புரிந்து கொள்ள ஏதுவாக இந்த நூல் வடிவமைக்கப்பட்டுள்ளது என்பது தான் இந்நூலின் சிறப்பம்சம் ஆகும்.

இயற்கையும் கலையும் ஒன்றைப் போலவே மற்றொன்றும் ஒத்து இருப்பதாக ஞானிகள் கருதுகின்றனர்.இந்தக் கலையானது இயற்கையின் பிரதிபலிப்பு மற்றும் பிரதிபிம்பம் என்று சொன்னால் அது மிகையாகாது.மெய்ப் பொருளை "The image of God" அதாவது "கடவுளின் பிரதிபிம்பம்" என்று சொல்வதைப் போல இவற்றை கருதுகின்றனர்.

இயற்கையின் இயக்க செயல்பாடுகளை (Operations of nature) போலவே இக்கலையினுள்ளும் இயக்கச் செயல்பாடுகள் நடைபெறுகின்றன என்ற மாபெரும் உண்மையை உலகின் பல ஞானிகளும் வெளிப்படுத்தி உள்ளனர். உதாரணமாக உலக உற்பத்தியும் முப்பு என்ற உப்பின் உருவாக்கமும் ஒரே மாதிரியான இயக்கச்

செயல்பாடுகள் என்கின்றனர். இதை விளக்கியும் மேலை நாட்டு ஞானிகள் கூறுகின்றனர். மண் பூதத்துள் விளையும் உலோகங்கள் மற்றும் தாதுப்பொருட்கள் போன்றவற்றின் வித்து மற்றும் வளர்ச்சி நிலைகளும், முப்பு என்ற உப்பின் (வித்து) உற்பத்தியின் வளர்ச்சி நிலைகளும் ஒன்றைப் போலவே மற்றொன்றும் உள்ளது என்று சூசகமாகவும் சூட்சுமமாகவும் கூறுகின்றனர்.

இயற்கை செய்யும் வேலையை நமது கலையை ஆய்வு செய்யும் கலைஞரும் தனது செய்முறையில் செய்யும் போது தனது கலையில் வெற்றி பெறுகிறார். கலைஞன் இயற்கையையும் மிஞ்சும் நிலையில் இருக்கிறான் என ஞானிகள் கருதுகின்றனர்.

தாவரம், விலங்கு, தாது உப்புக்கள் என்ற மூன்று உலகங்களிலும் நடைபெறும் தோற்றம் (வித்து) அல்லது உற்பத்தி, வளர்ச்சி மற்றும் மறைவு போன்றவைகள் முப்பு செய்முறையிலும் வித்து, வளர்ச்சி நிலைகள் போன்றவற்றில் ஒத்திருக்கின்றன என ஞானிகள் கருதுகின்றனர்.

தாவர உலகில் வித்து என்னும் விதை வெளிப்படையாகவே கண்ணுக்கு தெரிகின்றன. விலங்குகள் உலகத்தில் வித்து மற்றும் பெண்பாலில் கரு முட்டைகள் விலங்குகளின் உடல்களில் மறைத்து வைக்கப்பட்டுள்ளன.

மண்ணில் விளையும் தாது உப்புக்கள் மற்றும் உலோகங்களின் உற்பத்தியில் வித்து எது என்பது தான் மிகப் பெரிய கேள்வியாக மனிதர்களுக்கு உள்ளது. அவைகளுக்கும் வித்து உள்ளது என்பதை ஞானிகள் மட்டுமே அறிந்துள்ளனர். அந்த வித்து எது என்பதை ஞானிகள் விளக்கும் பாணி தான் சிறப்பாக உள்ளது. ஆகாய வெளியில் உள்ள ஈதர் என்பதில் இருந்து வரும் ஒருவித ஆற்றலை ஆணாகவும், பூமியிலிருந்து வரும் ஒரு வித ஆற்றலை பெண்ணாகவும் கொண்டு பூமிக்குள் இரண்டும் சங்கமித்து விதையாகி, உலோகங்களும் தாது உப்புக்களும் வளர்கின்றன என ஞானிகள் சொல்கின்றனர்.

மெய்ப்பொருளுக்கு 'வித்துக்குள் வித்து' என்று ஞானிகள் சொல்வதில் இருந்து மெய்ப்பொருள் என்னும் வித்தின்றி விளையும்

சுயம்பு நீரானது வித்தாகவும், பின்பு அதன் வளர்ச்சி நிலைகளையும் ஞானிகள் உருவகம் மூலமாக வெளிப்படுத்துகின்றனர்.

ஞானிகள் முப்பு செய்முறையை விளக்குவதற்கும் அதை மாணவர்கள் புரிந்து கொள்வதற்கும் ஏதுவாக பல்வேறு யுக்திகளை கையாளுகின்றனர். அந்த யுக்திகள் எவை என்பதை பார்ப்போம்

மெய்ப்பொருளின் உட்பகுதிகளுக்கு பொதுவான பெயர்கள் இல்லை. அதனால் ஞானிகள் தங்களின் மனதிற்கேற்ப பலவிதமான பெயர்களை குறிப்பிட்டு சொல்வதற்கு கடவுள் அனுமதி அளித்துள்ளார் எனத் தோன்றுகிறது. மேலை நாட்டு ஞானிகள் மெய்ப்பொருளின் உட்பகுதிகள் இரண்டு எனவும் அவற்றை பிரித்து சேர்த்தால் மூன்றாவதாக அழிவற்ற பொருள் கிடைக்கும் எனவும் ஒருசேர கூறுகின்றனர். அந்த இரு உட்பகுதிகளுக்கு கீழ்க்காணும் விதத்தில் பெயர்களை சூட்டி விளக்குகின்றனர்.

1. நீரும் நெருப்பும் (பூத மொழி)
2. இரசமும், கந்தகமும் (பாசாண மொழி)
3. சூரியனும் சந்திரனும் (கிரக மொழி)
4. ஆணும் பெண்ணும் (பாலின மொழி)
5. உடலும் உயிரும் (உடற்கூறு மொழி)
6. விண்ணும் மண்ணும் (பூத மொழி)
7. 8- ம், 2- ம் (எண் மொழி)
8. அவும் உவும் (எழுத்து மொழி)

இவற்றில் ஏதேனும் ஒரு மொழியில் மெய்ப்பொருளில் இருந்து முப்பு செய்முறையை விளக்குகின்றனர்.

பிராணாயாமம் என்ற சொல்லுக்கு இருவேறு அர்த்தங்களை உள்ளடக்கி சித்தர்கள் தங்களது பாடல்களில் சொல்லியுள்ளனர். ஒன்று மக்கள் யாவரும் எளிதில் புரிந்து கொள்ளக்கூடிய மூச்சுப் பயிற்சி, மற்றொன்று எவரும் எளிதில் புரிந்து கொள்ள முடியாத ஒரு கலையின் செய்முறை அதாவது முப்பு செய்முறை. இந்த

இரண்டாவதாக சொல்லப்படும் முப்பு செய்முறையை சித்தர்கள் மறைபொருளாகச் சொல்லியுள்ளனர். அவர்களின் நோக்கம் முப்பு செய்முறையை விளக்குவது தான்.

பொதுவாக விளக்கவுரை எழுதுபவர்கள் மூச்சுப் பயிற்சியையே விளக்கியுள்ளனர். மகான் ஸ்ரீ கருணாகர சுவாமிகள் ஒருவரே பிராணாயாமப் பாடல்களுக்கு உண்மையான விளக்கவுரை வழங்கி உள்ளார்கள்.

மனித உடலில் ஆறு ஆதாரச் சக்கரங்கள் உள்ளது போலவே மெய்ப்பொருளைக் கொண்டு செய்யப்படும் முப்பு செய்முறையிலும் ஆறு ஆதாரங்கள் உண்டு எனவும் அவற்றின் முடிவில் அமுதம் விளைகின்றது எனவும் Dr. பலராமையா அவர்கள் தன்னுடைய அமுதகலசம் என்ற நூலிலும் வெளிப்படுத்தி உள்ளார்கள்.

இவ்வளவு சிறப்பு வாய்ந்த இந்நூலை வெளியிடும் திரு.குப்புசாமி சித்தா அவர்களுக்கு எனது வாழ்த்துக்களையும், பாராட்டுக்களையும் தெரிவித்துக் கொள்கிறேன்.வாழ்க வளமுடன்.

இப்படிக்கு

கா. மகாலிங்கம்
(ஓய்வு பெற்ற தலைமையாசிரியர்)
கரூர்.
10/6/2021

அணிந்துரை: 2

அகர ரகசியம் என்ற அண்டக்கல் முப்பு ரகசியம் எனும் நூலை தொகுத்து வெளியிடும் பாரம்பரிய சித்த மருத்துவர். திரு. மரு. குப்புசாமி சித்தா அவர்கள் எனது நீண்ட நாளைய நண்பர். நண்பருக்கு முன்னுரை எழுதிக் கொடுப்பதில் லேசான சிரமம் ஒன்று உண்டு. எத்தனை கவனமாய், தெளிவாய் அவர் தொகுத்துள்ள கருத்துகளைப் படித்தாலும், நண்பர் பக்கம் மெல்ல சாயாமல் இருக்க முடியாது. சித்த வைத்தியர் திரு. குப்புசாமி சித்தா அவர்களை 2004ம் ஆண்டு முதலே தெரியும். இருவரும் கல்ப முப்பு ஆய்வாளர்கள் என்பதால் கருத்து வேறுபாடுகளுக்கு பஞ்சமிராது. ஆனால் அது உடனடியாக களையப்பட்டுவிடும். அந்த வகையில் எங்கள் நட்பு எந்த நெருடலும் இல்லாமல் தொடர்கிறது.

பாரம்பரிய மருத்துவர் திரு. குப்புசாமி சித்தா அவர்கள் வெளியிடும் அகர ரகசியம் என்ற அண்டக்கல் முப்பு ரகசியம் நூலுக்கு முன்னுரை எழுத முற்பட்ட போது, என்னுள் எழுந்த ஆனந்த உணர்வுகளை விட அச்ச உணர்வுகளே மிகுந்திருந்தது. காரணம் சாகாக்கலை எனப்படும் ஆயுள் நீட்டும் ஆய்வுக் கலை பற்றிய விளக்கங்களை எழுத்து வடிவில் கொண்டு வருவது சிரமம். அதிலும் மேலை நாட்டு ஞானிகளின் நூல்களையும், சித்தர் நூல்களையும் இணைத்து சாகாக்கலை ரகசியங்களை தொகுத்து வெளியிடுவது என்பது எல்லோராலும் இயலாத காரியம். அதற்கு பரந்துபட்ட சித்தர் நூல் அறிவும், மேலை நாட்டு ஞானிகளின் நூல் அறிவும் தேவை. தன் அன்றாட மருத்துவ பணிகளுக்கு மத்தியிலும் இந்த இரண்டு சாரார் கருத்துகளையும் இணைத்து அதற்கு தேவைப்படும் கட்டுரைகளையும் தொகுத்து ஒரு புத்தகமாக வெளியிடுகிறார் என்றால், அவருடைய தொடர் முயற்சியைப் பாராட்டாமல் இருக்க முடியாது.

நானும் முகநூலில் எழுதுகிறேன். நிறையப் படிக்கிறேன். தெரிந்து கொள்ளும் ஆவலுடன் அலை மோதுகிறேன். தனியாகவும், நண்பர்களோடும் முப்பு குறித்து விவாதம் செய்கிறேன். ஆனாலும் நிறைவு ஏற்படவில்லை. விவாதத்தில் கிடைக்கும் தெளிவை அனுபவத்தில் கொண்டுவர முயலும்போது ஏகப்பட்ட பிழைகள் ஏற்பட்டுவிடுகின்றன. மீண்டும் பிழைகளைத் திருத்தி வெற்றிபெற தொடந்து போராடுகிறேன். இந்த வகையில் திரு குப்புசாமி சித்தா அவர்களும் தொடர் முயற்சியுடையவர். தோல்விகளைக் கண்டு துவளுவதில்லை. அடுத்து எப்படி வெற்றியடைவது என்ற சிந்தனையில் படிப்பினையை மையமாகக் கொண்டு சுறுசுறுப்புடன் அடுத்த கட்ட வேலையைப் பார்க்க ஆரம்பித்துவிடுவார். நான் அவரை பலமுறை சந்தித்திருக்கிறேன். அவர் தன் சுறுசுறுப்பான தொடர் முயற்சியைக் கைவிட்டதே இல்லை. நூல்களை சேகரிப்பதும், சேகரித்த நூல்களைப் படிப்பதும், படித்த கருத்துகளைத் தொகுப்பதிலும் அவருக்கு இணை அவரே என்று கூறலாம். அப்படியான தொடர் முயற்சியில் கிடைத்த கட்டுரைகளை தொகுத்து எல்லோருக்கும் பயன்படும் வகையில்அகர ரகசியம் என்ற அண்டக்கல் முப்பு ரகசியம் என்ற நூலாக வெளியிடுகிறார்.

நூலுக்கு வைக்கப்பட்டுள்ள அகர ரகசியம் என்ற அண்டக்கல் முப்பு ரகசியம் எனும் பெயரைப் பார்த்தாலே நூலின் தரம் புரியும்.

இயற்கையில் உள்ள பஞ்ச பூதங்கள் நாடு, இனம், மொழி என்ற அடிப்படையில் மக்களை வேறுபடுத்திப் பார்ப்பதில்லை. அதேபோன்று அகர ரகசியம் என்ற அண்டக்கல் முப்பு ரகசியம் நூலிலும், மனிதன் இறைநிலை அடையும் பொருட்டு அதற்கு பயன்படக்கூடிய நம் நாட்டு சித்தர்களின் கருத்தோடு, அதற்கு இணையான மேலை நாட்டு ஞானிகளின் கருத்தையும் இணைத்தே கொடுத்துள்ளார். இந்த ஒப்புமை ஆய்வாளர்களுக்கு ஒரு நல்ல தெளிவைக் கொடுக்கும். அதோடு மட்டுமல்லாமல் சாகாக் கலை ஆய்வுக்கு பயன்படும் மேலை நாட்டு ஆய்வாளர்களின் கட்டுரைகளை தமிழில் மொழி பெயர்த்துக் கொடுத்திருக்கிறார். இது ஆய்வாளர்களுக்கு கூடுதல் ஊக்கத்தைக் கொடுக்கும்.

நூலின் தலைப்பு அகர ரகசியம் என்ற அண்டக்கல் முப்பு ரகசியம் என்பதால் நூலில் உலகத் தோற்றத்திலிருந்து ஆரம்பித்திருப்பதோடு

மட்டுமல்லாமல் அதை ஆன்மீக வார்த்தையைப் பயன்படுத்தி விளக்கி இருப்பதும், அதற்கு இணையான நவீன விஞ்ஞான வார்த்தைகளோடு பயன்படுத்தி இருப்பது இதன் கூடுதல் சிறப்பு.

அடுத்து அகர தோற்றம் பற்றி சித்தர்களின் கருத்தையும், அதற்கு இணையான நவீன விஞ்ஞான கருத்தையும் இணைத்து விளக்கியிருப்பதால் இதைப் படிக்கும் எல்லோராலும் எளிதில் புரிந்து கொள்ள முடியும். இதே நடை முறையைத்தான் நூல் முழுவதும் கையாண்டிருக்கிறார்.

அடுத்து பார்த்தால் அமுரி என்ற தலைப்பில் மிகச் சிறந்த கருத்து தொகுப்பை வழங்கியிருக்கிறார். தனக்கு புரிந்தது எல்லோருக்கும் புரிய வேண்டும் என்பதற்காக ஏராளமான சித்தர் பாடல்களை மேற்கோள் காட்டியுள்ளார். அதைப்படிக்க படிக்க படிப்போரின் ஆர்வத்தைத் தூண்டும் வகையில் வார்த்தை நடைகள் உள்ளதைக் காணலாம்.

அடுத்து பார்த்தால் பல மேலை நாட்டு ஞானிகளின் நூல்களில் உள்ள கட்டுரைகளைப் படித்து, அதில் ஆய்வுக்கு பயன்படும் கருத்துகளை தேர்வு செய்து மொழிபெயர்த்து வெளியிட்டிருக்கிறார். இது ஆய்வாளர்களுக்கு கூடுதல் கருத்துத் தெளிவை வழங்கி, அவர்களுக்கு நல்ல வழிகாட்டியாக அமையும் என்பதில் ஐயமில்லை.

இப்படியே நூலின் சிறப்பை சொல்லிக் கொண்டிருந்தால் சொல்லிக் கொண்டே இருக்கலாம். மொத்தத்தில் இந்த நூல் கல்ப முப்பு ஆய்வாளர்களுக்கு ஒரு வரப்பிரசாதம் என்றே கூறலாம்.

இந்த நூல் மெய்ப்பொருள் சார்ந்த ஒரு தத்துவ விளக்க நூல். எனவே இதை மேலோட்டமாகப் படித்தால் புரியாதது போல் இருக்கும். தொடர்ந்து திரும்பத் திரும்ப படிப்பதன் மூலம் கருத்து தெளிவு ஏற்படும். கருத்து தெளிவு ஏற்படும் பட்சத்தில் அதுவே உங்களை நல்வழிக்கு அழைத்துச் செல்லும். அந்தப் பணியை இந்த நூல் செவ்வனே செய்யும் என்பதில் ஐயமில்லை.

தத்துவ அடிப்படையாகவும், சாகாக்கலையின் மருத்துவ வெளிப்பாடாகவும் தரப்பட்டுள்ள இந்த நூல் ஒரு புதையல்.திரு.

குப்புசாமி சித்தா அவர்கள் அவற்றை அரும்பாடுபட்டு சேகரித்து தொகுத்து வழங்கியிருக்கிறார். சித்த மருத்துவர்களுக்கும், சாகாக்கலை ஆய்வாளர்களுக்கும் இந்த நூல் பெருமளவில் பயனுடையதாக அமையும் என்பதில் ஐயமில்லை. தமிழ் மருத்துவம் குறித்தும், சாகாக்கலை குறித்தும் மேலும் பல நூல்கள் தொடர்ந்து வெளியிட வேண்டுமென்று மெய்ப்பொருளாம் இறைவனை வேண்டுகிறேன்.

நன்றி.

தா. பிரான்சிஸ் மகிழன்,
திருவள்ளுவர் ஆயுள் நீட்டும் ஆய்வகம்,
பணகுடி.
10/6/2021.

அணிந்துரை: 3

அ + உ = 10

அன்பு நண்பர் திரு.குப்புசாமி சித்தா அவர்களின் இந்நூலுக்கு அணிந்துரை வரைவதில் பெருமகிழ்ச்சி அடைகிறேன்.இந்நூல் பற்றி சுருக்கமாக கூறுகிறேன்.நம்நாட்டுச் சித்தர்கள் சில வரிகளில் முப்புவை மறைத்துக் கூறி, பலவகையான - மாறுபாடான செய்முறைகளை விளக்கி கூறி சென்றுள்ளனர்.மேல்நாட்டுச் சித்தர்கள் முப்பு செய்முறையை பரிபாஷை கரவு மொழிகளால் மறைத்து எழுதியுள்ளனர்.அவரவர் அனுபவித்த கஷ்டங்கள், அனுபவங்களுக்கு ஏற்ப ஆய்வாளர்களுக்கு சித்தர் நூல் செய்முறைகள் புரிகின்றன.

அகரம் என்ற முழுமுதல் பொருளையும் இயற்கை தினம் தினம் செய்யும் அடிப்படை விதிகளும் நன்கு புரிந்த ஒவ்வொருவரும் இக்கலையில் வெற்றி அடைவது உறுதி 15 வருடங்களுக்கு மேலாக நண்பர் ஆய்வு மேற்கொண்டு பல அரிய வடிவங்கள், வாசனைகளை மெய்ப்பொருள் செய்முறையில் கண்டு விளக்கி உள்ளார். இந்த முப்பு மருந்து சரியாக முடிக்கப்பட்டால் 4448 வகை நோய்களையும் நீக்கும். சரியாக முடிக்க வில்லை எனில் இம்மருந்து பயனற்றுப் போகும். எனவே இம்மருந்து சரியாக முடிக்கப்பட்டுள்ளது என்பதை அறிந்து கொள்ளவே ரசவாதம் செய்து பார்க்க வேண்டி உள்ளது. இம்மருந்து ஒன்றே பசியை அறவே நீக்கக்கூடிய ஆற்றலை கொண்டுள்ளது முப்பூதம் கட்டிய பொருளான முப்பு மட்டுமே மூப்பை நீக்கும். வயதாவதை தடுத்து என்றும் இளமையாக வாழவைக்கும் ஒரு வைத்தியன் இறவா நிலை அடையும் போது மட்டும்தான் முழு வைத்தியன் ஆகின்றான்.

சாகாக் கலையை ஆய்வு செய்கின்ற மாணாக்கர்கள் அனைவரும் இக்கலையில் வெற்றிபெற- மேல் நிலைக்குச் செல்ல உதவும் படிக்கட்டாக இந்நூல் விளங்கும். நமது கலையில் மறைக்கப்பட்ட செய்முறைகளை விளக்கிக் கூறினால் அனைவரும் பயன் பெறுவர் என்ற நோக்கிலேயே ஆங்காங்கு வரிவரியாக அடிப்படை விஷயங்களை குறிப்பிட்டுள்ளார். கல்ப ஆய்வு சம்பந்தப்பட்ட பரிபாஷையில் கூறப்பட்டிருக்கும் விஷயங்களை செய்முறைகளை வெளிப்படையாக ஓரளவிற்கு புரியும்படி விளக்கிக் கூறும் நூல்களுள் குறிப்பிட்டு சொல்லக்கூடிய திரு. கருணாகர சுவாமிகள் எழுதிய அகர ஆய்வு மற்றும் ஜட்ஜ் வி பலராமையா அவர்களால் வெளியிடப்பட்ட அமுத கலசம் முப்பு குரு போன்ற நூல்களுக்கு அடுத்து இந்நூலும் வைத்துப் பேசப்படும்.

மெய்ப்பொருள் தெரிந்தவர்களுக்கு அதை சுலபமாக முடிக்கவும் மெய்ப்பொருளை அறியாதவர்களுக்கு நன்கு மறுபடி மறுபடி படித்து அறிந்து கொள்ளுமாறு இந்நூல் உள்ளது பலவருட ஆய்வில் அனுபவித்து அறிந்த முழு விஷயங்களையும் இந்த நூலில் விவரித்து கூறியுள்ளார். விரைவில் கற்பசாதனை செய்து அதன் அனுபவத்தையும் மற்றொரு நூலில் விளக்குவார் என ஆவலுடன் எதிர்பார்க்கிறேன்.

இப்படிக்கு
சித்தர் மருந்து பா. **கிருஷ்ணகுமார்**
மதுரை.. 1/5/2021.

முகவுரை

பழங்காலந்தொட்டே- வரலாற்றுக் காலத்திற்கு முன்பிருந்தே- இந்த சாகாக் கலையானது குரு சீட பாரம்பரிய முறைப்படி பயிலப்பட்டு வந்துள்ளது பாரம்பரிய முறையில் ஒரு குருவானவர் தனது சீடனை நேரடியாக பரீட்சை செய்து அவனது தகுதிக்கு ஏற்பவே கலைகள் கற்றுக் கொடுக்கப்படுகிறது இந்தக் காலகட்டங்களில் எழுதப்பட்ட நூல்களில் ஆதி பொருளை ஓரளவிற்கு வெளிப்படுத்தி செய்முறையை குருவிடம் நேரடியாக கற்றுக்கொள்ள வேண்டும் எனக்கருதி கடுமையான பரிபாஷைகளில் இந்த செய்முறையானது மறைக்கப்பட்டுள்ளது பின்னாட்களில் அதாவது 10 12-வது நூற்றாண்டிற்குப் பின் நமது நாடு அந்நியர்களின் படையெடுப்பால் அடிமைப்பட்டு போனது குரு சீட பாரம்பரியமும் வெகுவாக குறைந்து போனது எண்ணூறு வருடங்களாக சித்த மருத்துவம் மற்றும் சாகாக் கலை சார்ந்த நூல்கள் யாராலும் எழுதப்படாமல் போயின.

பழங்கால நூல்களில் கடினமான பரிபாசைகளில் மறைத்துக் கூறப்பட்ட செய்முறைகளை நேரடி அர்த்தம் எடுத்துக்கொண்டு பலர் இக்கலையில் வெற்றிபெற கடுமையாக முயற்சித்தனர் அதன் விளைவாக பலரும் கடுமையான பின் விளைவுகளுக்கு ஆளாகி உள்ளனர். உதாரணமாக அவர்களின் பற்கள் உதிர்ந்து போனது கண்கள் குருடாயின பல பணக்காரர்கள் பிச்சைக்காரர்கள் ஆனார்கள் பலர் பைத்தியமானார்கள் பலர் தற்கொலை செய்து கொண்டனர் பலரது வாழ்க்கை வீணானது சென்ற நூற்றாண்டின் இறுதி வரை இது தொடர்ந்தது அப்படிப்பட்ட காலகட்டத்தில் தான் மகான் கருணாகர சுவாமிகள் மற்றும் அவரது சீடர் ஜட்ஜ் பலராமையா

அவர்களின் மூலமாக உரைநடையில் பல நூல்கள் வெளிவந்து ஆய்வாளர்களிடையே ஒரு புது நம்பிக்கையை ஏற்படுத்தியது.

எனினும் அந்த நூல்களில் உள்ள பல பரிபாஷைகள் காரணமாக செய்முறை பற்றிய குழப்பங்கள், சர்ச்சைகள் தொடர்ந்து நீடித்து வந்தது. இந்த நிலையில் மகான் கருணாகர சுவாமிகளும்,

"சித்தர்கள் முத்திரவம் அதை அகர உகர மகாரம் என்றார் எத்தாக இதைப் பிரிக்கும் வழி துறையை கூறவில்லை"
"ஆரறியா முத்திரவங்களை வேதம் கூறி மறைத்தாலும் பாரஸெல்ஸஸ் தத்துவஞானி பிரித்துணர வழி புகன்றார்"

என கூறியதனால் ஆங்கில நூல்களை பல வருடங்களாக படித்து எனது ஆய்வுக்காக பல குறிப்புகளை எடுத்து சேகரித்து வைத்திருந்தேன் மேலும் எனது குருவின் ஆலோசனைகளும் வழிகாட்டலும் சாகாக்கலையின் செய்முறை ரகசியங்களையும், சூட்சுமங்களையும் சந்தேகமில்லாமல் தெளிவு பெற உதவிகரமாக இருந்தது அப்படி நான் தொகுத்த பல நூல்களின் கருத்துக்கள் அனைத்தையும் ஒன்று சேர்த்து அகர ரகசியம் என்ற அண்டக்கல் முப்பு ரகசியம் என்ற நூலாக தற்போது வெளிவருகிறது

இந்நூலுக்கு அணிந்துரை வழங்கி சிறப்பித்த ஓய்வு பெற்ற தலைமை ஆசிரியர் திரு கா மகாலிங்கம் கரூர் அவர்களுக்கும் திரு தா பிரான்சிஸ் மகிழன் பணகுடி அவர்களுக்கும், சித்தர் மருந்து பா. கிருஷ்ணகுமார் மதுரை அவர்களுக்கும் எனது நன்றியை தெரிவித்துக் கொள்கிறேன்.

இந்த நூலுக்கு தேவையான படங்களை சிறப்பான முறையில் வரைந்து கொடுத்த செல்வி ஆர் சஞ்சனா அவர்களுக்கும் அந்த படங்களை சிறந்த முறையில் நிழல் படங்களாக எடுத்து கொடுத்து உதவி செய்த ஆர் சஞ்சனாவின் தந்தை ரவிச்சந்திரன் அவர்களுக்கும் எனது நன்றிகளை தெரிவித்துக் கொள்கிறேன்.

இப்படிக்கு

மரு. குப்புசாமி சித்தா
வெள்ளகோவில்,
10/6/2021.

மகான் கருணாகர சாமிகளின் பொற்பாதங்களுக்கு
இந்நூல் சமர்ப்பணம்.

அகர ரகசியம் - பகுதி 1

சீனர்களால் அறிமுகமாகிய அக்குபங்சர் இந்தியாவில் குறிப்பாக தமிழ்நாட்டில் சித்தர்களால் விவரிக்கப்பட்ட வர்மக்கலையைப் போன்றதே ஆகும்.

வர்மத்தில் புள்ளிகளை மட்டுமே அதுவும் மிக முக்கிய புள்ளிகளை மட்டுமே விவரித்துள்ளனர்.அக்குப்பங்சரில் இதன் தொடர்ச்சியாக இக்கலை ஆராயப்பட்டு விரிவுபடுத்தப்பட்ட ஒரு மருத்துவ முறையாக வளர்ந்திருக்கிறது.வர்மக்கலையில் இது போன்ற ஆராய்ச்சிகள் நடத்தப்படவில்லை என்பது வருத்தமான ஒன்றேயாகும்.

அக்குப்பங்சரின் சக்திப்பாதைகள் யாவும் நம் உடலிலே இருந்தாலும் கூட, அவற்றை நம் கண்களிலே காண முடியாது. இதனாலேயே இம்முறையை ஏற்றுக்கொள்ள பலரும் தயங்கினர்.

இப்போது ஏற்றுக்கொள்ளப்பட்ட முறையும் கூட பல்வேறு ஆராய்ச்சிக் கட்டங்களைத் தாண்டியே வந்ததாகும். முதன் முதலாக 1939 ல் உடலியங்கு முறை சார்ந்த வல்லுனர்கள் மற்றும் விஞ்ஞானிகள் கொண்ட குழுவும் இணைந்து பலவித சோதனைகளை நடத்தியது.

இந்த சோதனைகளின் பயனாக அக்குபங்சர் புள்ளிகளை அறிய உதவும் கருவி கண்டுபிடிக்கப்பட்டு பயன்படுத்தப்பட்டது.

ஆராய்ச்சியின் முடிவில் அக்குபங்சர் புள்ளிகளில் ஒருவித மின்னோட்டம் இருந்ததை அறிந்தனர்.இதற்குப்பிறகு எழுபதுகளில் நடந்த ஆராய்ச்சியில் கிர்லியான் கருவியும் ஒளிவிடக்கூடிய திரவ நிலை ஐசோடோப்பும் பயன்படுத்தப்பட்டன.

இந்த ஆராய்ச்சி அமெரிக்காவின் சைரஸ் நகரில் உள்ள அப்ஸ்டேட் மெடிக்கல் சென்டர் நடத்தியது.

அந்த ஆராய்ச்சி நேரடியாக மனிதரைப்பயன்படுத்தி செய்யப்பட்டது என்பதால் முடிவுகள் துல்லியமாக கிடைத்தன.இதில் சீனர்கள் குறிப்பிட்ட விவரப்படி சக்திப்பாதையின் துவக்கத்தில் ஒளிவிடும் தன்மையுள்ள ஐசோடோப் உடலில் செலுத்தப்பட்டு உயர்நிலை ரேடியேசன் கருவிகளால் அவரது உடல் தொடந்து கவனிக்கப்பட்டு திரவம் செல்லும் பாதை பதிவு செய்யப்பட்டது.

இம்முறையில் ஐசோடோப் ரத்தஓட்டத்திலோ, நரம்புகளிலோ செல்லாமல் தனியான ஒரு பாதையில் செல்வதையும் அது இடைப்பட்ட உறுப்புகளில் தடையின்றிப் பயணம் செய்வதையும் கண்டு வியந்தனர்.அந்த ஐசோடோப் திரவம் சரியாக சீனர்களது வரைபடத்தை ஒத்த பாதையில் பயணம் செய்து அடுத்த பாதையில் இணைந்தது.

கண்களால் காணமுடியாத சூரிய சக்திப்பாதை உடலில் இருப்பதையும், அதிலே சக்தி குறிப்பிட்ட முறையில் நகரவும் செய்கிறது, என்கிற உண்மையை ஒளி உமிழும் திரவத்தால் காணவே முடிந்தது ஆராய்ச்சியாளர் குழுவால்.இதற்குப்பிறகே உலக சுகாதார மையம் அக்குபங்சருக்கு உலக அளவிலான அங்கீகாரம் வழங்க நடவடிக்கை எடுத்தது.

இந்த சக்திப்பாதைகள் அரூபமானவை.நம்முடைய உயிரும் அரூபமானது.ஆனாலும் கூட நாம் வடிவ உடலில் உயிரோடு வாழ்கிறோம்.

அரூபமான உயிரையும் வடிவமாய் அதற்கு வேறுபட்ட உடலையும் இணைப்பவை “ஆற்றல் பாதைகள்” என்பது இப்போது ஏற்றுக்கொள்ளப்பட்ட உண்மையாகும்.

அரூபமான உயிர் என்றும் அழியாமல் இருக்கக் கூடியது. உடலோ தொடர்ந்து மாறுதலுக்கு உட்பட்டு அழிந்து வேறு ஒன்றாய் மாறக்கூடியது.

நம்மைச் சுற்றியுள்ள பிரபஞ்சத்தில் வடிவமாய் வெளிப்பட்ட கோள்களைத் தவிர பிறபகுதி யாவும் வெட்டவெளி.

இந்த வெட்டவெளி என்பது ஒன்றுமில்லாததாகத் தோன்றினாலும் தனக்குள்ளே அனைத்து உயிர் வகைகளுக்கும் உடல் அமைவதற்கு ஆதாரமாய் உள்ள அடிப்படைப் பொருளை அரூப நிலையில் கொண்டுள்ளது ஆகும்.

வெட்டவெளி என்பது அரூபமயமானது. உயிரும் அரூபமயமானது.இரண்டுக்கும் உரிய தொடர்பை உடல் தற்காலிகமாகப் பிரிக்கிறது.இப்படி உடல் வடிவில், எந்தப் பொருள் உயிருக்கும்-பிரபஞ்சவெளிக்கும் இடையில், உடலாய் வடிவம் எடுக்கிறது? அப்படி வடிவம் எடுக்க அதற்கு எது உதவி செய்கிறது?

இப்படி உயிருக்கும் -உடலுக்கும் உரிய தொடர்பை ஆராய்ந்த சித்தர்கள் அதற்கு பஞ்சபூதங்களில் ஒன்றே பயன்படுகிறது எனவும்

சித்தர்களின் குழப்பமான முதல் பொருள் ஓம்

அறிந்தனர்.அப்படிப் பயன்படும் பஞ்சபூதத்தைப் பிரிக்கவும், தனித்து இயக்குவதில் வெற்றியும் கண்டனர்.

அந்தப்பொருள் அனைத்திற்கும் உயிர் கொடுக்கும் பொருள் அது வெட்டவெளி எங்கும் பரவிக்கிடக்கிறது என்பதையும் சித்தர்கள் கண்டறிந்தனர்.

இப்படி ஒரு வழி முறையை அறிந்த திருமூலர் அதன் உதவியால் மூவாயிரம் ஆண்டு வரை உடலோடு வாழ்ந்ததும் அதன் பின் அழியா நிலை பெற்றதும் வரலாறு.இப்படிப் பல சித்தர்கள் இன்றளவும் நம்மோடு நாமறியாமல் வாழ்ந்தும் வருகின்றனர்.

சித்தர்களைப் பொறுத்த வரையிலும் உடலுடன் அமரத்துவம் பெற்று, இறவா நிலையை அடைந்தவர்கள்.இன்றும் கூட சூட்சும நிலையில் அவர்கள் பலருக்கும் வழிகாட்டி உதவுவதும் நடைபெறுகிறது.

சாகாக் கலை, மரணமிலாப் பெறுவாழ்வு என்பதெல்லாம் நம்மால் புரிந்துகொள்ள முடியாதவையாக இருந்து வந்தது. இப்போது விஞ்ஞானிகள் ஜீன்கள் மீதான தமது ஆராய்ச்சியைத் திருப்பி, விஞ்ஞான பூர்வமாகவே ஆயிரத்து இருநூறு ஆண்டுகாலம் வரையிலும் மரணத்தைத் தள்ளிப் போட முடியும் என்கிற விபரங்கள் வெளிப்படுத்தப்பட்டுள்ளது.

ஜீன்கள் எதிலும் கைவைக்காமல் 'அகரம் ' என்கிற ஒரேஒரு வான் பொருளைக் கொண்டு நமது சித்தர்கள் 'சாகாக் கலையை' சாத்தியமாக்கிக் காட்டி இருக்கிறார்கள்.

இறப்பு என்பதில் நமது உடலுக்கும் உயிருக்கும் என்ன நிகழ்கிறது? உயிரையும் -உடலையும் இணைக்க உதவும் பொருளின் கட்டு விலகிய பின்பே, உயிர் உடலில் இருந்து வெளியேருவது சாத்தியம்.

அரூபமான உயிரையும், ரூபநிலையில் இருக்கும் உடலையும் இணைக்கும் இந்த பொருள் இரண்டிலும் தொடர்பு கொள்ளக்கூடிய திறனையும், அதே சமயம் மாறுதலுக்கு உட்பட்டாலும் அழியாத தன்மையோடு இருப்பதும் அவசியம் ஆகும்.

இப்படிப்பட்ட ஒரு பொருள் பிரபஞ்சத்தின் வெட்டவெளியில் அரூப நிலையில் அடிப்படைப் பொருளாய் இருந்து வருகிறது.

இப்பொருள் மழை பெய்வதற்கு மேகங்கள் திரளும் பொழுது ஏற்படும் இடி மின்னல் ஆகியவற்றால் சலனமடைந்து அரூப நிலையிலேயே வானிலிருந்து பூமிக்கு வந்து சேரும் மழை நீருடன் கலந்து உலகெங்கும் பரவுகிறது.

நீர்நிலை, நிலம், மரம், செடி, கொடிகள் என அனைத்து உயிர் வகைகளுக்கும் ஆதாரப் பொருளாய் நிலஉலகின் மண்ணோடு கலந்தும், நீரில் கலப்பது மூலமாய் பிற உயிர்களுக்கும் இந்தப் பொருள் தங்கு தடை இன்றிக் கிடைத்து வருகிறது.

இந்தப் பொருளே உயிர் வகைகளின் தோற்றத்திற்கு ஆதியாய் அமைந்த பொருளாகும். அதனாலேயே இதற்கு இறைபொருள் என்றும் சித்தர்கள் பெயரிட்டு இருக்கிறார்கள்.

எந்த ஒரு உடலும் அல்லது தாவரமும் தனது அழிவுக்குப் பிறகு மக்கி மண்ணோடு மண்ணாகக் கலந்தாலும் அதிலிருக்கும் இந்த அடிப்படைப் பொருள் ஒரு போதும் அழிவதில்லை. மாறாக பிறஉயிர் பொருட்களுக்கு உதவும் பொருட்டு இயற்கைச் சுழற்சியில் மாறியமைகிறது.

இந்தப் பொருளை சித்தர்கள் எப்படித் தனித்துப் பிரித்து எடுத்தனர்? எப்படிப்பட்ட வகையில் பயன்படுத்தி தமது உடல், உயிரை அமல நிலைக்கு உயர்த்தினார்கள் என்பதை அடுத்த பகுதியில் பார்ப்போம்.

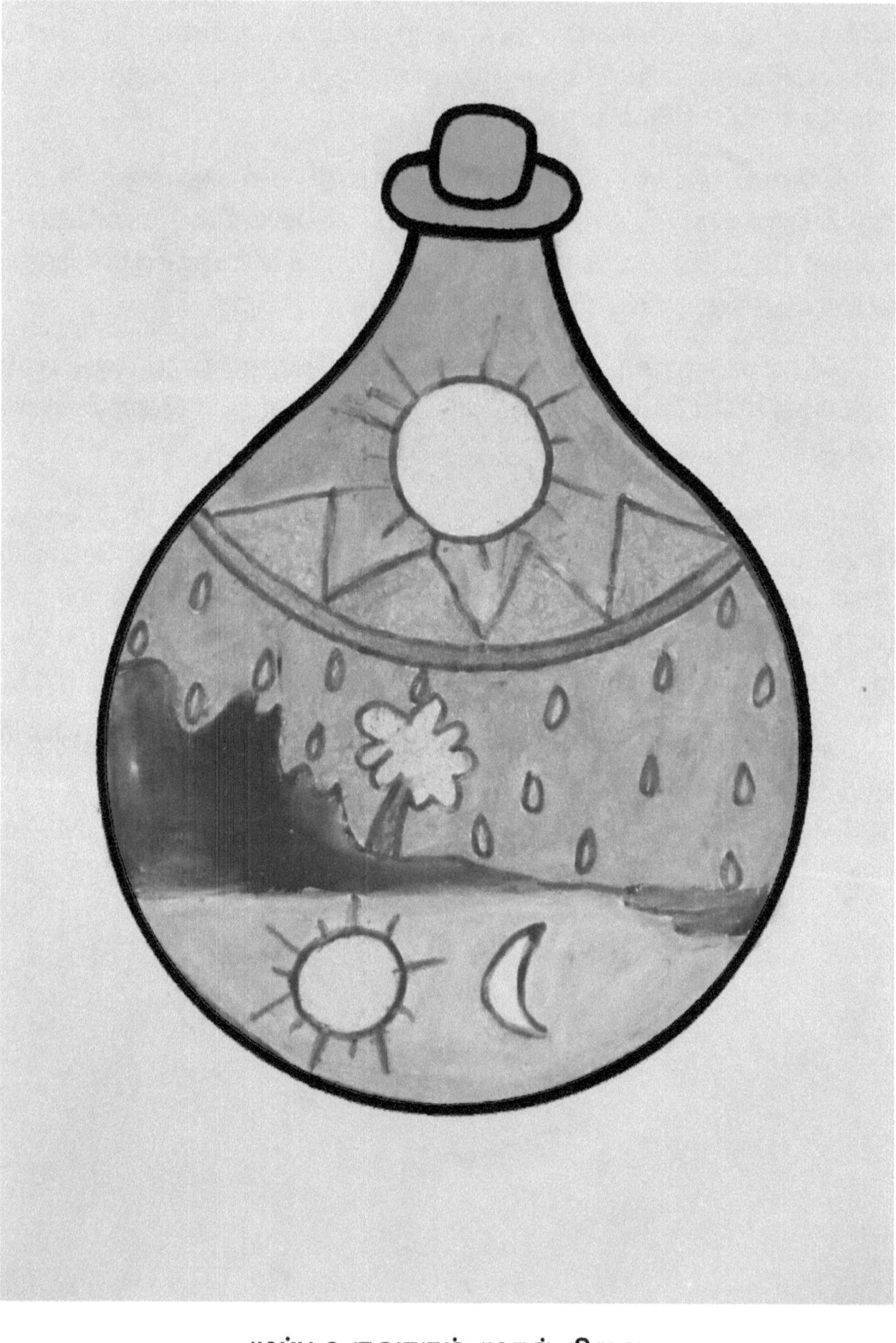

முப்பு உருவாகும் முதல் நிலை

அகர ரகசியம் - பகுதி 2

அண்டம் பிண்டம்

அண்டம் பிண்டம் என்பதும் சித்தர்களின் பரிபாஷைகளில் ஒன்று. இதுவும் மறைமுகமாக எட்டு இரண்டு என்பதையே குறிக்கும். வடிவ நிலையில் உள்ளதை பிண்டம் எனவும், அரூப நிலையில் உள்ளதை அண்டம் எனவும் சித்தர்கள் குறிப்பிடுவார்கள்.

உயிருக்கு உதவுவதற்காக பஞ்சபூத ஆற்றல்கள் வடிவநிலையில் உடலாய் நமக்கு அமைகிறது. அந்த நிலையில் அதற்கு பிண்டம் என்று பெயர். இப்படி உடல் உருவாக நாத-விந்து என்ற விந்துப் பொருள் தேவை. அதாவது விதை மூலமாக உருவாகும் நிலையில் உள்ள, அத்தனை வடிவப் பொருட்களுமே அதன் அரூப இயல்பை இழந்து தோற்றத்திற்கு வருவதால் பிண்டம் என்கிற பெயரைப் பெறுகின்றன.

அதாவது வடிவமாய் வெளிப்பட்ட வித்துள்ள மூலப் பொருட்களே பிண்டம் ஆகும். இதனையே சித்தர்கள் நாதம்-சத்தி-மதி என்றும் கூறுவார்கள். இது சித்தர்களின் மெய்ஞான அறிவியல் படி, அண்டம் என்பது வெட்டவெளி நிலையில் இருந்து உலகின் வடிவப் பொருட்கள் உருவாக முதற்காரணமாக அமையும் அணுப் பொருள் ஆகும்.

உடலாய் உருமாறிய பஞ்சபூத ஆற்றலுக்கு தொடர்ந்து உதவ அரூப இயல்பில் இருந்து வித்து எதுவும் இல்லாமல் நேரடியாகப் பிறக்கும் வடிவப் பொருள் ஒன்று இறைவனது கருணையால் வெளிப்படுத்தப்பட்டுள்ளது.

இதனையே சித்தர்கள் அண்டம் என்பதாகக் குறிப்பிடுவார்கள். இது வித்தின்றி விளைவதால் செம்பொருள் என்றும் கூறுவர். இது நமது உடலின் வடிவக் கட்டமைப்பை திரும்பவும் அரூப நிலையின் பிராண ஆற்றலாய் மாற்றி உயர்த்தும் தன்மை உடையதாகும்.

இப்படி நமது உடலின் தன்மையானது திரும்பவும் அண்டம் என்கிற பொருளால் மாற்றப்பட்ட நிலையில் மட்டுமே உடல் பிராண ஆற்றலை நேரடியாகக் கிரகித்துப் பயன்படுத்தும் வசதியை அடையும்.

நமது உடலின் உள்ளாக இருக்கும் உயிருக்கு உதவும் பிராண ஆற்றலை முழுவதுமாகக் கட்டுப்படுத்தி முறையாக உடலில் நிலை பெறச் செய்வதும் இந்த அண்டம் என்கிற பொருளால் மட்டுமே சாத்தியமாகும்.

இப்படி நமது உடலின் இயல்பை முற்றிலும் வேறு விதமாக தலைகீழாய் மாற்றக் கூடியதால் இதனை ஜோதி எனவும் சித்தர்கள் கூறுவார்கள்.

அண்டம் என்கிற இந்தப் பொருளும் எட்டு இரண்டில் ஒன்றாகும். அண்டம் என்கிற இந்தப் பொருளை அறிந்து அதனைத் திருத்தி அதன் மூலமாகப் பிண்டத்தைத் திருத்தும் போது மட்டுமே நமக்கு உடல் அளவில் பிராணாயாமம் -யோகம் முதலியவைகள் சித்தியாகும்.

இவ்வாறு உடலை எட்டு இரண்டால் முறைப்படுத்தாமல் செய்யும் யோகமும் பிராணாயாமமும் உடலை அழிக்கவே செய்யும். அதன்றி உடலில் தீவிர நோய்கள் உருவாகவும் காரணமாகும்.

பிராணாயாமப் பயிற்சியில் விவரிக்கப்படும் நாடிசுத்தி என்கிற பயிற்சியானது பிராணன் செல்கிற பாதைகளைச் சுத்தம் செய்யும் ஒரு முறையாகும். உடல் பிராணனை நேரடியாகப் பயன்படுத்தும் வசதியை அடைந்த பிறகு நாடி சுத்தியால் திறக்கப்படும் பாதைகள் நம் உயிருடன் இணைப்புப் பெறும். அதன் மூலமாகப் பிராணாயாமப் பயிற்சி மூலம் உடலுள் சேரும் பிராண ஆற்றல் உயிரால் முழுவதுமாகப் பயன்படுத்தப்பட்டுவிடும்.

இப்படி முறையான பிராணாயாமப் பயிற்சியில் அதைப் பழகும் சாதகருக்கு எவ்விதமான சிரமமும் இருக்காது. இவ்வாறு அல்லாமல் நேரடியாக நாடி சுத்தியின் மூலம் திறக்கப்படும் பிராணப் பாதைகள் உயிர் ஆற்றலில் இணைப்புப் பெறாத நிலையில் உடலில் அதிகமாகச் சேரும் பிராண ஆற்றல் சாதகருக்கு பலவிதமான சிரமங்களை உண்டு பண்ணும்.

பிராணாயாமம் அதிகமாகச் செய்யும் போது உடலின் உள்ளாக உயிராற்றலோடு இணைப்பு ஏற்படாமல் திறக்கப்பட்ட பிராணப்பாதைகளில் நிரம்பும் பிராண ஆற்றல், பயன்படும் முக்கிய பகுதியை அடைய முடியாமல் உடலின் ரத்த ஓட்டத்தில் நேரடியாகக் கலக்கத் தொடங்கும். இது ஆரம்பத்தில் நம்மில் அதிகமான புத்துணர்வை ஏற்படுத்தும்.

தொடரும் பிராணாயாமப் பயிற்சியால் இப்படி நமது ரத்த ஓட்டத்தில் அதிகமாக கலக்கும் பிராண ஆற்றல் வெளியேற முயலும். அதற்கு நம்மிடம் ஒரு வழி மட்டுமே வசதியாக இருக்கிறது.

நம்முடைய முழு வாழ்விலும் திறந்திருக்கும் மூலாதாரம் என்பதன் மூலமாக வெளியேற முயலும் பிராண ஆற்றலுக்கு வழியாய் அமைவது நம்முடைய பிறப்பு உறுப்புக்கள் மட்டுமே.

இதன் காரணமாக நேரடிப் பிராணாயாமம் பயிலும் குருவும் சரி, சாதகரும் சரி, தமது தீவிர சாதனைகளுக்கு ஏற்ப அதிகமான காம உணர்வால் தினமும் சிரமப்படுவதும், அதன் மூலம் உடல் நலம் பாழாகுவதையும் பலரும் தமது அனுபவத்தில்இன்று வரையிலும் அறிவார்கள்.

இப்படி தியானம், யோகம், பிராணாயாமம் என்று எந்த முறையைப் பயின்றாலும் சரி, சற்று தீவிரம் காட்டும் நிலையில் உடனடியாக காம உணர்வு தலை தூக்குவதை அறிந்தும் அதனை எப்படி சரி செய்வது? அதற்கான வழி எது?என்பதெல்லாம் அறியாமல் உள்ளுக்குள்ளேயே புழுங்குவார்கள்.

வெளிப்படையாக தமது குருவிடம் சொல்லவும் அச்சம். காரணம் குருநாதர் தம்மை ஆன்மீகப் பயிற்சிக்கு தகுதி இல்லாதவன் என்று

கூறிவிடுவாரோ அல்லது பயிற்சியிலிருந்து விலக்கி விடுவாரோ என்கிற உணர்வே காரணமாகும்.

இது பற்றிய விஷயத்தில் சாதகரை விடவும் மிகுந்த வேதனை குருவுக்குத்தான் எனலாம். காரணம் பல வருட பயிற்சிக்குப் பிறகும் கூடத் தமக்கும் அதே நிலையே என்பதை குருவும் அறிவார். ஆனால் எப்படி எவரிடம் சென்று கேட்டு தெளிவு பெறுவது? இல்லறத்தில் இருக்கும் குருவுக்கும் கூட இதே நிலைதான்.

இதுவரையிலும் பலவருடத் தீவிர சாதனைக்குப் பிறகும் தமக்கே ஏன் இவ்வித நிலை தொடர்கிறது என்பதைப் பற்றி பல குருமார்கள் சரியாக எதுவும் அறிய மாட்டார்கள். அதற்கு அவர்களுக்கு நேரமே இருக்காது. வயதாகி உடலில் வலு இல்லாத நிலையிலும் கூடத் தம்மை இந்த உணர்வு பாடாய்ப் படுத்துவதை மிக நன்றாக ஒவ்வொரு குருவும் அறிவார்கள்.

அதுமட்டுமல்ல தம்முடைய முழுச் சாதனையும் இந்த ஒரு விசயத்தில் ஒன்றும் இல்லாமல் போவதையும் அதிலிருந்து தப்பிக்கவுமே நேரம் சரியாக இருக்கிறது என்பதையும் கூட மிக நன்றாக அறிவார்கள்.

வழி எதுவும் புலப்படாததால் தாமே எதுவும் செய்ய முடியாத இந்த நிலையில் இது பற்றி எந்த கேள்வி எழுந்தாலும் தவிர்த்துவிடவே முயலுவார்கள். எந்த அளவுக்கு அதிலிருந்து விடுபட வேண்டும் என்று விரும்புகிறார்களோ அந்த அளவை விட அவரது தொல்லைகள் அதிகம்ஆகும்.

இறையுணர்வு அனுபவம் பெற்ற எவருமே இந்த எட்டு இரண்டு என்பதைப் பயன்படுத்தாமல் அடைந்திருக்க முடியாது. இதனை அறியாதவரை எவரும் எவ்விதமான ஆன்மீக முறையிலும் உண்மை வளர்ச்சிபெறுவதோ அல்லது ஞான நிலை அடைவதோ இயலாது.

இவ்விதம் உண்மை அனுபவம் பெற்ற எவருமே எட்டு இரண்டு என்பதைப் பற்றிச் சுட்டிக் காட்டாமல் இருக்க முடியாது.

உடல் உருவாகும் நிலையில் தொடங்கி உடலில் இருந்து உயிர் பிரியும் காலம் வரையிலும் அவற்றுக்கு உதவும் இந்தப் பொருட்கள் பஞ்சபூதப் பொருட்களே ஆகும்.

இவற்றில் ஒன்றை அப்பு எனவும் மற்றொன்றை உப்பு எனவும் சித்தர்கள் கூறுகின்றனர். இவற்றின் நிறமோ ஒன்று வெள்ளையாகவும், மற்றது சிகப்பாகவும் இருக்கும்.

சிவப்பான பொருளை வாலைப்பெண் என்றும் அவளே தேவி என்றும் சித்தர்கள் பூசிப்பார்கள்.

அழியும் நமது உடலை இந்த இரண்டும் சொரூபசித்தி அடையும் அளவுக்கும், காயசித்தி என்கிற அழியாத தன்மை கொண்டதாகவும் மாற்றக்கூடியதாகும்.

நம்முடைய உடலில் 'பிண்ட. ' அணுக் கட்டமைப்பு இருக்கும் வரையிலும் அதனை நம்மால் புகைப்படம் எடுக்க முடியும். அதுவே அண்ட அணுக் கட்டமைப்பாய் மாறிய நிலையில் உடலில் பஞ்சபூத ஆற்றல்கள் தம்முடைய ஊடுருவும் அரூபத்தன்மையை அடையும். அப்படிப்பட்ட நிலையில் ஒளி ஊடுருவும் என்பதால் அப்போது எடுக்கப்படும் புகைப்படம் பதிவாகாது.

வள்ளலாரின் உருவம் புகைப்படத்தில் பதிவாகாமல் விடுபட்டது இப்படிப்பட்ட சொரூப சித்தியை அவர் அடைந்ததால் ஏற்பட்டதாகும்.

சொரூப சித்தியை அடைய முயன்றவர்கள் பெரும்பாலும் தமது உடலுடனேயே அந்த நிலைக்கு மாறி விடுவார்கள். அப்படி அவர்கள் உடலோடு செல்லாமல் உடலை விட்டுச் செல்லும் நிலையில் அல்லது சொரூப சித்தி முழுமைஅடையாத நிலையில் உடலில் இருந்து உயிர் பிரியுமானால் அப்படிப்பட்டவரின் உடல் அழியாமல் நிலைபெறும். வெட்டவெளியிலேயே இருக்கும் இப்படிப்பட்ட உடல்கள் அழியாமல் இருப்பதற்குரிய காரணம் இதுவாகும்.

சித்தர்களால் பயன்படுத்தப்படும் இந்த அதி முக்கியமான இரண்டும் நாம் அன்றாடம் பயன்படுத்தும் பொருட்களில் மறைந்து இருப்பதாகும்.

இவற்றில் ஒன்றை நாம் குழந்தைகளின் விளையாட்டில் காண முடியும். மற்றது வெளியில் விளைவதாகும். இவை இரண்டும் இறைவன் திருவருளால் மட்டும் அறியக்கூடியதாகும்.

இந்த இரண்டில் ஒன்று குருவாகும். "குருவில்லா வித்தை பாழ்" என்பதும், தொட்டுக்காட்டாத வித்தை பலிக்காது என்கிற பழமொழிகளும், இந்த குறிப்பிட்ட முறையைப்பற்றி விவரிக்க உருவானதாகும்.

இந்த இரண்டையும் முறை தவறிப் பயன்படுத்தும் நிலையில் தான் (முதல் நிலையில்) இவை இரண்டின் மாறுபாட்டால் உடலில் பிணி., மூப்பு, நரை, திரை முதலானவைகள் உருவாகும் என்பது சித்தர்களது தெளிந்த அனுபவ ஆராய்ச்சி முடிவாகும்.

இந்த இரண்டில் ஒன்று நிலத்தோடு தொடர்பு உள்ளதாகவும் மற்றது நீரிலே அழியாததாகவும் இருப்பதாகும். இந்த இரண்டும் திருத்தப்பட்ட நிலையில், நெருப்பிலே பிறக்கும் ஒரு பொருள் காயசித்திக்கும் -சித்தவைத்தியத்திற்கும் அதி முக்கியமாய் பயன்படும் முப்புக் குருவாகும்.

வித்திலே பிறப்பதை சிவத்தின் கூறான சத்தி எனவும், வித்தின்றிப் பிறப்பதை சத்தியின் கூறான சிவம் எனவும், முதலாவதைச் சுப்ரமணி எனவும், பிந்தியதை கணபதி எனவும் கூடச் சித்தர்கள் கூறுவார்கள்.

சிவ பூசை, சத்தி பூசை, வாம பூசை, சோம பூசை என்பதெல்லாம் சித்தர்களின் மறை பொருள் பரிபாசையாகும். நேரிடையான வெறும் பூசை முறைகளால் எவ்விதமான பலனும் ஏற்படாது. மறைபொருட்கள் ஓரளவு வரை விளக்கப்படுவதற்கு சித்தர்கள் அனுமதித்திருக்கிறார்கள். இந்த எல்லை வரை தான் இந்த பொருட்களைப் பற்றி விவரிக்கமுடியும்.

விதியமைப்பும் குருவின் அருளும் இவற்றுக்கெல்லாம் மேலாக இறைவனின் திருவருளும் துணைபுரிந்தாலொழிய எட்டு இரண்டை அறிவதும் அப்பியாசம் செய்து உண்மைத் தெளிவு பெறுவதும் இயலாததாகும். நமக்கெல்லாம் இறைவன் திருவருள் துணை புரிந்து உதவட்டும். தெளிவை அடையக் கருணை பொழியட்டும்.

இரண்டாக பிரிதல்

அகர ரகசியம் - பகுதி 3

தசதீட்சை

(ரசமணியின் உண்மை விளக்கம்.)

எட்டும் இரண்டும் தசதீட்சையாகும். அகார உகாரத்தில் மகாரம் பிறக்கும். சூரிய சந்திரனோடு வெளி சேர அகாரம் பிறக்கும். இடகலை -பிங்கலை இரண்டும் ஒடுங்க சுழுமுனை திறக்கும்.

மேற்கண்டவை யாவும் பரிபாசையில் சித்தர்களால் குறிப்பிடப்படும் ஒரு பொருளைக் குறிப்பதாகும். அது குரு மருந்து எனப்படும் முப்பு குரு ஆகும்.

அண்டம், பிண்டம்; நாதம், விந்து; அகர, உகரம்; ரவி, மதி; மீன, மேசம்; கோச, பீசம்; ஆண், பெண்; சத்தி, சிவம்; கணபதி, சுப்ரமணி; அப்பு, உப்பு; சிற்றண்டம், பேரண்டம்; வாசி, சுழினை என்று பல்வேறு பெயர்களில் சித்தர்களால் விவரிக்கப்படும் பொருள் ஒன்றே.

அந்த ஒரே பொருளிலேயே இரண்டும் கலந்து கட்டுண்டு கிடக்கிறது. அப்படிப்பட்ட சிவப்பொருளே அகாரம் ஆகும்.

இதனை அறிவதற்கே பல வருடங்கள் ஆகும். அதுவும் குருவால் தொட்டுக் காட்டப்படாமல் தெளிவு பெறுவது என்பது மிகவும் அரிது ஆகும். இந்த உபதேசம் கூட விட்டகுறை தொட்ட குறை உள்ளவர்களுக்கே வாய்க்கும் என்கிறார்கள் சித்தர்கள்.

இதனை உபதேசிக்கும் முன்பாக ஒரு சீடனை தக்க விதத்தில் பன்னிரண்டு ஆண்டுகள் சோதித்த பின்னரே ஒவ்வொன்றாக போதிக்க வேண்டும் என்றும் விதிமுறை செய்துள்ளனர் சித்தர்கள்.

சித்தர் பாடல்களில் அண்டம், கடுக்காய், முட்டையோடு, ஏகமூலி, வல்லாரை, திருநீற்றுப் பச்சிலை, குருவண்டு, தலைப்பிண்டம், அஸ்தி,

கருங்குருவி என்றெல்லாம் விவரிக்கப்படும் பொருட்கள் வெறும் பரிபாசைகள் என்பதை வாதவைத்திய முறைகளில் அனுபவம் பெற முயன்றவர்கள் ஆரம்பத்திலேயே புரிந்துகொள்வார்கள். தமது செயல் முறைகள் பூர்த்தியாகாமல் போகும் நிலையில் இதை எளிதாக உணர்ந்து கொள்வார்கள்.

ஆகவே வாதமானாலும் சரி, வைத்தியமானாலும் சரி ஆதிப்பொருள் இதுவென அறியாத நிலையில் அது முழுமை பெறாது.

அகார-உகாரம் என்பது இரண்டு பொருட்களாக விவரிக்கப்பட்டிருந்தாலும் இரண்டும் ஒரே பொருளில் இருந்து வெளிப்படும் தனிப்பொருளே ஆகும்.

அகாரம் என்பது ஆதிப்பொருள். அதிலிருந்து பெறப்படும் பொருளே உகாரம். ஆக அகாரத்தின் உள்ளாகவே, உகாரம் என்பது இருக்கிறது. இதைப்பிரித்து திரும்பவும் இணைக்கும் நிலையில் பெறப்படுவதே மகாரம் எனப்படும் காயசித்தி கற்பப் பொருளாகும்.

இதனை அ-உ-ம சேர்ந்த நிலையில் ஓங்காரப் பொருள் என்பார்கள். இப்படிப் பெறப்படும் பொருள் இரவில் ஒளி வீசும் தன்மை உள்ள ஜோதிப் பொருளாய் இருக்கும்.

அகாரம் என்பதை அகத்தியர் வான் பொருள் ஆகிய விண் என்றும், அது பஞ்சபூதத்தில் ஒன்று என்றும் விவரிக்கிறார்.

"மகத்தான சித்தர்களும் சொல்லார் பாரே
சொல்லாத வான்பொருள் தான் வெளியாய் காணும்"

- அகத்தியர் பூசா விதி

இதை வள்ளுவர் கூறும் போது

"ஒன்றாகி எப்போதும் அழியா அண்டம்
ஓகோகோ சித்தர் உண்ணும் அண்டம் தானே"

- வள்ளுவர் முப்பு சூத்திரம்

அகாரத்திலிருந்து பக்குவப்படுத்தப்பட்ட அண்டப் பொருள் சித்தர்களால் உடலோடு சேர்க்கும் விதத்தில் உண்ணக்கூடிய ஒரு பொருளாகவும் இருந்து வருகிறது.

அகாரம் பஞ்சபூதங்களில் ஆகாயக்கூறைச் சேர்ந்தது. விண்ணில் விளைந்து மண்ணுக்குள் வளர்வதால், நீரிலே பிறப்பதால் இதனை அப்புப் பொருள் என்றும், பரிதி என்றும், விண் என்றும், வெளி என்றும், இதனுள் தீயும் இருப்பதால் வள்ளி என்றும் சித்தர்கள் அழைப்பார்கள். அகரத்திற்கு அண்டக்கல் முதலாய் 320 பெயர்கள் உண்டு. அதனை அகத்தியர் பரிபாசை -500 ல் கண்டு தெளிக. அதனால் தான் இதனை அறிவது மிகவும் கடினம்.

அகரம் என்னும் ஒரு பொருள் மூன்று பஞ்ச பூதங்களை தன்னுள் கட்டுண்ட நிலையில் வைத்திருக்கிறது. இப்படிப்பட்ட நிலையில் அது ஒரு கல்லாக இருக்கிறது. இதிலே கட்டுண்டு கிடக்கும் பொருட்கள் நீராகிய இரசம், தேயுவாகிய கெந்தி, வாசியாகிய காற்று.

இதே பொருட்கள் நம் உடலிலும் இருக்கின்றன. ஆனால் கட்டுப்படாது தனித்தனி நிலையில் செயல்பட்டுக் கொண்டுள்ளன. அவை தான் வாத, பித்த, கபம் எனப்படும் முப்பொருட்களாகும். உடலிலே கட்டுப்படாத நிலையிலும், அகாரத்தில் கட்டுப்பட்டும் இருக்கின்றன. இது தான் அண்ட பிண்ட ரகசியமாகும்.

இப்படிப்பட்ட அகாரத்தை முறைப்படி வேதிக்கும் போது அதில் உள்ள ரசமும், கெந்தியும், வாயுவும் தனித்தனியே பிரிய இறுதியாக பருதி என்னும் மண்ணின் கூறாகிய சாம்பலும் மிஞ்சும்.

ஆக அகாரத்திலிருந்து நான்கு பொருட்கள் பெறப்படும். இவைகளை ஏன் பிரிக்க வேண்டும்.? அகாரத்தில் கட்டுண்ட நிலையில் உள்ள பஞ்சபூதங்களைப் பிரிப்பதால் செயல்படாது ஒடுங்கும் தன்மைக்கு உரிய அவைகளின் கட்டு அவிழ்க்கப்படுகிறது. இதனால் அவைகள் திரும்பவும் செயல்படத் துவங்குகின்றன.

ஒடுங்கிய பஞ்சபூதங்களை செயல்படும் நிலைக்கு கொண்டு வரும் போது அவைகளின் செயல்திறன் மிக அற்புதமாக இருக்கும். நீராக உள்ளவற்றை கெட்டியாக்கும். கெட்டியாக உள்ளவற்றை

சுண்ணமாக்கி நீராக மாற்றும். இப்படி அவைகளால் மாற்றப்படாத பொருட்களே இல்லை.

இப்படி பஞ்சபூதங்களைப் பிரித்து அவைகளை "சிவயநம" என்னும் முறையில் திரும்ப இணைக்கும் நிலையில் அதிலிருந்து இனிப்புச் சுவையுடையதும், தேன் போன்றதும், தெள்ளமுது என்று கூறத்தக்கதாகவும் உள்ள அமிர்தம் கிடைக்கிறது.

இதுவே பெருமருந்து. இதனை நீராக, மெழுகாக, குழம்பாக, சுண்ணமாகப் பெறுகின்ற பல முறைகள் சித்தர்களால் பலவிதமாக விளக்கப்படுகின்றன.

இந்தப் பொருளை உடலில் சேர்ப்பது அமுரி தாரணை, அமிர்த தாரணை, வாசி தாரணை என பலவாறாகக் கூறப்படும்.

"வாசியே அமுதமென அறியாது கும்பித்து மாண்டோர் கோடி"

என்பார் புலஸ்தியர் என்னும் அகத்தியரின் சீடர்களில் ஒரு சித்தர். இந்த முறையில் அப்பியாசம் செய்யும் ஒருவருக்கு அவரது சுவாசமாகிய 21600 ம் மூல நாடியில் ஒடுங்கி குண்டலி ஆற்றலை உச்சிக்குக் கொண்டு வந்து உச்சிக்குழியைத் திறக்கும். இதன் பிறகு உடலில் உள்ள அண்ணாக்கும், உண்ணாக்கும் இணைய உடலில் உள்ள மண்டலம் திறந்து அமிர்தம் கசிந்து இறங்கும்.

இந்நிலையில் சாதகரது சுவாசங்கள் இடகலை பிங்களை தானாகவே ஒடுங்கிச் சுழுமுனை திறக்கக் கும்பகம் ஏற்பட்டுச் சமாதி நிலை உருவாகும்.

சமாதி நிலை என்பது சொரூப சித்திக்குரிய துவக்க நிலை அனுபவம் ஆகும். அகாரத்தைப் பக்குவப்படுத்திப் பெறும் பொருட்களாகிய சிகாரம் முதல் உகாரம், மகாரம், நகாரம், யகாரம், வகாரம் ஆகியவற்றையும் அடைந்து முறைப்படி உடலில் சேர்ப்பதே தசதீட்சை எனப்படும்.

இதற்குரிய கால அளவுகள் பத்து முதல் இருபத்திஇரண்டு ஆண்டுகள் வரை ஆகும். முதல் பத்து ஆண்டுக் கால அப்பியாசமே சித்தர்களால் தச தீட்சை என்று விவரிக்கப்படுகிறது.

இப்படிப்பெறப்படும் முப்பு குருவால் பாதரசத்தைத் தூய்மைப்படுத்தி நெருப்புக்கு ஓடாத மணியாகக் கட்டலாம். இப்படி ரசத்தைக் கட்டி மணியாக்குவது முப்பு குரு சரியாக முழுமையாக உள்ளதா என்பதை அறிவதற்குரிய ஒரு சோதனையாகும். அடுத்து ஒரு முறையில் பாதரசத்தை முப்பு குருவால் கட்டுப்படுத்தும் போது அது உயர்ந்த உலோகமாக மாறுகிறது. இது முப்பு குரு சரியாக சித்தியானதற்கு அடையாளமாகும்.

அகாரப்பொருளால் கட்டப்படும் பாதரச மணிக்குச் சிறப்புகுணங்கள் உண்டு. அதனை உள்ளங்கையில் வைத்து மூடிக்கொண்டால் நமது உடலின் மூலாதாரம் முழுமையாக இயங்கத் துவங்கும். இந்த நிலையில் மணியை வைத்திருப்பவரிடம் ஒரு பெரிய மாற்றம் ஏற்படும். அதாவது உடலின் சுழுமுனை மேலெழும்பத் துவங்கி உடல் முழுவதும் ஆற்றல் அதிர்வாய் பெருகுவதை உணர முடியும். மணியைக் கையிலிருந்து எடுத்த பிறகும் கூடச் சிறிது நேரம் வரை அந்த அதிர்வு நம் உடலில் இருக்கும்.

ககன மணி எனப்படும் ஒரு வகை மணியானது வாயில் இட்டால் உடலிலிருந்து உயிரைப் பிரித்து மேலே தூக்கும். கற்ப முறையில் பயிற்சி செய்து தசதீட்சை முடித்தவர்க்கு இதே மணி அவரது உடலையும் உயிரையும் சேர்த்தே தூக்கும். ஆம். புவிஈர்ப்பு விசைக்கு எதிராக நமது உடல் மேலே எழும்பும் ஆற்றல் இந்த மணியால் ஏற்படும்.

சாதாரணமானவர்கள் இதுபோன்ற உண்மை மணியை வாயில் போட்டால் அவர்களது உடலைக் கீழே தள்ளி உயிரை மட்டும் பிரித்துத் தூக்கும். இது பாதரச மணியின் இயல்பாகும்.

ஆனால் இப்போது பலரால் விற்கப்படும் மணிகள் யாவும் ஒன்றுக்கும் உதவாதவையாகும். அவைகளைச் சிறிது நாட்கள் காற்றுப் படுமாறு வைத்து விட்டால் அவைகளின் பாதரச மேற் பூச்சு கழன்று வந்து விடும். இதைத் தவிர்க்க பாதரச மணிக்கு நீரால், பாலால், சந்தனத்தால் அபிசேகம் செய்ய வேண்டும் என்று கூறிவிடுவார்கள். இப்போது வேறு பல முறைகள் மூலமும் மணிகள் கட்டப்படுகின்றன. எவ்வகையில் மணி கட்டப்பட்டாலும் அதனால் எந்த பலனும் ஏற்படாது. முப்பு குருவால் அல்லது அமுரியால்

கட்டப்படும் மணியே அதற்கு சக்தி தரும். பாதரசம் என்பது உடல் மட்டுமே ஆகும். உடல் தனித்து இயங்க சக்தி அற்றது. அகரமே அதற்கு உயிராகும். உடலும் உயிரும் இணைந்தால் தான் இயக்கம் ஏற்படும்.

பாதரசத்தின் மூலம் எளிய முறையிலும் மணி செய்ய முடியும். ஆனால் அதன் மூலமாக எவ்விதமான சக்தியையும் பெற முடியாது.

துறவிகள் பொருள் சேர்ப்பதற்காக இப்போது பாதரச மணிகள் செய்து பிழைப்பு நடத்துகிறார்கள். ஆனால் இம்முறையில் செய்யப்பட்ட மணிகளை அணிந்தால் உடலில் மணி படும் இடங்களில் பாதரசத்தின் விசத்தன்மையும் குளிர்ச்சியும் சேர்ந்து உடலில் கறுப்பு நிற அடையாளத்தை ஏற்படுத்தும்.

அவ்வித அடையாளம் ஏற்பட்டால் அந்த மணி அணியத் தக்கதல்ல என்பதை உணர்ந்து கொள்ளுங்கள்.

இது ரசவாதத்தில் பாதரசத்தைக் கட்டும் வித்தையில் ஒன்றாகும். சுத்தம் செய்யாத பாதரசத்தால் செய்யப்படும் இவ்வித மணிகளை அணிவது வேறு வகையில் பயன்படுத்துவது உடல் நலத்திற்கு பலவிதமான கெடுதல்களை உருவாக்கும். எனவே இவ்விதம் ரசமணிகளைப் பயனபடுத்துவோர் எச்சரிக்கையாக இருக்க வேண்டும்.

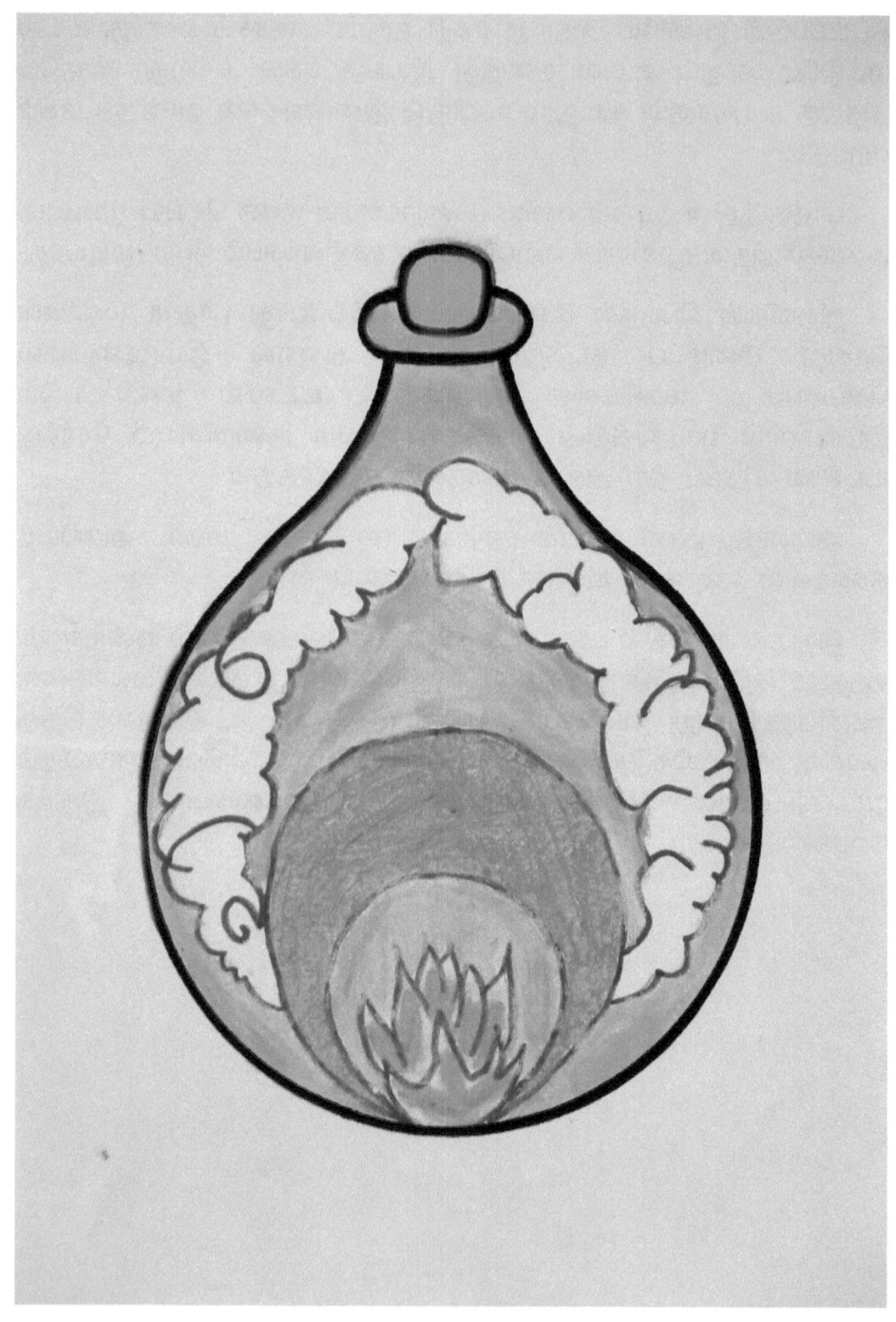

வாலை வடிதல்

அகர ரகசியம் - பகுதி 4

வாலை பூசை

அமிர்தம் எனும் அமுரி

சித்தர்கள் என்கிற பெயர் யாருக்கு உரியது? அமுரி எனும் அமிர்தம் உட்கொண்டு தமது உடலை காயசித்தியால், ஒளியுடலாய் மாற்றி, சொரூப சித்தி அடைந்தவர்களுக்கே உரியது ஆகும்.

பிறந்தவர் இறப்பதும்- இறந்தவர் பிறப்பதும்பொது விதி ஆகும். இதிலே பிறப்புக்கு பின் வரும் இறப்பை வென்று சொரூப சித்தி பெறுவது மூலமாக மரணத்தை வென்று விடுகின்றனர் சித்தர்கள்.

அதற்குப் பிறகும் அவர்கள் விரும்பிய காலம் வரையிலும் உடலுடன், அல்லது உடலைப் பிறர் கண்களுக்கு புலப்படாது மறைத்தும், வாழும் திறன் உடையவர்கள் சித்தர்கள்.

இப்படிச் சித்தர்களது வழி முறையில் மிகப்பெரிய அற்புதமாக இருந்து வருவது 'சாகாக் கல்வி' என்பது தான்.

இதிலே அனுபவம் பெற்ற சித்தர்கள் தாம் பெற்ற அனுபவத்தைக் கருணை வயப்பட்டு பிறர் அறியும் படி, தமிழ்ப் பாடல்களில் பாடியும், எழுதியும் வைத்துவிட்டு சென்றுள்ளனர்.

சித்தர்களது பாடல்கள் மூலமாக, நாம் பல துறைகள் பற்றிய விவரங்களையும் பெறமுடியும். அதிலே மிகவும் முக்கியமானது, உடலுடன் கூடிய முக்தியைப் பெறும் வழிமுறையாகிய சாகாக் கல்வி பற்றியது ஆகும்.

நமக்கு சித்தர்கள் வழிமுறையை ஆராயவும், பொறுமையாய் அவற்றின் உண்மைகளைக் காணவும் வாய்ப்புகள் போதுமான அளவில் ஏற்படுவதில்லை.

இதனாலேயே நம்முடனேயே உடலோடு வாழ்ந்து வரும் பல சித்தர்களைப் பற்றிய உண்மைகளை நாம் சரியாகப் புரிந்துகொள்ள முடிவதில்லை.

சித்தர்களைப் பற்றிய விவரங்களைக் கூறும் போது அகத்தியர் உட்பட பலரும், சித்தர்களது சுவாசம் மாறுபட்டு இருப்பதைப் பற்றி மிகவும் முக்கியமாகக் குறிப்பிடுகிறார்கள். காயசித்தி பெற்றவரது சுவாசம் சுழுமுனையால் தான் நடக்கும் உடலில் சுவாசம் நிகழாது என்பதாக ஒரு அற்புதமான விவரத்தைத் தெரிவிக்கின்றனர். அதுமட்டுமல்ல பசி, தாகம், உறக்கம் ஆகியனவும் மாறிப்போகும் எனவும் கூறுகின்றனர்.

இப்படி எல்லாம் சித்தர்களது உடலில் ஏற்படும் மாற்றம் எப்படி ஏற்படுகிறது? எதன் மூலமாக அந்த மாறுதல்களை அவர்களால் அடைய முடிந்தது.

சித்தர்களது காயசித்தி எனும் முறை 'அமுரி' என்னும் கற்பம் பயன்படுத்துவதை பற்றி விவரிக்கிறது. இந்த அமுரி என்பது பஞ்சபூதப் பொருட்களில் முழுமை அடைந்த பொருளாகிய அண்டக்கல்லில் இருந்து பெறப்படுவதாகும். இந்த அண்டக்கல் என்பதற்கு 'விஷக்கல்' என்பதாக ஒரு பெயரும் உண்டு.

பெயருக்கு ஏற்றபடி இந்தக்கல் தன்னுடன் அமிர்தத்தையும், #விஷத்தையும் ஒன்றாக உடையதாகவே உள்ளது.

அண்டக்கல்லில் இருந்தே அமிர்தம் என்னும் அமுரியை பிரிக்க வேண்டும். அப்படி அமுரியை அடைய "வாலையெனும் தேவி பூசை" தெரிய வேண்டும்.

வாலை பூசை என்பது அமுரியை அண்டக்கல்லில் இருந்து பிரித்தெடுக்கும் வழி முறையாகும்.

அண்டக்கல்லை நன்கு இடித்து மாவாக்கி உகாரம் என்னும் பிண்ட நீரில் கரைத்துப் பின்பு அந்தத் தெளிவிலிருந்து வாலையெனும் கண்ணாடிக் குடுவையில் நிரப்பி காற்றுப் போகாமல் மூடி நெருப்பில் வைத்துக் காய்ச்ச வேண்டும். இப்படிக் காய்ச்சும் போது அமுரியானது சொட்டுச் சொட்டாக குடுவையில் சேகரமாகும்.

அண்டக்கல்லுக்கு தீட்சை செய்து, பக்குவப்படுத்திய நிலையில் அது அமிர்தத்தைத் தரும். அந்த அமிர்தமே அமுரி ஆகும்.

இந்த அமுரியானது எண்ணெய் வடிவம் கொண்டதாகவும், வெண்மை நிறமுடையதாகவும், பாகு போன்றும், தேன் போன்றும், இனிப்புச் சுவையுடையதாகவும், முகர்வதற்கு இனிமையான வாசனையுடையதாகவும், காற்றில் திறந்து வைக்க எளிதில் ஆவியாகக் கூடியதாகவும், வறண்ட நீர்மம் என்பதால் கையில் தொட்டால் ஒட்டாத தன்மை உடையதாகவும், ஈரமாகாததாகவும், ஐஸ் போன்ற ஜில் என்ற குளிர்ச்சித் தன்மை உடையதாகவும் காணப்படுகிறது.

சித்தர்களால் 'வாம பூசை', 'தேவி பூசை', 'கன்னி பூசை', என்றெல்லாம் கூறப்படும் பூசை யாவும் இப்படி அமுரியைப் பெறக்கூடிய வழிமுறையைப் பற்றியதே ஆகும்.

அமுரியைப் பெற்ற பிறகு அதைக் கற்பமாக தொடர்ந்து உடலில் ஓராண்டு சேர்க்க வேண்டும். அதாவது காலை, மாலையில் கற்பமாக அமுரியை அருந்த வேண்டும். இதுவே "அமுரி தாரணை" என்பது. இதனால் உடலில் காயசித்தித் தன்மை ஏற்படும்.

அமுரியை உடலில் சேர்க்கும் போது பத்தியம் உண்டு. அது ஒரு வேளை பால் சோறு மட்டும் உண்டு வருவதாகும். வேறு எதுவும் காயசித்திக்கு உதவாது. கற்பத்தை முறித்து விடும்.

இப்படி ஓராண்டு முதலாய், படிப்படியாய் அமுரி சேர்ந்த பல்வேறு கற்ப முறைகளை ஒருவர் முறையாக, தொடர்ந்து உட்கொண்டால், பத்தாண்டுகளுக்குப் பிறகு அவர் செரூப சித்தி அடைய முடியும் என்பது சித்தர்களின் அனுபவ முடிவு.

அமுரி பற்றி மேலும் சில விவரங்கள்.
அமுரி என்பது #சிறுநீரல்ல

அமுரிக்கு பல பெயர்கள் உண்டு. சிவநீர், சுத்தகங்கை, ஊசிநீர், தேசிநீர், உதகநீர், உமிழ் நீர், கடல் நீர், காடிநீர், சாகரநீர், சந்திர புஷ்கரணி, ரோமநீர், மதனப் பால் என்று ஏராளமான பெயர்கள் உள்ளன. இடத்திற்கு தக்கவாறு பெயர்களை வைத்துச் சித்தர்கள்

நம்மை குழப்பி விட்டிருக்கிறார்கள் என்பதை நாம் புரிந்துகொள்ள வேண்டும்.

அடுத்து இந்த அமுரியில் ஏழு விதமான நிறங்கள் தோன்றும், கையில் தொட்டாலும் ஒட்டாது. சிறுநீர் கையில் தொட்டால் ஒட்டாமல் இருக்குமா என்பதை ஆய்வாளர்கள் தான் தீர்மானிக்க வேண்டும்.

“நலம் பெற்ற அமுர்தத்தை காய்ச்சினாக்கால் உண்டான உப்புக்கு இந்நாமங்கள்” அகத்தியர் அந்தரங்க தீட்சா விதி.

இந்த இடத்தில் அமிர்தம் என்பது ஆதிப் பொருள். இதில் உப்பு கிடைக்கும். நாம் தயாரித்த அமுரியை காய்ச்சினால் உப்பு கிடைக்குமா என்பது ஆய்வுக்குரியது.

“விள்ளுகிறேன் ஆதியந்த அமிர்தத்துக்கு வெளியான மதனப்பால் என்றும் பேரு

வீரமுள்ள அலகை என்றும் பேரு” ஆதிப் பொருளுக்கும், அமுரிக்கும் ஒரே பெயர் உள்ளது காண்க.

“என்றுமே அமுரியுண்டால் அனேக நோய்கள் என் மகனே
புலத்தியனே வீரிட்டோடும்”
“கிடைத்தாலே மனதுதான் ஒருமை பண்ணி
கிருபையுடன் ஓராண்டு அமுரியுண்டு
உடலதுவும் புலத்தியனே வேறு கூறானால்
உண்மையுடன் தசதீட்சை முடியும் பாரு
சடமது சித்தியாம் யோகவானாம்”

ஒரு வருடம் சிறுநீரைக் குடித்தால் உடல் வேறு கூறாகுமா என்பதை சிந்திக்க வேண்டும்.

சித்தர்களின் கலைகளை அறிந்து கொள்ள நமக்கு அறிவும் போதாது பிறவியும் போதாது.

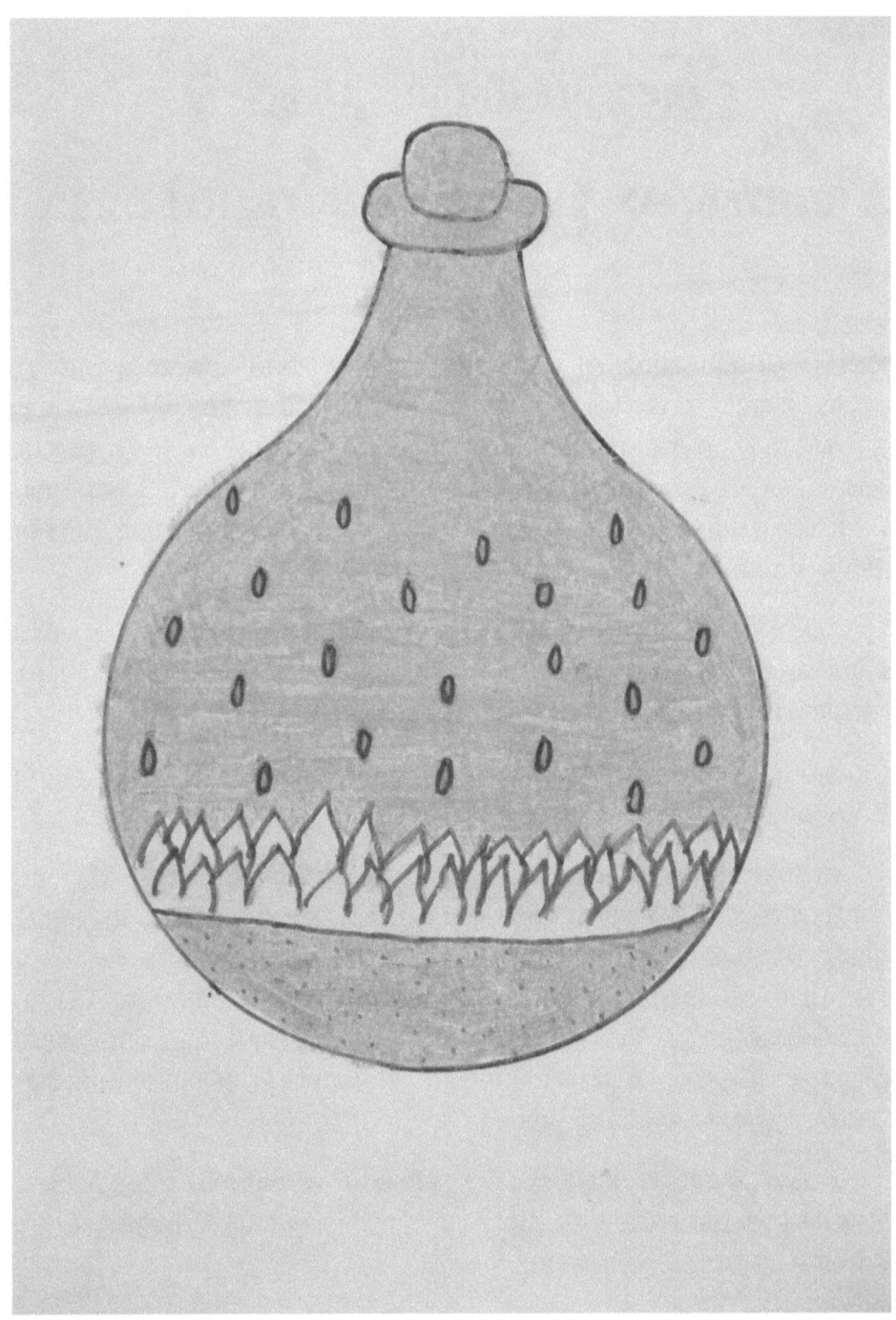

பிரிதல்

அகர ரகசியம் - பகுதி 5

வாலை பூசை தொடர்ச்சி...

இப்படி அமுரி தாரணை செய்யும் போது இரண்டு அல்லது மூன்று ஆண்டுக்குள் உடலின் கர்ம வினைகள் யாவும் வெளிப்படத் துவங்கும். அது மிகவும் கொடுமையானதாகவே இருக்கும். அப்படிப்பட்ட துன்பங்களைக் கடந்த பிறகு, அவரது உடலில் முடி கொட்டி, நகம் விழுந்து, உடலின் தோல் கழன்று விழும். அதன் பிறகு உடலின் நிறமே மாறிப் போகும்.

இதற்குப் பிறகு புதிய முடியும், நகமும் முளைக்கும். இப்படி புதிய உடலைப் பெற்றவர் தொடர்ந்து அமுரியை உட்கொள்ளும்போது, பத்தாண்டுகளில் சொரூப சித்தி அடைவார்.

அப்படி சொரூப சித்தி அடைந்தவரது உடலில் இருந்து நிழல் கீழே விழாது. இதுவே சொரூப சித்திக்கு அடையாளம் ஆகும்.

சாதாரணமாக நம்முடைய தூல உடலில் ஒளி பட்டு திரும்ப பிரதி பலிக்கும். அதனால் ஒளியின் போக்கில் தடை ஏற்பட, மறுபுறம் நமது நிழல் விழும். நம்முடைய தூல உடல் கற்ப சாதனையால் ஒளியுடலாய் மாறிய பிறகு, ஒளியானது சூக்கும மாறுதல் பெற்ற உடலில் ஊடுருவி வெளியே வந்து விடும். இதனால் மறுபுறம் நிழல் விழாது. இதுவே உண்மை சித்தர் நிலையை அடைந்தவர்களது சொரூப இலக்கணம் ஆகும்.

இப்படி சொரூப சித்தியை தரக்கூடிய அமுரியைப் பற்றி, பல சித்தர்களும் பரிபாசையில் சுமார் முன்றூற்று ஐம்பது பெயர்களுக்கும் மேலாக குறிப்பிட்டுள்ளனர்.

எனவே அமுரியை அடையும் செய்முறையை, ஒரு குருவின் கூட இருந்து தெரிந்து கொண்டலன்றி, அவர் அதைத் தொட்டுக் காட்டினாலன்றி நாமாகவே தெளிவாய் உண்மையை அறிவது மிகவும் சிரமமாகும்.

அமுரிக்கு உலோகங்களின் குற்றத்தை ((களிம்பு))நீக்கும் தன்மை உண்டு. அது போலவே உடலின் குறைகளையும் நீக்கி சுத்தமாக்குகிறது.

அமுரியை கற்பமாகக் கொள்ளும்போது உடலை அமலமாக மாற்றுவதற்காக, முதலில் உடலிலுள்ள குறைகளைப் போக்கி, உடலின் தோலையே நீக்கி புதியதோலைஉருவாக்கும். அதுமட்டுமல்ல, குறிப்பிட்ட கால அளவில், நமது உடலில் உள்ள இரத்தம் முழுவதும் வெளியேறி, உடல் சுத்தியாகி புதிய இரத்தமும் உருவாகும்.

கற்பம் உட்கொள்ளும் பொழுது ஏற்படும் வேதனைகள் அதிகம் என்பதால், பெரும்பாலானோர் அதைப் பற்றி அறிந்த பிறகும் கூட, அதைக் கொண்டு கற்பசாதனை செய்யத் தயங்குவர். அமுரி தாரணை உயிர் அனுபவித்துத் தீர்க்க வேண்டிய முழு அனுபவங்களையும் உடனடியாகச் செயலுக்குக் கொண்டு வருவதால், இவ்வித வேதனை கற்பம் உட்கொள்ளும் போது உடல் அளவில் ஏற்படவே செய்யும்.

இப்படிப்பட்ட வேதனைகளை இது தமது பிறவிக்குரிய கர்மவினை என்பதை ஏற்று, அனுபவித்துத் தீர்க்கும் மனவலிமை இருந்தால் மட்டுமே கற்ப சாதனையில் ஒருவர் வெற்றி பெற முடியும்.

இதனாலேயே கற்ப சாதனைக்கு "குருவருளும்-இறைவன் திருவருளும்" மிகமிக அவசியமாகிறது. அப்போது தான் சொரூப சித்தி என்கிற நிலையை அடைந்து சித்தராக முடியும்.

சித்தர்கள் என்பவர்கள் இறந்து போனவர்கள் அல்லர். இன்றும் கூட நம்மோடு கலந்தே வாழ்ந்து வருபவர்கள்ஆகும்.

நமது மெய்ப் பொருள் ஆய்வில் மருந்துகள் தயாரிக்கும் போது முதலில் நமக்கு கிடைக்கும் பூநீர் குணப்படுத்தும் நோய்கள் மற்றும் இரண்டாவதாக கிடைக்கும் பச்சை சிங்கம் என்ற முதல் பாதரசம் குணமாக்கும் நோய்கள் பற்றிய விவரங்களை "புனிதமான இயற்கை அற்புதங்களின் தங்கப் பெட்டகம்" என்ற நூலில் குறிப்பிடப்பட்ட விவரங்களை ஒன்று திரட்டி ஒரு கட்டுரை எழுதி இருக்கிறேன்.

மேலும் அமுரி என்ற இரண்டாவது பாதரசம் பற்றிய விவரங்கள் மற்றும் இலட்சனங்கள் பற்றியும் அகர ரகசியம் பகுதி நான்கில் கூறிஇருக்கிறேன். இங்கு அமுரி குணமாக்கும் நோய்கள் பற்றிய விவரங்களை பெனிடிக்டஸ் பிகுலஸ் அவர்களின் நூலில் இருந்து காணலாம்.

"அம் மருந்து தன் மூன்றாவது தயாரிப்பில் ஆவியாகக் கூடிய மிகவும் லேசான பொருளாகவும், எண்ணெய் வடிவம் கொண்டதாகவும், தன்னகத்தே இருந்த குறைபாடுகள் ஓரளவிற்கு நீங்கப் பெற்றதாகவும், இந்த தயாரிப்பு நிலையில் அது தன் செயல் பாட்டில் அநேக அற்புதங்களை நிகழ்த்தப் போவதாகவும் அமைகிறது. மனித உடலுக்கு அது அழகையும், வலிமையையும் தருகிறது. உணவுடன் மிகச் சிறிய அளவு அதை சேர்த்து அருந்தினால் கல்லீரலில் ஏற்படும் மெலாங்கலி என்ற ரத்த உறைவு நோயை குணமாக்குகிறது. பித்தப்பையின் உஷ்ணத்தை குறைக்கிறது. உடலில் உள்ள ரத்தத்தின் அளவையும், இரத்த செல்களின் அளவையும் உயர்த்துகிறது.

எனவே உடலில் இருந்து இரத்தத்தில் உள்ள வேண்டாத, தேவைக்கு அதிகமான ரத்தத்தை வெளியேற்ற வேண்டியது அவசியமாகிறது. இம்மருந்து இரத்த நாளங்களை விரிவடையச் செய்து செயல் இழந்து போன மூட்டுக்களைக் குணமாக்குகிறது.

பார்வைக் குறைபாட்டை நீக்கி, கண்ணுக்கு மீண்டும் வலிமையைத் தருகிறது.

வளர்ந்து வரும் குழந்தைகளின் உடலில் உள்ள அவசியமற்றவைகளை நீக்குகிறது. மூட்டுப் பகுதிகளில் உள்ள குறைபாடுகளை சிறப்பாகப் போக்குகிறது.

மேலும் கருணாகர சாமிகள் தனது 'அ'கர ஆய்வு நூலில்

"சடம் தோலில் நரம்பெலும்பில் வரும் நோய்க்கு ரசம் தீர்க்கு மென்றாரே"

என்று அமுரி தீர்க்கும் நோய்கள் பற்றியும் விளக்கி உள்ளார்.

கலவி (இணைதல்)

அகர ரகசியம் - பகுதி 6

சாகாக்கலை

உயிர் எப்படிப்பட்டது? இறப்பிற்குப் பிறகு உயிர் என்னவாகிறது? அது எங்கே செல்கிறது? இறப்பிற்குப் பிறகு உயிர் இருக்கிறதா? இல்லை அழிந்து விடுகிறதா? இப்படிப் பல கேள்விகள் எப்போதும் இருந்து வருகின்றன.

நமக்கு ஏற்படும் பிறப்பு மூலமாக உயிர் இருக்கிறது என்பதை உறுதி செய்து கொள்ள முடிகிறது. அது போன்று இறப்பிற்குப் பிறகு உயிர் இருக்கிறதா இல்லையா என்பதை உறுதி செய்வது அவ்வளவு எளிதல்ல.!

இறப்பிற்குப் பிறகு உயிர் என்னவாகிறது? இந்தக் கேள்விதான் பலரையும், உயிரைப் பற்றிய ஆய்வில் இறங்கத் தூண்டுகிறது. அப்படி உயிரைப் பற்றிய தேடலில் இறங்கியவர்கள் பலர். அவர்களது அனுபவங்கள் பலவிதமான முடிவுகளை வெளிப்படுத்தி இருக்கிறது. இதிலே ஞானிகளும், சித்தர்களும் அடைந்த தெளிவு மிகவும் அற்புதமானது.

உயிர் இறப்பிற்குப் பின்னும் இருப்பதை ஞானியர் தங்களது சமாதி அனுபவத்தால் உறுதி செய்தனர். சித்தர்கள் உயிர் திரும்பவும் இந்த பரிமாணத்தில் பிறக்காமல், வேறு வித உயர் நிலையை அடையும் முறையைக் கண்டறிந்தனர்.

அவர்கள் கண்டறிந்த வழி முறையே 'சாகாக்கலை' என்பது. உடலுடன் கூடிய முக்தி அடைவதைப் பற்றிய அனுபவம் பெற்றவர்கள் சித்தர்கள். உடலைத் தவிர்த்த பிறகு உயிர் முக்தி அடைவது இயலாது, திரும்பவும் பிறப்பை அடையவே செய்யும் என்றும், இதனைத் தவிர்க்க இயலாது என்பதும் அவர்களது அனுபவ முடிவாகும்.

சித்தர்கள் இப்படிப்பட்ட முடிவுக்கு வர ஒரு விபரம் விளக்கப்படுகிறது. பிறந்தவர் எப்படி இறப்பது உறுதியோ, அது போலவே இறந்தவர்களும் வரும் பிறப்பது உறுதி என்பது அவர்களது தெளிவாகும்.

உடலுடன் வழக்கமான மரணம் அடையாமல், உடலோடு சேர்ந்து அப்படியே ஒளியில் கலந்து முக்தி பெறுவது என்பது அவர்களது வழிமுறையாகும்.

ஆன்மீகத்தில் இப்படிப்பட்ட ஒளியுடன் இணைந்து உடலோடு கூடிய முக்தி பெற்றவர்கள் பலர் இருக்கிறார்கள். இப்படிப்பட்ட முக்தியையே சித்தர்கள் உண்மை முக்தி என்பதாய் ஏற்கிறார்கள். பிறவற்றை அவர்கள் முக்தியாய் ஏற்பது இல்லை.

அதுமட்டும் அல்ல. அப்படி முக்தி பெற்ற தங்களைத் தொடர்பு கொள்ளவும் முடியும் என்று கூறி அதற்குரிய வழி முறைகளையும் அவர்கள் விவரிக்கிறார்கள். இதிலே ஒவ்வொரு சித்தரும் வெவ்வேறு விதமான தனிப்பட்ட வழிமுறைகளையே கூறுகின்றனர்.

இப்படிப்பட்ட நிலையில் இருக்கும் சித்தர்களோடு பெறமுடியும் தொடர்புகள் அவர்கள் இருப்பதை, அதாவது உடலுடன் முக்தி பெற்றது உண்மையே என்பதை உறுதி செய்வதாக அமைகிறது.

இப்படிப்பட்ட முக்தியை ஒருவர் அடையவே கற்ப சாதனையை ஒரு வழிமுறையாக சித்தர்கள் வெளிப்படுத்தியுள்ளனர்.

இப்போதும் கூட அந்த வழி முறைகள் நடைமுறையில் பயன்படுத்தப்பட்டு வருகிறது.

'அகரம்' என்பது பற்றிய தீட்சையை ஒரு குரு நேர்முகமாக சீடருக்குத் தொட்டுக் காட்டித் தர அவர்கள் பயன்படுத்தும் காலம் சித்திரைப் பௌர்ணமி ஆகும்.

பெரும்பாலும் அகரம் காட்டித் தரப்பட்ட பிறகே, பிற வழி முறைகள் பற்றி ஒவ்வொன்றாக கூறுவார்கள். இதில் அகரத்தில் இருந்து பெறும் அமிர்தமான அமுரியை வைத்தே எல்லாவித சாதனைகளும் சாத்தியமாகும்.

அமுரியை அறியவில்லை என்றால், சித்தர்கள் விவரிக்கும் மருந்துகளைச் சரியாக முடிக்க முடியாது. முக்கியமாக அவர்கள் விவரிக்கும் முக்தி நிலையைப் பெறுவதோ முடியவே முடியாது.

“கற்பம்” உடலுக்கு வலிமையை மட்டும் தருவதல்ல. உடலையே முழுவதுமாக மாற்றி விடுவது. இப்படிப்பட்ட அற்புதமான அமுரியை போன்ற ஒன்றை உயிர் தனது உடலை உருவாக்கும் சமயத்தில், உருவாக்கிப் பயன்படுத்துகிறது. கருவறையில் உருவாகும் நீர், உயிரால் உருவாக்கப்படும் உடலை, எவ்விதக் கேடும் ஏற்படாதபடி, மிக அருமையாகப் பாதுகாத்து உதவுகிறது.

அதற்குள்ளே மிதக்கும் கரு அந்த நீரால் ஒருபோதும் பாதிப்படைவதில்லை. மாறாக அதிலே அது மிதந்தபடியே தனது உடலின் முழு வளர்ச்சியையும் பெறுகிறது.

இப்படிக் கருவுரும் சமயத்தில் உருவாகிப் பயன்படும் நீரைக் கூடச் சிலர் கற்ப முறைக்குப் பயன்படுத்த முயற்சி செய்து மாறுபாடான பலனை அடைகின்றனர்.

இது போன்றே அண்டக்கல் என்ற ஆதிப்பொருளில் பலநூறு வகைகள் இருப்பதாகவும், பதினெட்டு வகைகள் இருப்பதாகவும் பலர் தப்பெண்ணம் கொண்டு, பெரும் பொருள் செலவு செய்து அவற்றை தேடி அலைந்து வருகின்றனர். இது மிகவும் வருந்தத் தக்க செயலாக உள்ளது.

உண்மையில் அண்டக்கல் என்னும் சொல் எந்த ஒரு கல் வகையையும் குறிப்பதல்ல. மாறாக அது ஒரு வகை உப்பை குறிக்க சித்தர்களால் பரிபாசையாக கூறப்படும் வார்த்தையே ஆகும்.

இந்த அண்டக்கல் எனப்படும் மெய்ப்பொருளானது உலகில் பல வகையாக உள்ளது என்று பலராலும் எண்ணப்பட்டாலும், அதை தவறான கருத்து என கூறுவது மிகையல்ல. மெய்ப்பொருள் என்பது ஒன்றே. ஒன்று மட்டுமே. அந்த ஒரு பொருளே தரத்தில் உயர்ந்தும், தாழ்ந்தும் பல வகையாக மாறுபட்டும் காணப்படுகிறது.

மேற்படி கருக்குட நீரை பயன்படுத்துபவர்கள் ஓர் உண்மையை அறியவில்லை.

கருவிலே உருவாகும் நீர், உடல் உருவாகப் பயன்படுமே அன்றி உயிரோடு உடலை அழியாத நிலையில் இணைப்பதற்குப் பயன்படுவது அல்ல!

அமுரியை ஒருவர் பட்டுப்போன செடிக்கு ஊற்றினால் அது திரும்பவும் உயிர் பெற்று வளருவதை கண்கூடாகக் கண்டுஅறிய முடியும். நமது சிறுநீரை ஊற்றினால் நன்கு வளர்ச்சி அடைந்திருக்கும் தாவரமும் காய்ந்து போய்விடும் என்பது அனைவரும் அறிந்ததே. சித்தர்கள் கூறும் இந்த அமுரியை மனித மூத்திரம் தான் என்பவர்கள் இதனை சிந்தித்து உண்மையை உணர வேண்டும்.

'அகரம்' என்பதில்'அரூப நிலைக்கு உரிய' பொருளும், வடிவ உலகுக்கு உரிய பொருளாகிய நீரும் சேர்ந்து, நெருப்பால் இணைக்கப்பட்டுள்ளது.

இவற்றைப் பிரிக்க முயலும் முயற்சியில் முதலில் வெளிவருவது சுத்தகங்கை எனப்படும் அமுரியாகும். அதன் பிறகு இந்த அமுரியைக் கொண்டு அகரம் சுத்தி செய்யப்படும். பிற வழி முறைகளுக்கும் அமுரியே பயன்படும்.

அமுரியைப் பெறுவது, அது எதுவென்று அறிந்தவர்களுக்கே எளிதானது ஆகும். அப்படி அல்லாமல் அதற்குப் பதிலாக வேறு பலவற்றைப் பயன்படுத்துவது என்பது அவர்களால் அமுரியைப் பற்றிய தீட்சையை சித்தர்களிடமிருந்தோ, நூல்களின் வாயிலாகவோ பெற இயலவில்லை என்பதையே சுட்டிக் காட்டுகிறது.

அமுரியால் முடிக்கப்படும் மருந்துகளில் உயிர்ப் பொருள் அழியாமல் காக்கப்படும் என்பதால் அவற்றை நோய்களுக்கு மிகக் குறைந்த அளவே சித்தர்கள் பிரயோகம் செய்வர்.

அந்த பிரயோகமும் நேரடியாக இல்லாமல் அமுரி உப்பை அமுரி விட்டு ஒரு சாமம் அரைத்து வில்லை செய்து உலர்த்திப் புடமிட்டு சுண்ணம் செய்து அதனை மருந்தில் கலந்தே சித்தர்கள் உபயோகிப்பர்.

இந்த சுண்ணத்தை மீண்டும் அமுரி விட்டு அரைத்து உலர்த்தி பஞ்ச சுண்ண குகையிலிட்டு புடமிட்டு எடுக்க வேண்டும். இவ்வாறு ஐந்து புடமிட கடுங்கார சுண்ணமாகும். இந்த சுண்ணத்தை கையில்

தொட்டாலோ, வாயிலிட்டு சுவைத்தாலோ எரிச்சல் வராது. புண்ணாகாது. மாறாக குளிர்ச்சியாக ஜில் என்று குளுக்கோஸ் போன்று தான் இருக்கும். கடுங்காரம் என்பது வெளிப்பட்டுத் தோன்றாமல் மறைந்தே இருக்கும். இதுவே முப்பு சுண்ணத்தின் சிறப்பும், அடையாளமும் ஆகும். இதனால் தான் சித்தர்களும்

"சவுக்கார வைப்பும் சார நீர் வைப்பும் சிவக்காது மஞ்சளில் சென்றாலுமய்யா" என கூறி உள்ளனர். மேலும் அகத்தியர் கூறும் போது "மஞ்சளுக்கு சிவக்கின்ற மார்க்கமில்லை" என்றும் கூறி அருளி உள்ளார்.

முப்பு சுண்ணம் முடித்து விட்டேன். வேதை செய்து விட்டேன் என்று கூறிக்கொள்ளும் ஆய்வாளர்கள் இந்த உண்மையை கவனத்தில் வைத்தல் நலம்.

முப்பு சுண்ணம் என்றும், அண்டக்கல் சுண்ணம் என்றும், வழலைச் சுண்ணம் என்றும், சத்தி முப்புச் சுண்ணம், சிவமுப்புச் சுண்ணம் என்றும் சித்தர்களால் கூறப்படும் பல்வேறு பெயர்களில் கூறப்படும் சுண்ணங்கள் அனைத்தும் அமுரி எனப்படும் ரச நீராலோ, அல்லது கந்தக நீராலோ அரைக்கப்பட்டு சுண்ணமாக்கப்படுபவை தான். இவைகளுக்கு அடிப்படையான பொருள் ஒரே ஒரு பொருள் மட்டும் தான். அது ஓம் என்றும், அல்லாகூ அக்பர் என்றும், பிதா சுதன் பரிசுத்த ஆவி என்றும் வெவ்வேறு பெயர்களில் அழைக்கப்படுகிறது. பெயர்கள் வேறு வேறு ஆனாலும் அவை குறிக்கும் பொருள் ஒன்று தான். பாசை வேறு அர்த்தம் ஒன்று. இந்த உண்மை உணர்ந்தால் மத துவேசம் நீங்கி விடும். அனைத்து மதங்களும் பிரணவம் என்ற ஓங்காரத்தையே அடிப்படையாகக் கொண்டு உள்ளது. ஓங்கார பொருளை பயன்படுத்தி பெருநிலை அடைந்த சித்தர் பெரு மக்கள் தம் மக்கள் அனைவரும் தாம் அடைந்த நிலையை பெற வேண்டும் என்ற பெருங்கருணையால் அந்தந்த நாட்டில் வாழ்ந்த மக்களின் பழக்கவழக்கங்களுக்கு ஏற்ப சில விவரங்களை இலைமறை காயாக மக்களுக்கு சொல்லி வந்தனர். இந்த விவரங்களே பிற்காலத்தில் நடைமுறைப் பழக்கமாகவும், தனி ஒரு வழிமுறையாகவும் சமுதாயத்தில் இடம் பிடித்தது. இதனையே பிறகு மதம் என்றும், மார்க்கம் என்றும் கூறுவாராயினர்.

பச்சை சிங்கம் என்ற சுத்த ஜலம்

அகர ரகசியம் - பகுதி 7

ஆர்கானம்

ஆர்கானம் என்பது என்ன?

ஆர்கானம் என்பது இரகசியப் பொருள் என பொருள்படும் (இரகசிய மருந்து) இந்த உலக மக்களிடமிருந்து நான்கு பொருள்கள் சித்தர்களால் மறைக்கப்பட்டுள்ளது.

அந்த நான்கு பொருள்கள் முறையே

1. ஓம் என்னும் பிரணவம்.
2. அகரம்.
3. உகரம்.
4. மகரம் (அகர, உகரம் இணைந்தது.)

இப்படி நான்கு வகை ஆர்கானம் உள்ளதாக கூறப்பட்டுள்ளது. முதல் ஆர்கானம் பிரைமா மெட்டீரியா ஓம் எனவும், இரண்டாவது ஆர்கானம் ஞானிகளின் கல்(philosopher's stone) உகரம் எனவும், மூன்றாவது ஆர்கானம் அமுரி அல்லது சார நீர், அகரம் எனவும், (mercury of life) நான்காவது ஆர்கானம் டிங்க்சர் (Tincture) மகரம் எனவும் வழங்கப்படும்.

இவற்றில் இரண்டாவது ஆர்கானத்தில் ஞானிக் கல் அல்லது அண்டக்கல் எனப்படும் உகர உப்பில் மூன்று வகைகள் உள்ளன. அவை முறையே,

1. முதல் பூனீர் உப்பு
2. வெள்ளை கல்லுப்பு (வெள்ளை அண்டக்கல்)
3. வீரம் எனும் சிவப்பு அண்டக்கல் உப்பு. என வழங்கப்படும்.

அடுத்து மூன்றாவது ஆர்கானத்தில் அமுரி அல்லது சார நீர் எனும் அகரமாகிய பாதரசத்தில் மூன்று வகைகள் உள்ளன. அவை முறையே,

1. சுத்தஜலம் எனும் பச்சை சிங்கம் அல்லது பனிநீர்
2. விந்து நீர் எனும் ஞானிகளின் பாதரசம், வெண்மையான திரவம்.
3. சிவப்பு பாதரசம் எனும் நாதம்.

இறுதியாக மகரம் எனும் நான்காவது ஆர்கானம் அகரமாகிய ரசமும், உகரமாகிய உப்பும் (கெந்தி) இணைந்து கிடைப்பதாகும்.

. இவ்வாறு நமக்கு நான்கு ஆர்கானங்கள் கிடைக்கின்றன. இதில் நான்காவது ஆர்கானம் பத்மினி என்றும், மூன்றாவது ஆர்கானம் சித்தினி என்றும், இரண்டாவது ஆர்கானம் சங்கினி என்றும், முதல் ஆர்கானத்தை அத்தினி என்றும் சித்தர்கள் குறிப்பிடுவர். இதில் முதல் ஆர்கானம் நாம் எதிர்பார்க்கும் அனைத்து வேலைகளையும் செய்யாது

ஆதலால் தான் விளையாட்டுச் சித்தர் கூறும் போது,

"நாலாஞ் சாதி ஆகாது
நமக்குப் பருப்பு வேகாது"

என்றும் கூறி இருக்கிறார். (ஆர்கானத்தில் முதல் என்றாலும் தமிழ்ச் சித்தர்கள் வகுத்த சாதியில் நான்காவது ஆகும்)

மேற்படி மூன்று ஆர்கானங்களை அடிப்படையாகக் கொண்டு (முதல் ஆர்கானம் தவிர்த்து) நாம் மேலும் பல குரு மருந்துகளைச் செய்யலாம். முப்பு என்பது மூன்று உப்புக்கள் சேர்ந்தது எனப் பொருள்படும். அவை இரண்டாவது ஆர்கானத்தில் கூறப்பட்ட உப்புக்களே ஆகும். இவற்றை மேற்படி ரச நீரில் அரைத்துப் புடமிட்டுச் சுண்ணமாக்கினால் அது முப்புச் சுண்ணம் எனப் பெயர் பெறும். முப்பு என்றால் குருமருந்து என்றும் பொருள்படும். இதனை சுண்ணமாகவும், பற்பமாகவும், செந்தூரமாகவும், மெழுகாகவும் பல விதங்களில் நாம் தயாரிக்கலாம். இவ் வழியில் நாம் ஆயிரக்கணக்கான குரு

மருந்துகளைத் தயாரிக்க இயலும். இம் மருந்துகள் நமது வாழ்வில் பல விதங்களில் உயர்ந்த முடிவைத் தரவல்லது. இவைகளை நமது விருப்பப்படி எப்படி வேண்டுமானாலும் உபயோகப்படுத்திக் கொள்ளலாம். இக் கலை முடிவு இல்லாதது. ஒரே முடிவைத் தரும் கலையாக இதை நாம் பார்க்க இயலாது. இதை எதற்காக உங்களுக்கு எழுதுகிறேன் என்றால், என் அன்புக்குரியவராக நீங்கள் இருப்பதால் தான் எழுதலானேன்.

இப்புனிதமான இயற்கை ரகசியக்கலையில் உங்களையும் ஈடுபடுத்தத் தான் இதை உங்களுக்கு எழுதுகிறேன்.

முதல் ஆர்கானம்: ஓம் எனும் பிரணவம்.

இந்த ஆர்கானம் அழிவு உள்ளதாகவும், நிலையற்றதாகவும் உள்ளது. இயற்கை எவ்வாறு முதலில் உருவானதோ, அவ்வாறே அதற்கு ஒப்ப இந்த ஆர்கானம் உருவாகிறது. இது ஒப்புயர்வற்ற வானிலிருந்து பெறப்பட்ட ஓர் உன்னதமான சக்தி வாய்ந்த பொருள். இது ஆண்டவனின் அதி அற்புத சக்தி அனைத்தையும் கொண்ட திரவ வடிவத்தை உடையது. ஒரு வித்து, எப்படி அதனுள் உள்ள எல்லாச் சக்திகளையும் புதுப்பித்து, புத்துயிர் அளித்து ஒரு செடியை உற்பத்தி செய்கிறதோ, அதைப் போலவே "பிரைமா மெட்டீரியா" செயல் புரிகிறது. இது ஆணுமல்ல, பெண்ணுமல்ல. அலிப்பொருள் எனும் ஆணும்பெண்ணும் கலந்தது.

இந்த அலிப்பொருளே நமது உடலை அழியா நிலைக்கு உயர்த்தும் உன்னதப் பொருள். இது வித்தின்றி விளையும் ஒரு விதைப் பொருள். உலகத்தில் உள்ள அனைத்துப் பொருளையும் உருவாக்கும் ஒரு சிறந்த விதை. ஆகவே இதனை சிம்ஹபீஜம் எனலாம். இந்தப் பொருள் எங்கே கிடைக்கும்? பூமியிலா? வானத்திலா? எனில் இரண்டும் இல்லை. இரண்டுக்கும் இடையில் காற்று வெளியில் உள்ளது. ஆகவே இதனை இடைப்பொருளில் தேடுங்கள். இப்பொருள் அனைத்து உயிர் வகைகளின் தோற்றத்துக்கும் ஆதியாய் அமைந்த பொருள். அதனால் இதனை இறைப்பொருள் என சித்தர்கள் பெயரிட்டுள்ளனர். இப்பொருள்

ஆலகாலம் போன்ற விஷத்தோடு வழக்கில் உள்ள பொருளாக இருந்து வருகிறது.

இதன் விஷத்தை நீக்கி பயன்படுத்தாத காரணத்தினாலேயே நமக்கு நரை, திரை, பிணி, மூப்பு, சாக்காடு ஆகியன ஏற்படுகிறது. இது குழந்தைகளின் விளையாட்டில் காணக்கூடிய எளிய பொருள். ஆயினும் இது பணியாளர்கள் கூட்டி எறியும், ஒரு வெருக்கத்தக்க பொருள்.

இந்த மெய்ப்பொருள் ஒன்பத்தைந்து பாகை தலை நிமிர்ந்து, மண்மீது மதிப்பாரற்றுக் கிடக்கிறது. ஆண்களைவிட பெண்களுக்கு அதிகத் தொடர்பு இப் பொருளுடன். இப்பொருள் பணக்காரர்களுக்கு மட்டும் அல்ல, ஏழை எளியவர்களும் எளிதில் வேறுபாடின்றி அணுகத்தக்க நிலையிலேயே இறைவனால் படைக்கப்பட்டுள்ளது. இது செத்தாலும் பிழைக்கும். ஆகவே செத்தாரையும் பிழைக்க வைக்கும். தன்னைப் பற்றிக் கூறிக்கொண்டே ஊரைச் சுற்றும் உன்னதப்பொருள்.

நமது இந்தப் பொருளானது ஒன்று, இரண்டு, மூன்று, நான்கு, மற்றும் ஐந்து பொருள்களால் ஆக்கப்பட்டதாகும். ஐந்து என்பது அதனுடைய சொந்த கருப்பொருளாகிய விதை ஆகும். நான்கு என்பது நான்கு பூதங்கள் என அறியவும். மூன்று என்பது எல்லாப் பொருள்களின் மூன்று அடிப்படையன ரச, கந்தி, உப்பாகும். இரண்டு என்பது ரசப்பொருள்கள் இரு மடிப்பாக உள்ளன என்பதாகும். ஒன்று என்பது ஒவ்வொரு பொருளும் எந்த சாரத்திலிருந்து வந்ததோ அதைக் குறிக்கும்.

இது அனைவருக்கும் தெரிந்த பொருள் தான். ஆனால் இது தான் என அறிந்து கொள்வது மிகவும் கடினமானது. காரணம் என்னவெனில் அதை அவர்கள் சிரத்தையாக தேடாததே ஆகும். விதி உள்ளவன் அல்லது தெய்வீக மனிதன் அதைப் பெற்றுக் கொள்கிறான். முட்டாள்கள் அதைத் தூர வீசி எறிந்து விடுகிறார்கள்.

மகான் கருணாகர சாமிகளும்,

'துப்பறிய வெகு சுலபம் அறிவுள்ளோர்க்கு' என்றும்,
'உலகிலே இது தெரியா மனிதரில்லை'

என்றும் கூறியிருக்கிறார்.

மேலும் அகத்தியர் கூறும் போது,

"முப்பான முப்பூவும் ஆதியிலே குருவாய்
முடிந்திருக்கு என்றறியார் மூடர்தானே"

"முப்பூ முடித்து வைத்திருக்குதடா அதை
வைப்பு வைத்து திருத்தும் வழிதேடடா"

-என்றும் அமுதகலை ஞானம்-1200 ல் கூறுகிறார்.

ஆகவே மெய்ப்பொருளானது ஏற்கனவே முடித்து வைக்கப்பட்டுள்ளது.

"பெட்டியதில் உலவாத பெரும் பொருள் ஒன்றுண்டு" என்பதற்கினங்க அம் மெய்ப்பொருள் ஒரு பெட்டியினுள் இறுக மூடப்பட்டு உலகோர் அறியா வண்ணம் பாதுகாப்பாக வைக்கப்பட்டுள்ளது.

அது பளபளப்புடன் ஒளி வீசத்தக்க நிறம் உடையதாய் உள்ளது.

"இறைவனின் பொக்கிஷம் மறைபொருளாய்
வைத்திருந்தும் குழந்தை எடுத்தாடுவதேன்"

"குழந்தையுள்ளம் படைத்த இறை குழந்தைகட்கே சொந்தமதாம்"
மழலைச் சொல் குழந்தைகட்கே அக்பரது பொக்கிடமாம்"

"குழந்தையும் தெய்வமும் கொண்டாடும் இடத்திருக்கும்"
"ஏட்டுச் சுரக்காய் என இங்கெடுத்து யாம் கூறோம்
கூட்டுக் கறிக்காகுமிதால் குடும்பம் எல்லாம் பிழைத்திடுமே".

எனவும் கருணாகர சாமிகள் கூறுகிறார்.

"மூலமென்றவழலையதுமுப்பூவாச்சு
மூதண்டக் கருவதுவும் முடிந்த மூலி
காலனென்ற காலனுக்கு மாதிமூலி
கண்டவர்க்கு மெளிதான கமலமூலி
பாலென்றால் பால் சொறியும் பஞ்சமூலி
பரித்தெவரும் பொசிக்கின்ற பச்சை மூலி

ஞாலமிசை மெத்தவுண்டு நடனமூலி
நவின்றிட்டால் வெளியாகும் நயந்து பாரே"

-நந்தீசர்.

"பஞ்சபூதம் ஒன்று கூடில் பளிங்கு போல் அதீதமாம்"

-திருவள்ளுவர்.

"தானான ஆதார ஜோதி போல
சங்கையுடன் தோணுமடா அங்கே பாரு
வானான அண்டமதின் நடுவே பார்த்தால்
வகையாகத் தோணுமடா பஞ்சரூபம்"

-அகத்தியர் அந்தரங்க தீட்சாவிதி.

-எனவும் சித்தர்கள் அம்மெய்ப்பொருளை வெட்டவளிச்சமாய்க் காட்டி விட்டார்கள். மேலும்அப்பொருளானது புனிதமானதாகவும், வணங்கத்தக்கதாகவும், பரந்த கடலைத் தன்னுள் பெற்றதாகவும் உள்ளது.

"வாதவைத்திய யோகமெல்லாம் ஆதியந்தம் இரண்டாலாம்
காதமல்ல இவை கிடைக்கும் கண்டகண்ட இடங்களிலும்"

-என்றும் கூறப்படுவதால் எங்கும் தேடி அலையவேண்டியதில்லை. 'ஊரடுக்க மெத்தவுண்டு' எனவும் அகத்தியர் கூறுவதால் அப்பொருள் எங்கும் உள்ள பொருள் என தெளிக.

"குப்பங் காடு மலை சாக்கடை நகரமெலாம்
குடியிருக்கும் வீடு முதல் இது கிடக்கு
ஒப்பம் வைத்து ஊரெல்லாம்ஓடுது பார்
உலகிலே இது தெரியா மனிதரில்லை"
"இன்பத்துக்கும் துன்பத்துக்கும் இதுதானென்றும்"

என்று கூறியிருப்பதையும் நோக்கற்பாலது.

இந்த முதன்மைப் பொருளை பற்றி 'துர்வாச மகரிசி' அவர்கள் கூறும்போது 'மூலக்கிழங்கு முளைத்தே கிடக்குது" என்கிறார். அதாவது முதல் பொருளை கிழங்கு என்கிறார். மேலும் அது

தயாராக உள்ளது, அதை எடுத்தால் போதும் என்கிறார். எனவே பூநீர் எனப்படும் மூலப் பொருளை ஆய்வாளர்கள் தயாரிக்க வேண்டியதில்லை. இயற்கையில் கிடைப்பதை அப்படியே எடுத்தால் போதுமானது.

அகத்தியர் அமுத கலை ஞானம் –1200 என்ற நூலில்,

"தானென்ற அகாரமடா விந்துவிந்து
தன்மையுள்ள விந்துநீர் தண்ணீராச்சு"

என்கிறார். அதாவது அகரம் எனப்படும் முதல்நீர் தண்ணீராக உள்ளது என்று கூறுகிறார். இதே தன்மை கொண்ட பாடலை அகத்தியர் அந்தரங்க தீட்சாவிதி என்ற நூலிலும் காணலாம். மேலும் பல இடங்களில் அகத்தியர் இந்த கருத்தை திரும்பத் திரும்ப சொல்கிறார்.

இராமதேவர் வைத்திய காவியம் –1000 என்ற நூலிலும் பூநீர் எனப்படும் வெண்சாரை தண்ணீராக உள்ளது என்று கூறியுள்ளார்.

இதே கருத்தை நந்தீசர் கருக்கிடை –300 என்ற நூலில் கூறியுள்ளதைக் காணலாம். கோரக்கர் நாதபேதம் –25 என்ற நூலிலும் இதே கருத்து உள்ளதைக் காணலாம்.

முதல் பொருளான பூநீர் பற்றி 'அகத்தியர் பரிபாசை –500' என்ற நூலில்,

"தொண்டர்களை கிருபைவைத்து பிழைக்கச்செய்த
துகளில்லா பிரணவமே சுயம்புநீரே"

என்கிறார். இந்த நீரை யாரும் செய்ய வேண்டியதில்லை. இது இயற்கையில் தானாகவே கிடைக்கும் சுயம்பு நீர் என்கிறார். எனவே இந்த நீரை சித்தர்கள் கூறிய முறைப்படி எடுத்தால் மட்டும் போதுமானது. எனவே இதை தயாரிக்க வேண்டிய அவசியமில்லை என்பது தெளிவாகிறது.

இந்த நீர் குறித்து சித்தர்கள் கூறிய கருத்துக்களை தொகுத்துக் கொண்டே சென்றால் சொல்லிக் கொண்டே செல்லலாம். எல்லா சித்தர்களும் இதை நீர் என்றே குறிப்பிட்டுள்ளார்கள். இந்த கருத்தை

உறுதி செய்யும் விதமாகத்தான் மேல்நாட்டு ஞானிகள் நூல்களும் அமைந்துள்ளன. இனி அவர்கள் முதல் பொருளைப் பற்றி கூறும் தகவல்களை பார்க்கலாம்.

ஞானிகளின் இரகசிய கலைக்கு பயன்படும் முதல் பொருளை உவமையாகவும் மிகவும் புரியாத பெயர்கள் கொண்ட கதைகளாகவும் விளக்குகிறார்கள். அதனால் முதல் பொருளை அடையாளம் காண்பது கடினமாக உள்ளது என அர்னால்டு அவர்கள் கூறுகிறார்கள்.

ஆண்டிமணி சனியின் தன்மையைக் கொண்ட ஒரு தாதுப் பொருள். இதை இரசவாதிகளின் இரசம் என்று ஞானிகள் அழைப்பர். இந்தப்பொருள் நீராவி அல்லது பனித்துளி போன்று தூய்மையானது என்று ஆர்ட்டிபியூஸ் அவர்கள் கூறுகிறார்கள்.

புத்திசாலி குழந்தைகளாகிய நீங்கள் அறிய வேண்டியது, முன்னாளைய ஞானிகள் பிரிவினையை நீரில் நடத்தினார்கள். அப்பிரிவினை என்பது நீரை பிற நான்கு பொருட்களாக பிரிப்பதாகும் என்று ஒரு மேலைநாட்டு ஞானி கூறுகிறார்.

மிகப் பழங்கால ஞானியான தியோபரஸ்டஸ் என்பவரும் முதல்பொருளை நீர் என்றே குறிப்பிடுகிறார்.

நம் கலையின் முதல் பொருளானது பஞ்ச பூதங்களில் நீர் அம்சம் பெற்ற ஒரு பொருளாக உள்ளது. அதை நெருப்புத் தன்மையுள்ள நீர் என்றும் ஹெர்மஸ் அவர்கள் கூறுகிறார். இந்த நீர்மப் பொருளைப் பற்றி யாருமே வெளிப்படையாக பேசவில்லை. இரகசியமாகவே வைத்துள்ளார்கள். ஆரம்பத்திலிருந்தே ஞானிகளால் மறைக்கப்பட்டு வருகிறது என்று கூறுகிறார்.

நம்முடைய முதல் பொருள் காற்று, நீர், நெருப்பு ஆகிய தனிமங்கள் ஒன்றாக கலந்துள்ள கொழுப்பு நீர் வடிவம் கொண்ட ஜீவ விருட்சத்தின் இனிப்புச் சாறு ஆகும். இதற்கு ஞானிகளின் பாதரசம் என்று பெயர் என பாரசெல்ஸஸ் கூறுகிறார்.

நமது மூலப் பொருள் இயற்கைப் பொருளால் ஆனது. இந்த மூலப் பொருள் தடிப்பான பிசுபிசுப்பான ஒரு நீர் ஆகும் என்று கிளாடியஸ் அவர்கள் கூறுகிறார்.

இவ்வாறு நம் நாட்டு சித்தர்களும் சரி மேலை நாட்டு ஞானிகளும் சரி மனிதனுக்கு ஞானத்தை வழங்கும் முதல் பொருளை நீர் என்றே குறிப்பிடுகிறார்கள். சிலர் இதை கல் மற்றும் விதை என்றும் குறிப்பிடுகிறார்கள். இவைகளும் முதல் பொருளைத்தான் குறிக்கும் என்று ஹெர்மஸ் அவர்கள் கூறியுள்ளார்.

முதல் பொருளான பூநீருக்கு சித்தர்கள் அகரம், விந்து, சிவம், சுயம்பு நீர், வெண்சாரை, ஏகவஸ்து, பிரணவப்பொருள், பூநீர், சாரம் என பல பெயர்களில் அழைக்கின்றனர். அதேபோல் மேலை நாட்டினர் ஒருபூதம், நிரந்தர நீர், உயிர் நீர், வணங்கத் தக்க நீர், அறிவுநீர், ஞானிகளின் இரசம், சொர்க்கத்தின் பனித்துளி, கன்னியின் பால், இரச உடல், உடலின் உயிர், ஆசீர்வதிக்கப் பட்ட நீர், அறிவாளி நீர், தாது நீர், வான் சம்பந்தப்பட்ட நீர், ஜீவ விருட்ச நீர், கல், விதை என ஏராளமான பெயரிட்டு அழைக்கிறார்கள். பெயர்களைக் கொண்டு குழப்பமடைய வேண்டியதில்லை. இவை அனைத்தும் ஒரே பொருளைக் குறிக்கும் சொல் ஆகும்.

சாகாக் கலை ஆய்வாளர்கள் இக்கலையில் வெற்றி பெற வேண்டுமானால் முதல் பொருளை சந்தேகத்திற்கு இடமில்லாமல் உறுதி செய்து கொள்ள வேண்டும். “முதல் பொருள் தெரியாவிட்டால், மீதி வேலையும் உனக்குத் தெரியாமல் போய்விடும்” என்று கிளாடியஸ் என்ற ஞானி கூறுகிறார்.

இப்பொருள் தன்னுள்ளே தூய்மையற்ற இரண்டு உட்பொருட்களைக் கொண்டதும், மெல்லிய கொழுப்புத் தன்மை கொண்ட இனிப்புச் சாறாகவும் உள்ளது. இந்த முதல் பொருள் இல்லாமல் உலகில் எந்த உலோக தாதுப்பொருட்களும் தோன்றாது. இதிலுள்ள இரண்டு பொருட்களும் ஆண் பெண் தன்மைகள் கொண்டதாக அதாவது நேர்மின்னோட்டம் (+) மற்றும் எதிர்மின்னோட்டம் (--) கொண்டவைகளாக உள்ளன. ஆனால் இவைகள் ஒன்றுக்குள் ஒன்றாக அதாவது ஒன்றைவிட்டு ஒன்று விலகாதபடி மிகச்சரியானபடி இயற்கையால் பிணைக்கப்பட்டிருக்கின்றன. மேலும் இவை எதிர் எதிர் தன்மைகளைப் பெற்றிருப்பதால் எப்பொழுதும் இடைவிடாமல் ஒரே சீராக இயங்கிக் கொண்டே இருக்கின்றன. இந்த முதல் பொருள் பஞ்சபூதமும் ஒன்றாக கலந்த

பொருளாக உள்ளது. இந்த முதல்நீரை ஜீவ விருட்சநீர் அல்லது ஞானிகளின் பாதரசம் என்று ஞானிகள் அழைக்கிறார்கள். பாதரசம் என்பதால் உடனடியாக அசிங்கமான சாதாரண கடை பாதரசத்தை நினைத்துவிடக் கூடாது. ஞானிகளின் பாதரசம் இயற்கையின் சுயம்பு நீர் ஆகும்.

இயற்கையின் இயல்புபடி அமைந்த இந்த முதன்மைப் பொருளான ஜீவ விருட்சநீரை விட்டு, வேறு ஏதாவது ஒரு பொருளை எடுத்து அதன் உட்கருவை பிரித்து எடுப்பதே உண்மையான அல்லது முன்னேற்றமான செய்முறை என்று கூறும் அதாவது எந்த பொருளிலிருந்து வேண்டுமானாலும் பிரிக்கலாம் என்று கூறும் பேராசைக்கார ஏமாற்றுக் கலைஞனால் நமது கலையில் வெற்றிபெற முடியாது. அவன் செயல் முற்றிலும் எதிர்மறையான செயல் ஆகும். அவர்களின் செய்முறை இயற்கையின் செயல்பாட்டிற்கு எதிராக இருப்பதால், இவர்கள் தவறான சுற்றுவட்டப் பாதையில் சிக்கி வெளியேவர வழி தெரியாமல் திண்டாடுவார்கள். இறுதியில் ஏமாற்றமும் மன விரக்தியுமே மிஞ்சும். எனவே ஏமாறாமல் எச்சரிக்கையாக இருக்க சித்தர்களும் ஞானிகளும் கூறுவதை நன்கு படித்து விசயங்களை உள்வாங்கி தெளிந்து இயற்கை வழிகளைப் பின்பற்றி செய்முறையில் இறங்கினால் சித்தர்கள் கூறும் சாகாகலையில் எளிதில் வெற்றி பெறலாம்.

நமது இந்த டிசால்வுடு சால்ட் என்கிற பாதரசத்தை அனைத்து மனிதர்களும் கண்களால் பார்க்கின்றனர். எனினும் சிலருக்குத்தான் அது, இது தான் என தெரியும். அதனை மருந்தாக தயாரிக்கும் போது மிகவும் மெச்சத்தக்க சிறப்புகளைப் பெறுகிறது. அறிவாளியின் கண்களில் இருந்து அப்பொருள் மாயமாவதில்லை. அப்பொருளின் புறத்தோற்றம் பார்வைக்கு இழிவானதாக இருக்கும். எனினும் அதை நீ இழிவாகக் கருதாதே.

அவ்வாறு நீ கருதினால் உன்னால் குருமருந்தை முடிக்க இயலாது. அப்பொருளின் முகத் தோற்றத்தை உன்னால் மாற்ற முடிந்தால், அதன் நிலை மாற்றம் மிகவும் மதிப்பு வாய்ந்த, மிகுபுகழ் தருவதாக இருக்கும். நமது தண்ணீர் மிகச் சுத்தமானது.

எப்போதும் புதிதாகவும், புனிதமானதாகவும் உள்ளது. ஆகவே அதனை அனைவரும் விரும்புகின்றனர்.

தமிழகச் சித்தர்கள் கூறியுள்ள ஆர்கானத்தின் வகைகள்,

1. பத்மினி-பொன் வண்ணம்-சோழநாடு.
2. சித்தினி-பச்சை அல்லது சிவப்பு-பாண்டி நாடு.
3. அத்தினி. -வெண்மை-சேரநாடு.
4. சங்கினி-கருப்பு-காசிநாடு. என்றும்,

அகத்தியர் பரிபாசைத் திரட்டு கூறுகிறது. இந்த நான்கு விதமான அண்டம் நாலுவகை நிலத்தில் விளைகிறது.

"கதிரான பாலை நிலம், வண்டல், பொட்டல்
கன்னி வனஞ் சிறுகாசாக வந்த பூமி
விதி காணும் சுக்கான் பாரிவைகள் கண்டால்
விமல சதாசிவம் சத்தி மேவும் பாரே"

மேலும்,

"கூறுவேன் வழலையிலே நாலு சாதி கூசாமல் முடித்து
வைத்தார் சித்தரெல்லாம்
தேறுவாய் அந்தந்த வகையேதென்றால்
சிறுநீரால் காய்ச்சுகிற வழலையொன்று
பேறுபெறச் சுண்ணாம்பும் உவரும் கூட்டிப்
பிசகாமல் காய்ச்சுகிற வழலையொன்று
நாறுகிற சயிந்த லவணங்கள் கூட்டி
நலமாகக் காய்ச்சுகிற வழலையொன்றே"

"ஒன்றான சளியவர் மாண்வீரம் வெள்ளை
உள்ளபடி காய்ச்சுகிற வழலை ஒன்றே
என்றான வென்மகனே வேம்பு புங்கின்
எண்ணெய் யிட்டுச் செய்திடுவார் இந்த நான்கும்"
என்றும் நான்கு வித வழலை பற்றியும் அகத்தியர் கூறுகிறார்.

அகத்தியர் மேலும் கூறும் போது,

சாம்பல் (உப்பு)

"மவுனமென்றால் நாலுவகை மவுனமுண்டு
வாசியிலே மவுனமொன்று கண்டத்தூணல்
மவுனமென்ற சடாதார நிராதாரத்தில்
மவுனமொன்று சாக்கிரமா மதிலே நில்லு
மவுனமென்றால் மேல்வாசல் மவுனமொன்று
வாய்திறந்தால் விந்துவிலே மவுனமொன்று
மவுனமென்றால் வாலையடா வாமியோகி"

என்று அகத்தில் ஆரம்பித்து புறத்தில் கூறப்படும், ஊமைப்பொருளான மௌனப் பொருளை, வாலையை, வாலாம்பிகையை நான்காக வகைப்படுத்தியுள்ளார்.

மூன்றாவது, நான்காவது மாத பிண்டத்திற்கு அத்தினி என்று பெயர்-வெண்மை நிறம்.

ஐந்தாவது மாத பிண்டத்திற்கு சங்கினி என்று பெயர்-கருப்பு நிறம்.

எட்டாவது மாதபிண்டத்திற்கு சித்தினி என்று பெயர்-சிவப்பு நிறம்.

ஒன்பதாவது, மற்றும் பத்தாவது மாத பிண்டத்திற்குபத்மினி என்றுபெயர். -பொன்மஞ்சள் நிறம்.

"தானென்ற கணபதியே பஞ்சபூதம்
தன்மையுடனே பிறப்பால் நின்ற ஞானம்
ஊனென்ற கணபதியே ஆண்பெண்ணாகி
உறுதியுடன் நடனமொடு பிண்டமானார்
நானென்ற கணபதியே குருவாமென்று
நன்மையுடன் பூரணத்தைக் கண்டோரில்லை
வானென்ற கணபதியே வகையேழாகி
மகத்தான யோனிநால் தோற்றந்தானே ---
கடைப்பிள்ளைகலைக்கியானம்

"கணபதியே வகையேழாகி" -இங்கே பிரைமா மெட்டீரியாவின் உருவகப் படத்தைப் பாருங்கள். அதில் ஏழு வட்டங்கள் ஒரு வட்டத்தைச் சுற்றிலும் அமைந்திருப்பதைக் காணலாம். ஏழுவட்டங்கள் என்பவை அடிப்படைப் பரமாணுக்களாகும்.

இவற்றை ஏழு கிரகங்கள் என்றும், (சந்திரன், புதன், வெள்ளி, சூரியன், செவ்வாய், குரு, சனி)ஏழு உலோகங்கள் என்றும் கூறுவர்(வெள்ளி, பாதரசம், தாமிரம், தங்கம், இரும்பு, வெள்வங்கம், கருவங்கம்)

ஏழு பரமாணுக்களாலேயே இந்த பிரபஞ்சம் உருவாகி இருக்கிறது. அது போலவே பிரணவ மூலப் பொருளும் உருவாகி உள்ளது.

இன்றைய அறிவியல் பிரபஞ்சத்தின் ரகசியங்களை ஒரு பத்து சதவீத அளவிற்குத் தான் கண்டுபிடித்துள்ளார்கள். இன்னும் தொண்ணூறு சதவீதம் நமக்குத் தெரியாத எவ்வளவோ ரகசியங்கள் இந்த பிரபஞ்சத்தில் குவிந்துள்ளன.

இந்த உலகின் மண், தண்ணீர், நெருப்பு, காற்று, ஆகாயம் எனும் ஐம்பூத சக்திகள் அளவில் அடங்காமல் உள்ளன. அணுக்களின் சக்திகள், செயல்பாடுகள் அளவில் அடங்கா. இந்த உலகத்தில் அணுக்கள் ஏழுவிதமாக உள்ளன. ஏழு ஸ்வரங்களாகவும் உள்ளன. ஏழு அடிப்படை நிறங்களாகவும் உள்ளன. இந்த அடிப்படையான ஏழு அணுக்கள் ஒன்றோடு ஒன்று கலந்து பலவிதமான வண்ணங்களையும், பலவிதமான உருவங்களையும், பலவிதமான பொருள்களையும் உருவாக்கிக் கொண்டே இருக்கின்றன.

வடலூர் வள்ளலார்: பூத ஆகாயத்தில் உள்ள அணுக்கள் ஏழுவிதமாக, கண்ணுக்குத் தெரியாமல் இயங்கிக் கொண்டுள்ளன.

ஏழு அணுக்கள்: இந்த ஏழு அணுக்களை வள்ளலார் கண்டுபிடித்துக் கூறி உள்ளார். அவை வருமாறு

1. வாலணு.
2. திரவ அணு
3. குரு அணு
4. லகு அணு
5. அணு

6. பரமாணு
7. விபு அணு

என ஏழு விதமான அணுக்கள் அனந்த வண்ண பேதமாய் உள்ளன என்று கூறி உள்ளார்கள்.

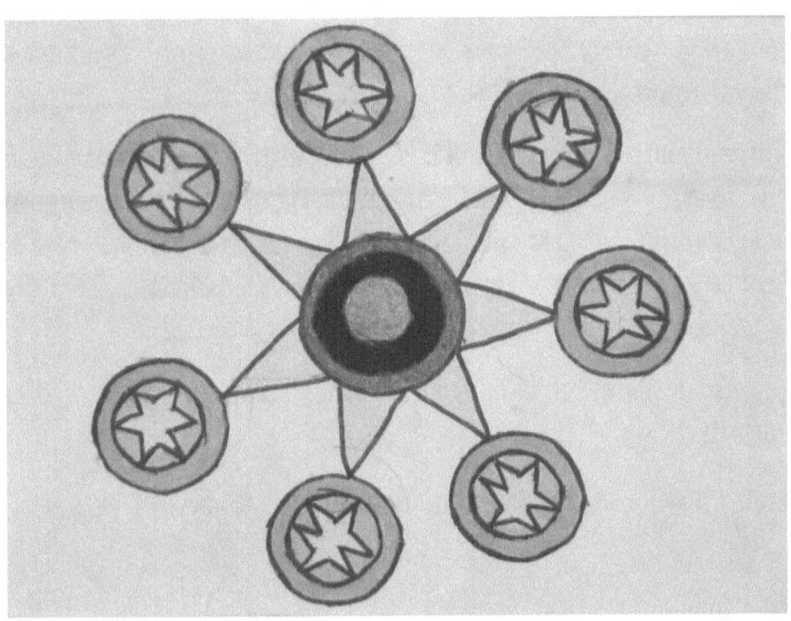

மேற்படி பிரைமா மெட்டீரியா என்ற பிரணவப் பொருளை கைபாகம் செய்பாகம் செய்யும் போது நமக்கு ஏழு விதமான பொருள்கள் கிடைக்கின்றன.

அவை. மூன்று உப்புக்கள். மினரல் ஆப் சல்பர் அல்லது உகரம் எனப்படும்.

மூன்று திரவங்கள். டிசால்வுடு சால்ட் எனப்படும் பாதரசங்கள்.

இவை இரண்டும் முதல் பொருளில் தண்ணீராக இருக்கும். இறுதியில் ஏழாவதாக மகரம் எனப்படும் டிங்க்சர் மெழுகாகவும் இருக்கும். நீர்மமாகவும் இருக்கும்.

இந்த ஏழு அணுக்களால் ஆன உடலை(ஏழு சக்கரங்கள்) ஏழு அணுக்களால் உருவான பிரணவப் பொருளால் பக்குவப்படுத்துவதின் மூலம் காயசித்தியை பெற்று ஞான நிலையைப் பெற இயலும்.

நான் எழுதிய அகர ரகசியம் முதல் கட்டுரையில் கூறியது போல பிரணவப் பொருளால் நமது உடலில் உள்ள பிராண சக்திப் பாதைகள் திறக்கப்பட்டு, பிரணவத்தின் ஏழு அணுக்கள் கொண்ட பிராண சக்தி நமது சூட்சும உடலில் உள்ள ஏழு ஆதாரங்களில், உயிரில் சேரும்.

பிராணாயாம பயிற்சியின் மூலமும் பிராணன் உயிரில் சேரும். மனம் கட்டுப்பட்டவர்களுக்கு பிராணாயாம பயிற்சிகூடத் தேவையில்லை. பிரணவப் பொருளில் உள்ள பிராண சக்தியே போதுமானது. அதன் மூலம் அணிமாதி அஷ்ட சித்திகளும் கைவரப்பெற்று, பேரின்பம் வாய்த்தலும் கைகூடும்.

இதுவரை பிரைமா மெட்டீரியா என்ற முதல் ஆர்கானம் பற்றிப் பார்த்தோம். .

மற்ற மூன்று ஆர்கானம் பற்றி அடுத்த பகுதியில் எழுதுகிறேன்.

அகர ரகசியம் - பகுதி 8

ஆர்கானம் தொடர்ச்சி...

முந்தய பதிவில் பிரைமா

மெட்டீரியா என்ற முதல் ஆர்கானம் பற்றிப் பார்த்தோம். இந்த பகுதியில் மற்ற ஆர்கானம் பற்றி காணலாம்.

இரண்டாவது ஆர்கானம்; #உகரம்.

இதில் மூன்று உப்புக்கள் உள்ளன.

1. பூனீர் அல்லது அடியுப்பு அல்லது உகர உப்பு எனப்படும்.
2. அமுரியுப்பு அல்லது கல்லுப்பு அல்லது வெள்ளை அண்டக்கல் எனப்படும்.
3. வீரம் அல்லது கொச்சி வீரம் அல்லது ஸ்டோன் ஆப் ஃபயர் அல்லது சிவப்பு அண்டக்கல் எனப்படும்.

1. பூனீர் உப்பு:

முதல் ஆர்கானமாகிய ஓம் என்னும் பிரணவப் பொருளில் இருந்து கிடைக்கும் இந்த முதல் உப்பே, மனித குலத்திற்கு வரும் அனைத்து நோய்களையும் தீர்க்கும் ஆற்றல் வாய்ந்ததாகும். பிரணவப் பொருளில் இருந்து இயற்கையான செய்முறையின் மூலம் கிடைக்கும் முதல் அண்டக்கல் இதுவாகும். இது பிருத்வி பூத பொருளாகும்.

இந்த மண் பூநீர் சற்று அழுக்கு வெண்மை நிறத்தில் இருக்கும். இந்த அண்டக்கல் அனைத்து உலோகங்களையும் செம்பாக மாற்றும். இந்த காரம் என்ற உப்பு ஒரு பங்கும், இதற்கு சாரமாகிய சுத்த சலம்

எனும் பனிநீர் நான்கு பங்கும் சேர்த்து கலந்து ஒரு கண்ணாடிக் குடுவையிலிட்டு மூடியிட்டுச் சீல் செய்து ரவியிலிடவும். நீர் சுண்டி உப்பாகும்.

இவ்வாறு ஏழு முதல் பத்து தடவை செய்ய தரமும், வீரயமும் கூடும்.

உலோகங்களை உருக்கி நூற்றுக்கு ஒன்று, ஆயிரத்திற்கு ஒன்று கொடுக்க அனைத்தும் செம்பாகும். செம்பு மட்டும் மாற்றுக் குறைந்த பொன்னாகும்.

கெந்தகச் செம்பு வேதை:

கெந்தகத்தை மேற்படி காரத்தால் கட்டி உருக்கி சத்து எடுக்க செம்பாகும். இது கெந்திச் செம்பு எனப்படும். கெந்தியில் இருக்கும் செம்பில் இந்த கார உப்பாகிய அண்டக்கல் சேர்ந்து ஒரு தொந்தம் ஏறி வீரயம் கூடி இருக்கும். இவ்வாறு தொந்தம் கூடக்கூட வீரியம் கூடிக்கொண்டே செல்லும்.

"கெந்திதான் செம்பேயானாற்
கேளப்பா வேதைமார்க்கம்
அந்தியே நூற்றுக்கொன்றா
மப்பனே பரியிற்போடு
பந்திய பரிசெம்பாகும்
பாய்நூறு பரியின்மேலே
தொந்தியாய் நூறுமட்டும்
தொட்டதெல்லாம் செம்புதானே"

இச்செம்பைக் கொண்டு வேதை புரியும் வகையைக் கூறுகிறேன் கேள். கெந்திச் செம்பை ஒரு பங்கு எடுத்து நூறு பங்கு தங்கத்துடன் சேர்த்தால் தங்கமானது செம்பாய்ப் போகும். இந்த தங்கச் செம்பை நூறு முறை தொந்தித்தால் தொட்டவுடன் (பரிச வேதை) பொருளெல்லாம் செம்பாகும். (ஸ்பரிசித்தல்-தொடுதல்)

தானென்ற தங்கமெல்லாந்
தனிச்செம்பாய்ப் போச்சுபோச்சு

வானொன்றிக் கணக்குச்சொல்ல
வாதியா ருண்டோவப்பா
தேனென்ற மொழியாள்காணாள்
சிவன்முதல் மயங்கிப்போனார்
கானென்ற செம்பின்வேதை
கரையில்லைகணக்கைப்பாரே"

எத்தனை முறை தொந்தித்தாலும் தங்கமெல்லாம் செம்பாய்ப் போகும். இந்த தொந்தத்தால் ஏற்படும் மாற்றைக் கூறுவதற்கு எந்த ஒரு வாதியும் கிடையாது. சிவனும் மயங்கிப் போனார். செம்பின் வேதைக்கு எல்லையே கிடையாது.

"பாருநீ யீசன்தொட்டுப்
பகருறேன் கணக்குமார்க்கம்
வாரு நீ கோடி தொட்டு
வழங்குமற் புதமேயாச்சு
தாருநீ கணக்குமோசந்
தாம்மறந்து ரைத்தாரப்பா
காருநீ மூலமூர்த்தி
காட்டின முறைமை கேளே"

ஈசனுடைய பாதத்தை வணங்கி கணக்கு முறையைக் கூறுகிறேன்.

கோடிக்கு ஒரு பங்கு சேர்த்தால் லோகங்கள் தங்கமாகும். இதைத் தேவியானவள் மறதியால் என்னிடம் கூறிவிட்டாள். இந்தச் செம்பு முறையால் மூலமூர்த்தி செய்ததைக் கூறுகிறேன் கேள்.

கேளுநீ துலாமோர்நூற்று
கெடிதங்க முருகும்போது
வேளுநூ றிந்தச்செம்பை
விளங்கவே காணிபோட்டார்

தோளுறு நடராசம்போற்
சூட்டினார் செம்பேயாச்சு
கோளுநீ சோழன்வந்து
கோபித்தான் கோபித்தானே"

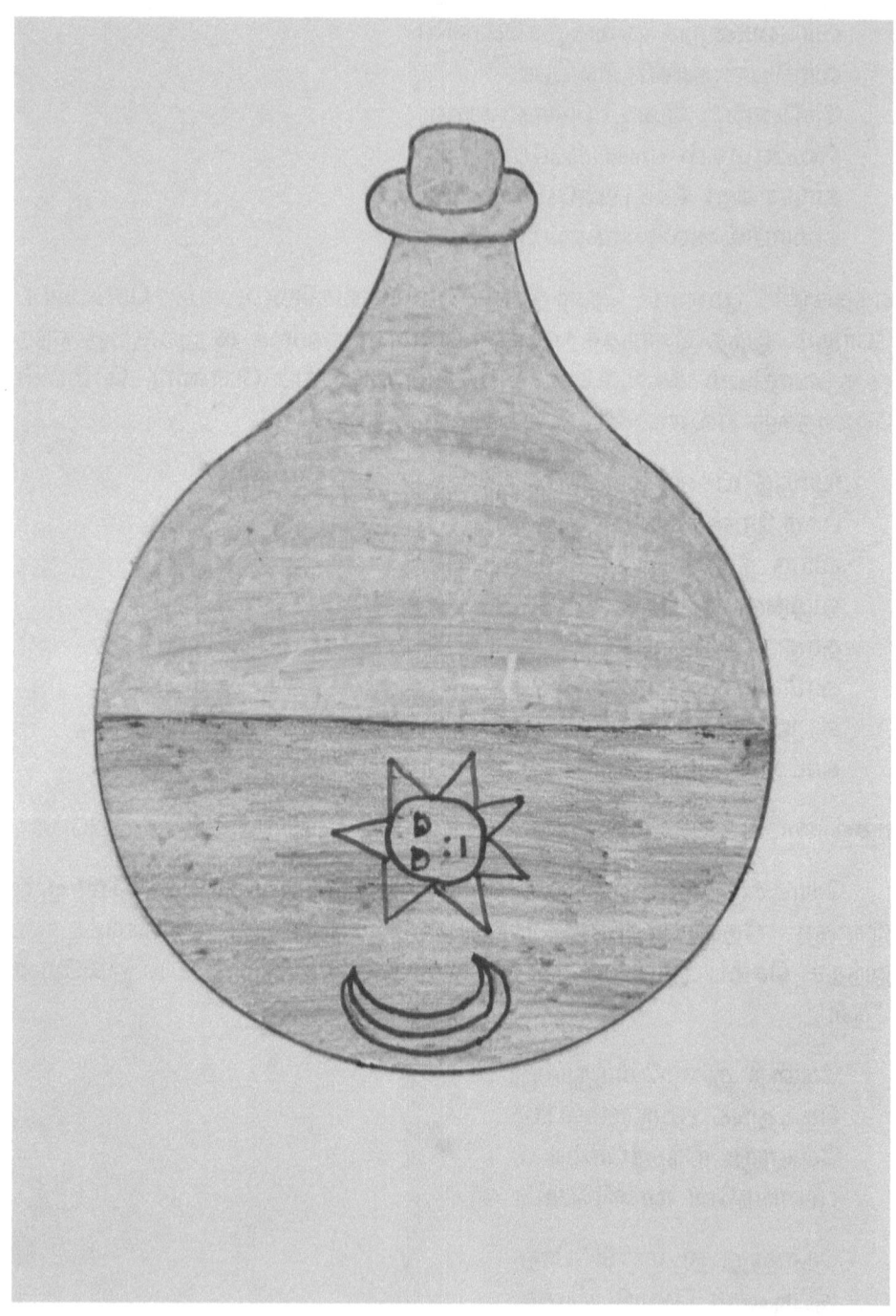

கரைதல் (கரைசல்)

நூறு துலாம் எடைகொண்ட தங்கம் உருகி நிற்கும் பொழுது கெந்தகச் செம்பை ஒரு காணி அளவு போட்டார்.

உடனே தங்கமானது செம்பாக மாறியது. இச்செம்பைக் கொண்டுநடராச விக்ரகத்தை வார்த்தார்கள். இதை அறிந்த சோழனானவன் மிகவும் கோபமடைந்தான்.

விவரம்: சோழநாட்டு மன்னர்களில் ஒருவன் நடராச விக்ரகம் செய்ய ஆவல் கொண்டு பொற்கொல்லரிடம் நூறு துலாம் தங்கம் கொடுத்தான். இதைப் பெற்றுக் கொண்ட பொற் கொல்லர்கள் சிலையை வார்த்தார்கள். ஆனால் சிலையானது ஒழுங்காக வராமல் சிதைந்து போயிற்று. அவ்வழியே சென்ற திருமூலர் இதை அறிந்து கெந்திச் செம்பை தங்கத்தில் போட்டவுடன் தங்கம் அனைத்தும் செம்பாக மாறியது. இச்செம்பைக் கொண்டு சிலை செய்ய சிலையானது முழுவடிவம் பெற்றது. இதை அறிந்த சோழன் திருமூலரிடம் வாதாட வந்தான்.

திருமூலர் சோழனுக்கு வாதங்காட்டியது
"கோபித்த சோழன்முன்னே
கொள்ளென மூலமூர்த்தி
யாபித்த தங்கமெல்லா
லடியென்ன வசைவுமென்ன
தாபித்த தங்கம்வேண்டிற்
றனிவெள்ளி கொணர்வாய்நீயும்
நேமித்த வெள்ளிவைத்து
நிமிரநீ யுருக்கென்றாரே".

சோழ மன்னன் மூலமூர்த்தியிடம் கோபம் கொண்டு "நீங்கள் தங்கமனைத்தையும் எடுத்துக் கொண்டு செம்பால் சிலை வார்த்துள்ளீர்கள். எனவே என்னுடைய தங்கத்தை திருப்பிக் கொண்டுவாறும்" என்று கேட்கவே, மூலமூர்த்தி அரசனிடம் "உனக்கு தங்கம் வேண்டுமானால் ஒரு நிறையாக வெள்ளியைக் கொண்டுவா." என்று கூறினார்.

"உருகிய வெள்ளிக்குள்ளே
யுத்தம மூலநாயன்

சொருக்கினார் வீசந்தானும்
துலங்கிற்று தசமாற்றாகப்
பருக்கிய வேதையோடும்
பாவித்துப் பார்த்துக் கொள்ளு
தருக்கிய விந்தச் செம்பு
தாழ்த்திறேன் பாருபாரே".

அரசனும் வெள்ளி கொடுக்கவே அதை தங்கச் செம்புடன் சேர்த்துருக்கி பத்துமாற்றுள்ள தங்கமாக்கினார். மேலும் இந்தச் செம்பை எதனுடன் சேர்த்துருக்கினாலும். வேதையுண்டாகும். இதை நீயறிந்து கொள்.

"பாருநீ மூன்றாங்கட்டோ
பரியுட னைந்தாங்கட்டோ
தாருநீ யெட்டாங்கட்டோ
தனிப்பத்துப் பத்தாங்கட்டோ
கோருநீ நவலோகத்தைக்
குமுறவே செம்பாங்கட்டோ
காருநீ சோழாவுன்றன்
கனகத்தை யெடுபோவென்றார்"

தங்கச் செம்பை எத்தனை முறை வேண்டுமானாலும் நவலோகத்துடன் ஈந்தாலும், அனைத்து விதமான கட்டு லோகத்துடன் ஈந்தாலும், உன்னுடைய தங்கமானது மீண்டும் குறைவில்லாமல் அதே மற்றாய் இருக்கும்.

"என்றவன் முகத்தைப்பார்த்தே
யென்னுட மூலநாயன்
பன்றதோ ராசையான
பருமலைக்குள்ளே வாழ்ந்தாய்
வின்றவோ ராசைபோனால்
வெளியெலாங் காணுங்காணுங்
ஒன்றல்லோ பொருள்தானப்பா
வூன்றிநீ யுரைத்துப்பாரே"

மேலும் மூலரானவர் சோழனை நோக்கி "ஏ மன்னா நீ ஆசை என்னும் மலையினுல் வாழ்வதால் உனக்கு ஒன்றும் புரியாது.

ஆகையால் நீ உனது ஆசைகளை வென்று நின்றால், அனைத்து விதமான பொருள்களும் வெளியாகத் தோன்றும். மேலும் உலகத்திலுள்ள எல்லாப் பொருள்களுக்கும் மூலப்பொருள் ஒன்றே அதை நாடி நில்". என்று உபதேசம் செய்தார்.

இந்த விவரங்கள் கொங்கணர் வாத காவியம் -3000 த்தில் இரண்டாம் காண்டம் 794 ம் பாடலில் இருந்து 801ம் பாடல் முடிய உள்ளது.

மேலும் இம் மருந்தினால் குணமாகும் நோய்கள் பற்றி பெனிடிக்டஸ் பிகுலஸ் அவர்கள் தனது 'இயற்கை அற்புதங்களின் தங்கப் பெட்டகம்' நூலில்., "அது பூமியின் இயல்பைப் பெற்று அனைத்து நோய்களையும் நீக்கக் கூடியதாகவும், காயங்களையும் மனிதனுக்கு வரும் குடல் நோய்களை தீர்ப்பதாகவும், சிறப்பானவைகளை (தேவையானவற்றை) உருவாக்குவதாகவும், உடலில் குடிகொண்டுள்ள துர் நாற்றத்தை வெளியேற்றுவதாகவும், மற்றும் உடலின் அக புற நோய்களை பொதுவாக நீக்கி குணம் செய்வதாகவும் உள்ளது". என கூறுகிறார்.

2. வெள்ளை அண்டக்கல் அல்லது கல்லுப்பு:

ஞானிகளின் கல்லின் செய்முறையில் இரண்டாவதாக கிடைக்கும் உப்பு இது. இதனை அமுரி உப்பு என்றும், பாறையுப்பு என்றும் வெள்ளைக் கல்லுப்பு என்றும் மேலும் பல்வேறு பெயர்களாலும் அழைக்கப்படும். இது பளபளப்பாக மின்னும் கண்ணாடி போன்ற, கிரிஸ்டல், கிரிஸ்டலாக, வெடியுப்பைப் போன்ற வெண்மை நிறமாக இருக்கும். மேலும் ரசம் பூசாத கண்ணாடியில் பின்பக்கம் உள்ள பொருட்கள் தெளிவாக தெரிவது போல, இந்த உப்பும் ஊடுருவிப் பார்க்கத் தக்கதாக இருக்கும். இந்த வெள்ளை அண்டக்கல் ஒரு எரியாத நெருப்புக்கல் ஆகும். அனைத்து உலோகங்களையும் வெள்ளியாக மாற்றும். மனித உடலுக்கு வரும் அனைத்து நோய்களையம் தீர்க்கும். நூறு பங்கு ரசத்தை ஒரு பங்கு உப்பே வெள்ளியாக மாற்றி விடும். இவ்வாறு உருவாக்கப்படும் வெள்ளியானது, இயற்கையில் உள்ளதைக் காட்டிலும் உயர்வானது, தூய்மையானது, மென்மையானது, தரம்

உயர்ந்தது. மேலும் ஒரு மனிதனைப் புதுப் பிறவியாக மாற்றும். வயோதிகனை வாலிபனாக மாற்றும். இறந்துபட்ட ஒரு தாவரத்தின் வேரில் சிறிது பொடியைத்தூவி நீர் ஊற்றிவர உயிர் பெற்று வளரும். மாதவிடாய் நின்ற பெண்களுக்கு, மீண்டும் மாதவிடாயை ஏற்படுத்தி இளம்பெண்ணாக மாற்றும். மேலும் பல அற்புதங்களைச் செய்ய வல்லது.

குறிப்பாகக் கூற வேண்டுமானால் பச்சோந்தியின் உடலில் உள்ள புள்ளிகளில்நெருப்புகாணப்பட்டு, அது அதனை புதுப்பிறப்பாக மாற்றுகிறதே., அதைப்போல 'ஞானிகளின் கல்லில்' இருந்து எடுக்கப்பட்ட சக்தி, நெருப்பாக உடலில் கலந்து மாசுக்களை அகற்றி, தூய்மையாக்கி, அவனை இளமை உள்ள புது மனிதனாக மாற்றுகிறது.

கல்லுப்பு ஒரு பங்குடன் மூன்று பங்கு ஞானிகளின் பாதரசத்தை கலந்து கரைத்து, ஒரு குடுவையிலிட்டு, காற்றானது வெளியேயும், உள்ளேயும் போகாத படி இறுகமூடி சீல் செய்து, முதல் மருந்து தயாரித்த முறைப்படியே செய்முறையைத் தொடர்ந்து செய்து வர, முந்தைய மருந்தைவிட பத்துமடங்கு அதிக சக்தியும், நற்குணமும் இந்த இரண்டாவது மருந்து பெற்றிருக்கும். இந்த வெள்ளைக் கந்தகம் ஒரு பங்கு எடுத்து, ஆயிரம் பங்கு ஏதாவது ஒரு உலோகத்தில் கிராசமிட, அந்த உலோகம் முழுதும் வெள்ளியாக மாறும்.

3. சிவப்பு அண்டக்கல்:

இரண்டாம் செய்முறையின் இறுதியில் கிடைத்த வெள்ளை அண்டக்கல்லை நீ பின் வரும் வழி முறைகளின் படி விந்து நீருடன் கூட்டிச் செயல்படுத்தலாம். உயர்தரமான உப்பு ஐந்து பங்கெடுத்து ஒரு குப்பியில் போட்டு அதை உருகச் செய். உன்னுடைய மருந்தை மெழுகைப்போல் உருக்கி மென்மையாக்கு. பிறகு அதை வறுத்து எடு. பத்து பங்கு விந்து நீரில் அதைக் கரைத்து விடு. அந்தக் கரைசலை அப்படியே மூன்று நாட்களுக்குவை. நான்காம் நாள் அதைக் காய்ச்சி வடி. அடியில் இருக்கும் உப்பை வெய்யிலில் இட்டு இறுகச் செய். ஆவியாகி வெளிவந்த நீரை குப்பியில் ஊற்றி மூடு.

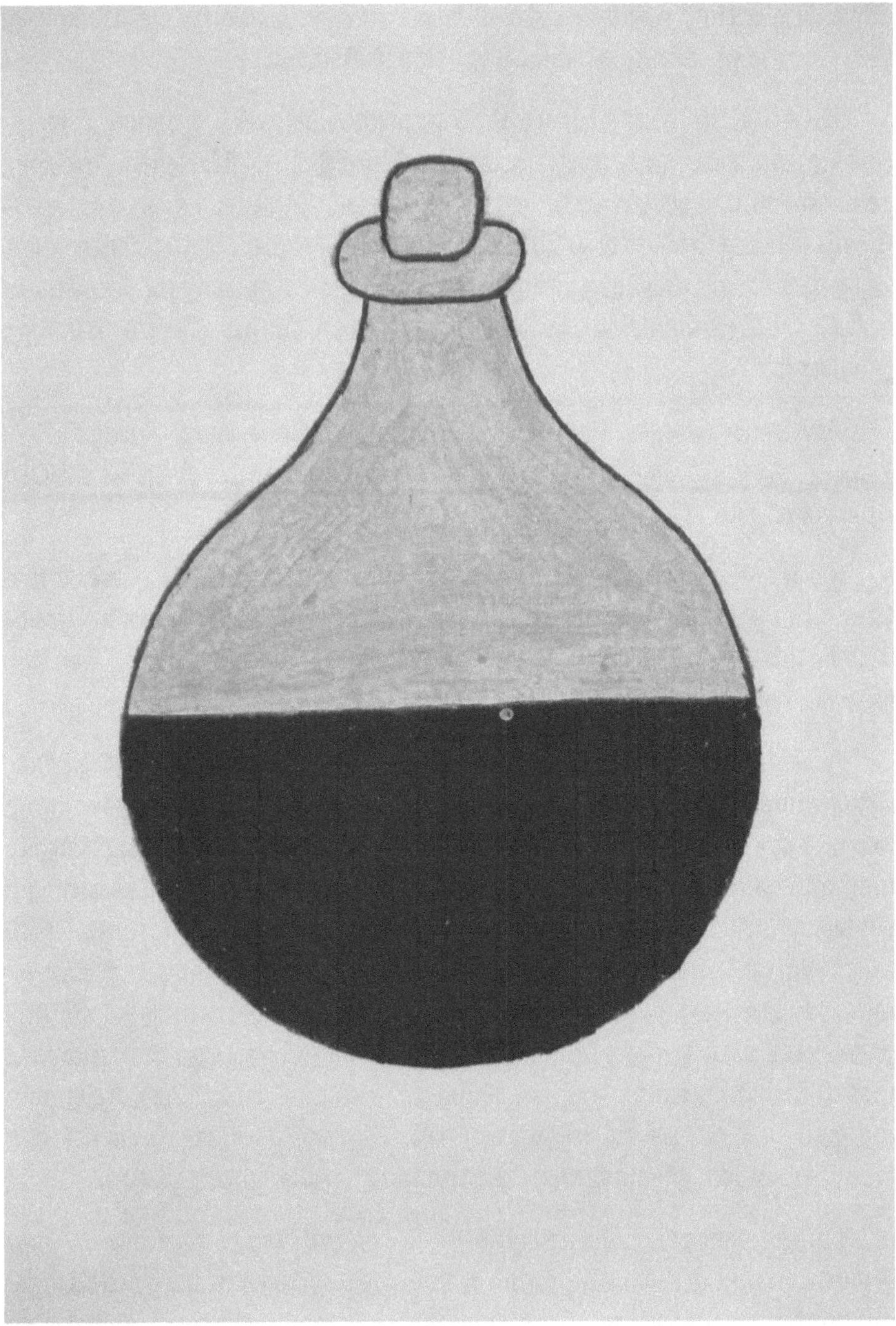

அழுகுதல்

உப்பு உலர்ந்ததும் முன் போல அதை உருக்கி புதிய விந்து நீரை ஊற்றிக் கரைத்து வைத்து, காய்ச்சி வடி.

அக்கல்லின் தனித்துவமும் சக்தியும் உயரும். இவ்வாறு ஐந்து முறை செய்ய, அதாவது உப்பை சேர்த்துப் பிரிப்பதற்கு மூன்று நாட்களாகும். அந்தக் கல் முழுமையாக இறுகுவதற்கு 24 மணி நேரம் பிடிக்கும். சொல்ல முடியாத அளவுக்கு உயர்ந்த ஒளிநிறைந்த அந்தக் கல் சிவப்புநிற ஒளிரும் எரிகல்லாக உருவாகும். வெள்ளை உப்புச் செய்முறையில் அவ்வுப்பானது ஒளி விடும் நீராவி போன்று இருக்கும்.

வெள்ளை அண்டக்கல்லின் தொடர்ந்த மிகையான வளர்ச்சியே சிவப்பு அண்டக்கல் என்பதை மேலே பார்த்தோம். இந்தக் கல்லே முடிவானதும், இறுதியானதுமாகும்.

இந்த சிவப்பு அண்டக்கல் மிகவும் எடை மிக்க, கனமான பொருளாகும். இதன் மற்ற பண்புகளை அறிவுக் கண்கொண்டு நோக்குமிடத்து, முடியாது அல்லது முடியாதவை என்று எதுவுமில்லை.

இக்கல் எரியாத கந்தகம் என்று கூறப்படும் கருத்து யாதெனில், பதங்கமாகாதது, பற்ப, செந்தூரமாகாதது (ஆக்சிஜனேற்றம் அடைதல்) வெப்பத்தின் காரணமாக மற்றும் எந்த வழியிலும் மாற்றம் அடையாதது. ஒரு மிகச் சிறந்த அனைத்து நோய்களையும் தீர்க்கும், "பிரபஞ்ச சஞ்சீவி" என்று இதற்குப் பெயரிடலாம். இம் மருந்திற்குப் பணியாத, குணமாகாத எந்த ஒரு நோயும் இல்லை. மாறாக அனைத்து நோய்களுமே இதனிடம் சரணடைந்து விடும். இதனைப் பயன்படுத்தும் வயதான மனிதனும் தனது இளமையை மீண்டும் பெறுவார். அவர் இழந்த தனிப்பட்ட நுட்பத் திறமை மற்றும் உடல் பலம் மற்றும் பாதி இறந்து போன நிலையிலும் கூட, சட்டென விரைவாகக் குணமாக்கி புத்தெழுச்சியூட்டும்.

நமது தங்கப் பொருளில் நட்சத்திரங்கள் உள்ளன. இது நிலையானது. குங்குமப்பூ நிறம் உடையது. எந்த வகையிலும் பெருகி மாற்றம் அடையாதது. நீர்ம வடிவ பிசின் போன்றது. கிரிஸ்டல் வடிவ ஒளி ஊடுருவக் கூடிய, மென்மையான, கண்ணாடி போல்

உடையக்கூடிய, மாணிக்கம் போன்ற நிறம் உடையது. குறிப்பிட்ட ஈர்ப்பு ஆற்றல் கொண்டது.

ஜான் பிரடெரிக் கூறுவதாவது-

இந்தச் செயல் முடிந்த பிறகு பாத்திரம் குளிர்ச்சி அடைந்து விடும். பின் பாத்திரத்தைத் திறந்து கூர்ந்து கவனி. அது மிக பலுவான, சிவப்பு வண்ணமுள்ள, எளிதில் பொடியாகக் குறைக்கத் தக்கதாகவும், எளிதில் எந்த நீர்மத்திலும் கரையக்கூடியதாகவும் உள்ளது. சில கிரைன் மருந்தே மனித உடலில் பாதிப்பை ஏற்படுத்தி அனைத்து நோய்களையும் வேரோடு அழிக்கிறது. வாழ்நாளைக் கூட்டி, குறிப்பிட்ட கால எல்லையைத் தாண்டி வாழ வைக்கிறது.

நமது தங்க மருந்து நெருப்பில் எவ்வளவு தான் எரித்தாலும் மாற்றம் அடையாது. பூமியில் புதைத்து எவ்வளவு நாள் ஆனாலும் அழுகாது. இந்த இரண்டு மருந்துகளையும் உட்கொண்டால் வயதும் ஆகாது. மரணமும் வராது. வயதாவது இயற்கையானது அல்ல. உடலின் தேவை எதுவோ, அதற்கு உடலின் அழிவு முரண்பாடானது. வயதாவது (முதுமை) என்பது மனித ஜீனில் இல்லை. நமது கல்லானது மனித உடலுக்குத் தேவையான அனைத்து சக்திகளையும் கொடுப்பது மட்டும் அல்லாமல் தன்னையும் பாதுகாத்து, உடலையும் பாதுகாக்கிறது.

அந்தக் கல் தரமானதாக இருந்து, சரியான அளவில் ஒரு வயதான மனிதன் உட்கொள்ளும் போது இளமை திரும்புகிறது. இந்த நிகழ்வானது ஒரு குறிப்பிட்ட காலம் வரை மட்டுமே நீடிக்கிறது. அதன் பின்பு உடலானது திரும்பவும் முதுமை நிலையை அடையத் தொடங்குகிறது. ஆகவே, அந்தக் கல்லை தொடர்ந்து உட்கொள்வது மிகவும் அவசியமானது ஆகும்.

கடைசியாக கட்டிய உப்பை(சிவப்பு அண்டக்கல் அல்லது தங்கம் அல்லது மூலப்புளி) ஒரு பங்கு எடுத்துக் கொள். தங்க உலோகம் ஆயிரம் மடங்கு எடுத்துக் கொள். உலோகத்தை உருகச் செய்து

அதில் கட்டின உப்பை ஒரு பங்கு தூள் செய்து, உருகிய உலோகத்தில் போடு. அந்த தங்க உலோகமானது, தங்கச்

செந்தூரமாக மாறும். (கவனிக்கவும் புடம் எதுவும் கிடையாது.) இந்த தங்கச் செந்தூரத்தை 10, 000 மடங்கு தரம் தாழ்ந்த உலோகம் எதுவானாலும், அதை உருக்கி அதில் செந்தூரத்தை ஒரு பங்கு போட, தாழ்ந்த உலோகம் தங்கமாக மாறும். வெள்ளி உலோகமாக மாற்ற வேண்டுமானால் வெள்ளிச் செந்தூரம் செய்து தாழ்ந்த உலோகத்தில் போட்டு வெள்ளியைச் செய்து கொள். (மூலப்புளி என்றால் என்னவென்று புரிந்திருக்கும் என நம்புகிறேன்)

மேலும், மேற்படி தங்க, வெள்ளி செந்தூரங்களுக்கு நாம் மேற்படி தங்கத்தையும், வெள்ளியையும் கடையில் வாங்கி அவதிப்படத் தேவையில்லை. ஏனென்றால் ஒரு சிறிதளவு நாதநீரின் (சிவப்பு பாதரசம்)மூலமாக அதிக அளவுள்ள மருந்துப் பொருளை இந்த வழியில் பெருக்கிக் கொள்ள முடியும். ஒரு கப்பல் நிறைய ஏதோ ஒரு உலோகம் இருந்தாலும், அதை நமது இனிப்புப் பொருளால் தங்கமாக மாற்றலாம்.

இறுதிச் செயல்பாடு

நம்முடைய மருந்து சில சமயம் உலோகத் திருத்தி என்றும் அழைக்கப்படுகிறது. பூரணமாய் முடிந்த நம்முடைய கல்லில் ஒரு பங்கு எடுத்துக் கொள்ளவும். அது சிவப்பாகவும் இருக்கலாம் அல்லது வெள்ளையாகவும் இருக்கலாம். அதை ஒரு குடுவையில் போட்டு உருகச் செய். நான்கு பங்கு வெள்ளை அமுரி அல்லது சிவப்பு அமுரி (நாதநீர்) எடுத்துக் கொள். வெள்ளி என்ற உப்பாக வேண்டுமானால் வெள்ளை அமுரியுடனும், தங்கம் என்ற புளியாக வேண்டுமானால் சிவப்பு அமுரியுடனும் (சிவப்பு உப்பு, சிவப்பு பாதரசத்துடனும், வெள்ளை உப்பு வெள்ளை பாதரசத்துடனும் மட்டுமே புளிக்கும். மாற்றிச் சேர்த்தால் கெட்டுவிடும்) எது தேவையோ அவற்றுடன் நமது கல்லைச் சேர்த்துக்கொள். எல்லாவற்றையும் ஒரு குடுவையில் போட்டுக் காய்ச்சு. கடைசியில் உனக்கு தூளான வீழ் படிவம் கிடைக்கும். அதை எடுத்து பத்திரப்படுத்து.

சுத்தி செய்யப்பட்ட பத்து பங்கு பாதரசத்தை எடுத்துக் கொள். அதை ஒரு குடுவையிலிட்டு நெருப்பிட்டுக் காய்ச்சு. ரசமானது சூடேறிப் புகையப் போகும் நேரத்தில் ஒரு பங்கு அளவு நமது

பொடியை அதில் போடு. இதற்கு முன் இல்லாத சிமிட்டுகிற கண்களையுடைய அப்பொருள் ரசத்தில் ஊடுருவும். அதைக் குறைந்த நெருப்பில் சூடாக்கி உருகச் செய். உனக்கு ஒரு மருந்து கிடைக்கும். அது முற்றிலும் உயர்ந்த சுத்திகரிக்கப்பட்ட மருந்தாக இருக்காது. இதிலிருந்து ஒரு பங்கு மருந்தை எடுத்து ஏதாவது ஒரு லோகத்தில் கொடுத்து, அவை இரண்டும் உருகும்போது தான், நாம் கொடுத்த மருந்து உயர் நிலை மருந்தாக மாறும்.

தாழ்ந்த உலோகம் வெள்ளியாக வேண்டுமானால் அந்த நிறம் வரும் வரையிலும் நமது மருந்தைப் போடு. இப்பொழுது, உனக்கு இயற்கை உருவாக்கியதைக் காட்டிலும் வெள்ளியோ, தங்கமோ கிடைக்கும்.

இருந்தாலும் இந்தத் தொழிலைச் செய்யும் பொழுது, அந்தக் கல்லில் இருந்து திரவம் கசியாத அளவுக்கு அதை சூடேற்றி வறுக்க வேண்டும். இது எப்பொழுதும் நல்லது. ஏனென்றால் ஒரு சிறிய அளவு மருந்தை, அதைவிடப் பலமடங்கு சுத்தி செய்யாத உலோகங்களில் செலுத்தும் பொழுது, நமது கல்லை அதிக அளவுக்கு உபயோகப்படுத்த வேண்டியதாய் உள்ளது. இறுதிச் செயல்பாட்டுக்கான உப்பை அதிகப்பட்ச அளவுக்கு சுத்தி செய்தால் தான் வாதம் ஜெயிக்கும்.

இரண்டாவது ஆர்கானம் முடிவு பெற்றது. அடுத்த பகுதியில் மூன்றாவது ஆர்கானம் பற்றிக் காண்போம்.

கருத்தரித்தல்

அகர ரகசியம் - பகுதி 9

மூன்றாவது ஆர்கானம்

இந்த மூன்றாவது ஆர்கானத்தில் மூன்று பாதரசங்கள் உள்ளன. அவை அமுரி என்ற பொதுவான பெயரால் அழைக்கப்படும்.

1. பனிநீர் என்ற சுத்த ஜலம் அல்லது பச்சை சிங்கம். (பொதுவாக சித்தர்கள் இதனைப் பாதரசம், அமுரி என கூறுவதில்லை)

2. விந்து நீர் என்ற வெள்ளைப் பாதரசம் அல்லது வெள்ளை அமுதம். அல்லது ஞானிகளின் பாதரசம். (வெள்ளை அமுரி)

3. நாதநீர் என்ற சிவப்புப் பாதரசம் என்பவை ஆகும். (சிவப்பு அமுரி)

1. #சுத்தஜலம்:

மூன்றாவது ஆர்கானத்தின் முதல் சார நீர் இந்த பச்சை சிங்கம் ஆகும். இதனை பனி நீர் என்றும் கூறுவர். பச்சை சிங்கம் என்ற இந்த நீரானது பச்சை நிறத்தில் இருக்காது. பச்சை சிங்கம் என்ற பெயர் குழூக்குறியாக (உருவகமாக) கூறப்பட்டுள்ளது. பச்சை என்பதற்கு, பச்சையான காய் அதாவது பழுக்காத நிலையில் வெக்காயாக உள்ள பொருள் என்ற அர்த்தத்தில் கூறப்பட்டுள்ளது. அப்படிப்பட்ட பழுக்காத பச்சைக்காயாக இருக்கும் பொருளைப் பழுக்க வைத்துத் தயாரிக்கப்படும் திராவகம் அனைத்து உலோகங்களையும், உப்புக்களையும், உபரசங்களையும், பாசாணங்களையும் வேட்டையாடும் வல்லமையுடையதாக, பலம் பொருந்தியதாக, பெரும் வலிமையுடன் திகழ்வதால் சிங்கம் என்றனர். இந்த இரண்டுபெயர்களையும் இணைத்து பச்சைச் சிங்கம் என்று பெயர்

சூட்டப்பட்டது வெளிநாட்டுச் சித்தர்களால். பச்சைச் சிங்கம் பற்றி பெனிடிக்டஸ் பிகுலஸ் அவர்கள் தனது இயற்கை அற்புதங்களின் தங்கப் பெட்டகம் எனும் நூலில்,

“அம் மருந்து தன் இரண்டாவது தயாரிப்பில் தண்ணீர் உடலுடன் தோற்றமளிக்கிறது. முதலில் இருந்ததைக் காட்டிலும் சிறிது அழகுடைய பொருளாகவும் இருக்கிறது. அதன் குணம் உயர்த்தப்பட்டுள்ளது. அது உண்மை நிலைக்கு சற்று அருகில் உள்ளது. குணமாக்குவதில் அதிக சக்தி உடையதாய் இருக்கிறது. இந்த வடிவத் தன்மையில் அம்மருந்து சளி மற்றும் சூட்டினால் வரும்அனைத்து காய்ச்சல்களையும் நீக்கும். (7 times distilled mercury பச்சை சிங்கம்.) மேலும் அது எல்லா விதமான விஷங்களையும் முறிப்பதில் நிச்சயமான மருந்தாக இருக்கிறது. அது நுரையீரலில் இருந்தும் இதயத்திலிருந்தும் செயல்படுகிறது.

அடிபட்டவர்களையும்காயமடைந்தவர்களையும்குணமாக்குகிறது. இரத்தத்தை தூய்மைப்படுத்துகிறது. இதனை ஒரு நாளைக்கு மூன்று வேளை சாப்பிட்டு வர அனைத்து நோய்களையும் சிறப்பாக குணமாக்குகிறது.” என்று கூறியிருக்கிறார்.

பச்சை சிங்கம் தங்கத்தைக் கூட, எளிதில் கரைத்து விடும். ஆனால் அது உடல் என்னும் தங்கமாகும். அனைத்து உலோகங்களையும், பாசாண, உபரச, உப்புக்களையும் சுத்த ஜலத்தால் அரைத்து புடமிட, ஒரே புடத்தில் பற்ப, செந்தூரமாகும். ஏனெனில் இந்தச் சிங்கம் சூரியனைச் சாப்பிட்டு கொடுங்காரத் தன்மையில் இருக்கும்.

மேலும், லோகங்களை பழுக்கக் காய்ச்சி இந்நீரில் தோய்த்து எடுத்து, பின் உருக்கி எடுக்க செம்பாகும்.

#நாகவங்ககுருச் #செந்தூரம்
அகத்தியர் அந்தரங்க தீட்சா விதியில்,

“...........இன்னுங் கேளு
உறுதியுடன் நாக வங்கம் எல்லாம் அப்பா
பார்த்துமே பானத்தில் உருக்கிச் சாய்க்க
பகருகிறேன் குவடு மணிபோலே யாகும்

கருணையுடன் உலையதனில் அதனைக் காய்ச்சி
வீரமுள்ள சாரத்தில் தோய்த்துத் தானும்
விருப்பமுடன் மூசைதனில் வைத்து மூடே"

நாகவங்கத்தை உருக்கி மேற்படி பானத்தில் தனித் தனியே சாய்க்க மணிபோல் கட்டும். கட்டிய மணியை பழுக்கக் காய்ச்சி சாரத்தில் தோய்த்து எடுத்து மூசையில் வைத்து மூடு.

"மூடியே சீலை மண் செய்து தானும்
முக்கியமாய் உலையில் வைத்து ஊதினாக்கால்
ஆடியே உருகி நன்றாய் செம்பே யாகும்
அப்பனே வங்க நாக மதுவும் செம்பாம்
நாடிநீ பணவிடை தான் வகைக்குத் தூக்கி
கனகுகையில் இட்டுமே உருக்கினாக்கால்
கூடியே உருகி நன்றா யிருக்கும் பாரு
குங்குமப்பூ வர்ணமதுக்கு அதிகம் தானே"

மூடிய மூசையை சீலைமண் செய்து உலையில் வைத்து கனமாக ஊதினால் செம்பாகும். கட்டிய நாகவங்கத்தில் பணயெடை தனித்தனி எடுத்துச் சேர்த்து உருக்கினால் குங்குமப்பூ வர்ணமாகும். குருச் செந்தூரமாகும்.

#வேதை

"அதிகமாங் குருவதனை நவலோகத்தில்
அன்பனே யீய்ந்தால் வேதை யாகும்
சதி மோச மில்லாமல் வெளியாய்ச் சொன்னேன்"

இந்த நாகவங்ககுருச் செந்தூரத்தை நவலோகத்தில் பத்துக்கு ஒன்று கொடுக்கத் தங்கமாகும். இந்த சாரநீர் மும்மடிப்பான பாதரசம் என கூறப்படுகிறது. ஏனெனில் இதிலிருந்துமேலும் இரண்டு பாதரசங்கள் நமக்குக் கிடைக்கின்றன. பச்சைச் சிங்கம் என்பது உடல் ஆகும். அல்லது மேஜிக்கல் மண் (மந்திரமண்) எனவும் கூறப்படும்.

#நாகச்செம்புவேதை

திருவள்ளுவ நாயனார் வாதசூத்திரம் - 16 ல்

"..
கண்டுகொள்ளு உப்பெடுக்க கருச்சொல்வேனே"

"கருச் சொல்வேன்காரமது ஒன்றேயாகும்
கனிவான சாரமது நாலதாகும்
உறுதியாஞ் சாரத்தில் அதைக் கரைத்து
உறவாக்கி அதை நீயும் பதனம் பண்ணு
அருதியாய் மூன்றாநாள் தெளிவிருத்து
அடைவான கடைச் சரக்கு வீரம் பூரம்
நிருதி நீ பொடித்ததிலே தூளைக் கொட்டி
நேராக முன் போலத் தெளிய வைத்தே"

"வைத்துமே மூன்றாநாள் தெளிவை வாங்கி
வாகாக அடுப்பேத்தித் தீயை மூட்ட
நைத்துமே ஜலமெல்லாம் சுண்டிப் பின்பு
நாயகமே பீங்கானில் வார்த்துப் போடு
பைத்துமே ரவியில் வைக்க உப்பதாகும்
பாங்காக அதையெடுத்துப் பதனம் பண்ணு
சைத்துமே தாய் தந்தாள் என்று சொல்லிச்
சரியாகக் குப்பி தனில் அடைத்திடாயே"

"அடைத்த பின்பு சிறுகண்ணாம் நாகம் வாங்கி
அதையிலுப்பை எண்ணெய்யிலே சுத்தி செய்து
திடப்படவே நாகமதை உருக்கிச் சாய்க்க
திகட்டாமல் உருக்கு முகம் கிராஷஞ் செய்ய
வடுப்படவே உப்பெடுத்துக் கொடுத்துப் பாரு
வாதியே நாகச் செம்பாகு மப்பா
முடிப்பட்டதைக் குருவாய் வைத்துக் கொண்டு
மூவுலகிற் சித்து விளையாடுவாயே"

"ஆடப்பா செம்பைத்தான் பத்துக் கொன்று
அடைவாக நீ கொடுத்தால் ஈரஞ்சப்பா
மூடரப்பா முறையறிந்து செய்யமாட்டார்
#முட்டாளுக்கு உரையாதே முழுகிப் போவாய்
தேடய்யா தேட்டான தேட்டிதாகும்
தெரியவே சொல்லிவிட்டேன் நுணுக்கமாக

காடப்பா திரிந்தே நீ அலையவேண்டா
கண்டு கொள்வாய் பதினாறுங் கணக்கு முற்றே”

சாரநீர் நான்கு பங்கில் காரம் என்ற முதல் உப்பு ஒரு பங்கு சேர்த்து, கரைத்து உறவாக்கி பதனம் செய்யவும். இதனை மூன்று நாட்களுக்குப் பின் தெளிவிருத்து அதில் வீரம், பூரம் கடையில் வாங்கி பொடித்துச் சேர்த்து முன்போல தெளிய வைக்கவும்.

இதனை மூன்று நாட்களுக்குப் பின் தெளிவிருத்து, அடுப்பேத்தி எரிக்கவும். தண்ணீர் சுண்டியபிறகு பீங்கானில் போட்டு ரவியில் உலர்த்தவும்.

இவ்வாறு நன்கு உலர்ந்த உப்பை எடுத்து வைத்துக் கொள்ளவும்.

அதன் பிறகு சிறுகண்ணாகம் வாங்கி அதனை இலுப்பை எண்ணெய்யில் சுத்தி செய்து எடுத்து

மூசையிலிட்டு உருக்கவும். நன்கு உருகிய பின் அதில் மேற்படி தயாரித்து வைத்துள்ள உப்பை கிராஷம் தரவும். இதனை ஆறியபின் எடுத்துப் பார்க்க #நாகச்செம்பாகும். இதை எடுத்துவைத்துக் கொண்டு மூவுலகிலும் சித்து விளையாடலாம்.

இந்த நாகச் செம்பை எந்த உலோகத்திலும் பத்திற்கு ஒன்று தாக்க, ஈரைந்து மாற்றாய் இருக்கும்.

இதனை #முட்டாளுக்கு சொல்ல வேண்டாம். காட்டில் திரிந்து அலையாமல் நான் கூறியதை நுணுக்கமாகப் பார். #மூடர்கள் இதனை முறையறிந்து செய்ய மாட்டார்கள் என்று திருவள்ளுவ நாயனார் பச்சை சிங்க வேதை முறையைப் பற்றிக் கூறி உள்ளார்கள். மேலும் இது போன்ற செய்முறைகள் நூற்றுக் கணக்கில் சித்தர் நூல்களில் உள்ளன. உதாரணத்திற்காக இரண்டு முறைகளை மாத்திரம் இங்கே எடுத்துக் காட்டிஉள்ளேன்.

2. ஞானிகளின் பாதரசம். (வெள்ளை அமுரி,) வெண்கரு

இது இரண்டாவது பாதரசம் ஆகும். இதனை விந்து நீர் எனவும், வெள்ளைப் பாதரசம் எனவும் பலவகையான பெயர்களில் அழைப்பர்.

நொதித்தல்

இந்த அமுரியானது எண்ணெய் வடிவம் கொண்டதாகவும், வெண்மை நிறமுடையதாகவும், பாகு போன்றும், தேன் போன்றும், இனிப்புச் சுவையுடையதாகவும், முகர்வதற்கு இனிமையான வாசனையுடையதாகவும், காற்றில் திறந்து வைக்க எளிதில் ஆவியாகக் கூடியதாகவும், வறண்ட நீர்மம் என்பதால் கையில் தொட்டால் ஒட்டாத தன்மை உடையதாகவும், ஈரமாகாததாகவும், ஐஸ் போன்ற ஜில் என்ற குளிர்ச்சித் தன்மை உடையதாகவும் காணப்படுகிறது

மேலும் பெனிடிக்டஸ் பிகுலஸ் எனும் ஞானி கூறுகிறார்

"அம் மருந்து தன் மூன்றாவது தயாரிப்பில் ஆவியாகக் கூடிய மிகவும் லேசான பொருளாகவும், எண்ணெய் வடிவம் கொண்டதாகவும், தன்னகத்தே இருந்த குறைபாடுகள் ஓரளவிற்கு நீங்கப் பெற்றதாகவும், இந்த தயாரிப்பு நிலையில் அது தன் செயல் பாட்டில் அநேக அற்புதங்களை நிகழ்த்தப் போவதாகவும் அமைகிறது. மனித உடலுக்கு அது அழகையும், வலிமையையும் தருகிறது. உணவுடன் மிகச் சிறிய அளவு அதை சேர்த்து அருந்தினால் கல்லீரலில் ஏற்படும் மெலாங்கலி என்ற ரத்த உறைவு நோயை குணமாக்குகிறது. பித்தப்பையின் உஷ்ணத்தைக் குறைக்கிறது. உடலில் உள்ள ரத்தத்தின் அளவையும், இரத்த செல்களின் அளவையும் உயர்த்துகிறது.

எனவே உடலில் இருந்து இரத்தத்தில் உள்ள வேண்டாத, தேவைக்கு அதிகமான ரத்தத்தை வெளியேற்ற வேண்டியது அவசியமாகிறது. இம்மருந்து இரத்த நாளங்களை விரிவடையச் செய்து செயல் இழந்து போன மூட்டுக்களைக் குணமாக்குகிறது.

பார்வைக் குறைபாட்டை நீக்கி, கண்ணுக்கு மீண்டும் வலிமையைத் தருகிறது.

வளர்ந்து வரும் குழந்தைகளின் உடலில் உள்ள அவசியமற்றவைகளை நீக்குகிறது. மூட்டுப் பகுதிகளில் உள்ள குறைபாடுகளை சிறப்பாகப் போக்குகிறது." என கூறியுள்ளார். மேலும் இதன் மூலம் குணமாகாத நோய்கள் என்று உலகில் எந்த நோயும் இல்லை.

இதற்கு மெர்க்குரி விடே என்றும், பாதரச உயிர்ச் சத்து என்றும் பெயர்கள் உண்டு. சகல லோகங்களையும் வெள்ளியாக்கும் ஆற்றலுடையது. வெள்ளியைத் தங்கமாக மாற்றக்கூடியது. மெய்ப்பொருளின் உப்புக்கள்(கந்தகம்) உஷ்ணத்தைத் தரக்கூடியவை.

மெய்ப்பொருளின் பாதரசங்கள் குளிர்ச்சியைத் தரக்கூடியவை ஆகும். இதனைப் பற்றி அகர ரகசியத்தில் முன்பே குறிப்பிட்டுவிட்டதால் இனி மூன்றாவது பாதரசம் பற்றிப் பார்ப்போம்.

3. #சிவப்புப்பாதரசம்: சிவப்பு அமுரி

இந்த மூன்றாவது பாதரசமே இறுதியானது. வாழ்வின் அமுதம் என்றம், நாதநீர் என்றும் கூறப்படும். இது தன்னகத்தே அதிக சக்தி உடையதாக இருக்கிறது. இறக்கும் தருவாயில் உள்ளவர்களைக் காப்பாற்றி மீண்டும் புத்துயிர் அளிக்கிறது. இந்த மருந்தை பார்லி அரிசி அளவு ஒயினில் கலக்கிக் கொடுத்தல், அது அவனுடைய வயிற்றைச் சென்றடைந்து, பிறகு அவனுடைய இதயத்திற்குச் சென்று அவனுடைய உடலை உடனடியாகப் புதுப்பிக்கிறது. உடலில் முன்பிருந்த எல்லா குறைபாடுகளையும் நீக்கி, அவனுடைய கல்லீரலை இயற்கையான வெப்பநிலையில் வைத்திருக்கும். மிகச் சிறிய அளவில் ஒரு முதியவருக்குக் கொடுத்து வந்தால், அவரின் எல்லா நோய்களையும் நீக்கி அவருக்கு இளமையான இருதயத்தையும், உடலையும் தரும். ஆகவே இதனை வாழ்வின் அமுதம் என்றழைக்கிறோம்.

மேலும் கடைசியாகக் கிடைத்த இந்நீருக்கு #தங்கநீர் என்றும் பெயர். இந்நீர் எல்லா குஷ்ட நோய்களையும், மூலநோய்களையும் நீக்கும். 'ப்ரென்ச் டிசீஸ்' எனப்படும் பரங்கி நோயையும் குணமாக்கும். உண்மையில் கூறப்போனால் அழுகிய நிலையில் உள்ள கண் நோய்களையும் நீக்கும்.

இந்நீர் கசப்பு, அல்லது காரச் சுவை உடைய நீர் அல்ல. அது எண்ணெய்யின் நிறம் போன்று இருக்கும் இனிப்பான குணமுடையதாகும். இந்த மருந்தைக் கடலைப் பிரமாணம் எடுத்து, சுத்த ஜலத்தில் கலந்து அருந்தி வர எல்லா வீக்கங்களும்,

கட்டிகளும் தீரும். முடக்கு வாதம், இழுப்பு, வலிப்பு முதலிய நோய்களுக்கு மூன்று நாட்களுக்கு மூன்று சொட்டு தங்க நீரையும், ஒரு சொட்டு மூலப் புளியையும் கலந்து தரத் தீரும்.

இந்த நீரை நாளொன்றுக்கு மூன்று முறை உணவிற்கு முன் திராட்சை ரசத்தில் இரண்டு சொட்டு விட்டு கலந்து அருந்தி வரவேண்டும்.

முதன் முறையில் ஐந்து சொட்டுக்கள் வரை நாம் உட்கொண்டோமானால்.,

நமது ஆன்மீக சக்தியை அது வளர்க்கும். தொடர்ந்து அருந்தி வர மனிதன் இதுவரை கேள்விப்படாத, உலகத்தில் உள்ள உன்னதமான, இனிமையான பல ரகசியங்கள் விளங்க ஆரம்பிக்கும். அதை உட்கொண்ட உடனே உன்னிடத்தில் மாறுதல்கள் உண்டாகும். அண்டசராசரத்தில் உள்ள உலகங்களும், நட்சத்திரங்களும் உன் உடலில் இயங்கும் விதத்தை நீ புரிந்து கொள்வாய். ஒரு கனவு கலைவதைப் போல உனது பகுத்தறிவு விழித்தெழும். உலகத்தில் உள்ள எல்லா ரகசிய கலைகளும் உனக்குப் புரிய ஆரம்பிக்கும். ஆயினும், இவை எல்லாவற்றிலும் உயர்வானது எது என்றால், இயற்கையை அதன் நிலையை நீ தெரிந்து கொள்வதே ஆகும். அதனால் நம்மைப் படைத்த இறைவனை உண்மையாகப் புரிந்து கொள்ளும்படிக்கு உதவும்.

மற்றவர்கள் கூறுவதைப் போல இம்மருந்து தாழ்ந்த உலோகங்களைத் தங்கமாக மாற்றுவதற்கு மட்டும் பயன்படுத்தப்படவில்லை. மாறாக இவ்வுயர்ந்த வஸ்துவானது அண்டசராசரத்துக்கும், தத்துவ ரகசியங்களுக்கும் ஆதாரமானது.

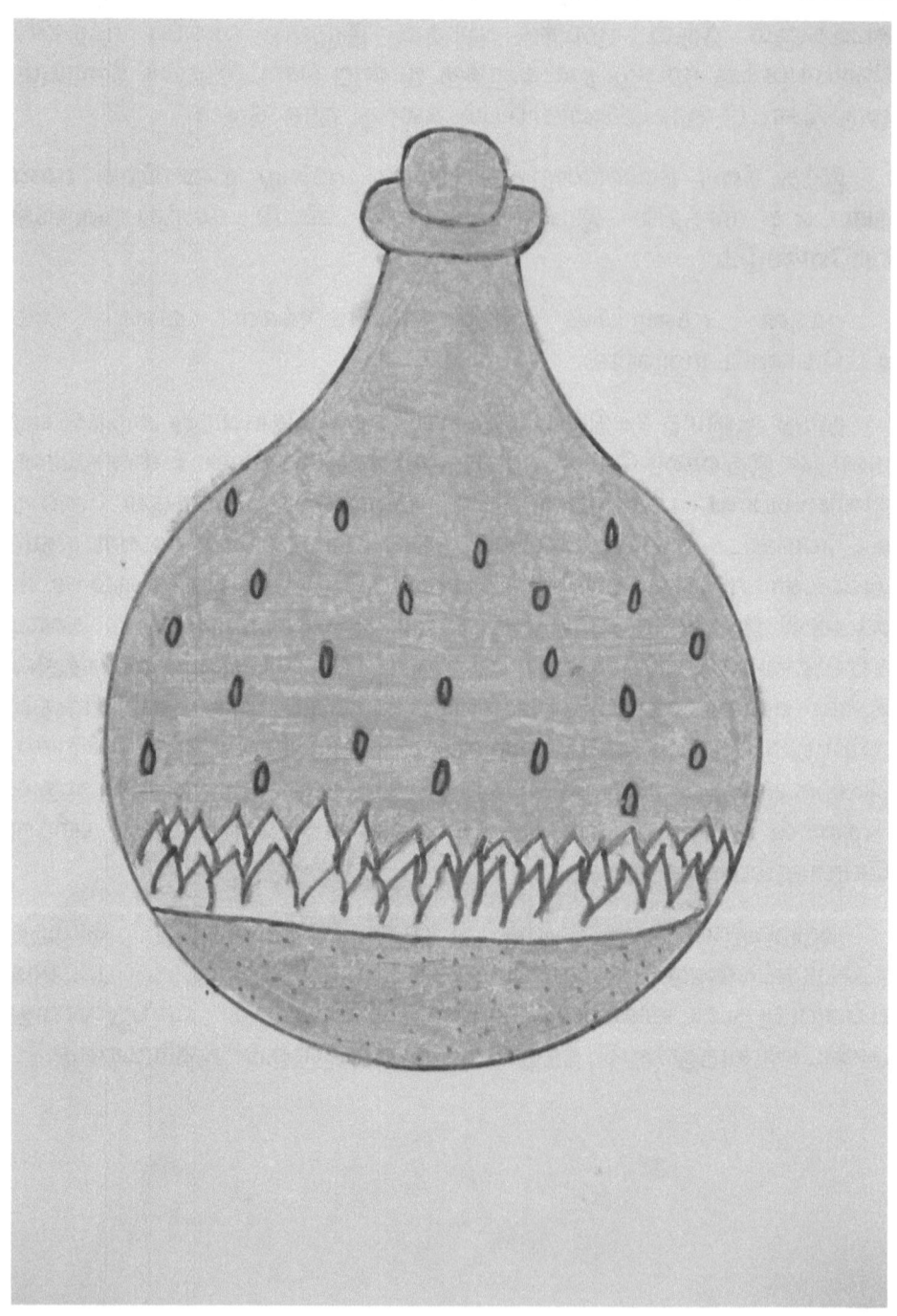

பிரிதல்

அகர ரகசியம் - பகுதி 10

மகரம்

The true Spirt of all things.

இந்த மகரம் என்ற ஆர்கானமே இறுதியானது. இது அகரஉகரம் என்ற நாதமும் விந்தும் இணைந்தது. இது இரு பொருளாக ஒன்றிணைந்து செயல்படும். இது வெள்ளியையும், மற்ற உலோகங்களையும் தங்கமாக்கும் வல்லமையுடையது. மனித உடலில் உள்ள மாசுக்களை அகற்றி, தூய்மையாக்கி, மகத்தான ஞானியாக்கி என்றும் சிரஞ்சீவியாக வாழ வைக்கிறது. இது இறைவனின் சக்தியையும், விண்மீன்களின் வியக்கத்தக்க சக்திகளையும், மெக்னீசியா லாபிஸ் பிளாஸ்பரமும் கொண்டு, பெரும் மதிப்புள்ளதும், வணங்கத்தக்க பொருளாகவும் காட்சியளிக்கிறது.

இந்த மகரம் பற்றி கருணாகர சாமிகள் தனது அகர ஆய்வு எனும் நூலில் கீழ்க்கண்டவாறு கூறியிருக்கிறார்.

குருஉபதேசமின்றி அமுதம் அணுவாய்ப் பிரியா
விரித்துரைக்கில் சத்திசிவம் உருத்திரராய்ப் பிரிந்திடுமே

திரிமூர்த்தி தரிசனத்தைக் கண்ட மனம் கலிதீர
பிரிந்து சத்திசிவம் தானே கால்மாறி நடம் புரிவர்.

திரித்துவமாய் அமுதிதனை பிரித்தெடுக்கும் போதினிலே
உருத்திரனாய் பிரிந்து நிற்கும் அலித்திரவம் நடுவினிலே

ஒன்றி நிற்கும் அலித்திரவம் இரண்டாய்ப் பிரிந்தவுடன்
மன்றுள் சிவசக்தி கால்மாறி நடம் புரியும்

அணுத்திரவம் பெற்றிருக்கும் உயிர்த்துடிப்பு மேல்கீழாய்
முனைமாறும் விதம் அதனை வாய்விண்டு கூறார் சித்தர்.

நொந்துமனம் நடனம் காண சிந்தையுற்றோம் வெகுகாலம்
விந்தையாய் விளையாடலுற்றார் நித்யானந்தமுற்று.

என்ன தவம் செய்தேனே இக்காட்சி தனைக்காண
பின்னமில்லை கண்டவர்க்கே என்று மறை கூறுமப்பா.

இக்காட்சி தனைக்கண்டால் விஞ்ஞானிகளும் மெச்சிடுவர்
பக்குவர்க்கு இக்காட்சி தம்கண் விட்டகலாதே.

முதல் செய்முறையில் நமக்குக் கிடைத்தது உகரம் என்ற அண்டக்கல் உப்பு. அதன் பிறகு இரண்டாவதாக அகரம் என்ற பாதரசம். பின் மூன்றாவதாக நமக்குக் கிடைத்தது அகரஉகரம் இணைந்த மகரமாகிய மகாமுப்புத் திராவகம் ஆகும். இதுவே விஷம் நீக்கப்பட்ட அமுதமாம். இவ்வமிர்தமே மகரமென்றும், வாலைதிராவகமென்றும், வாலைபூசையென்றும் சித்தர்கள் கூறுவதாகும். இதுவே கல்பமும் ஆகும். இது சரீரம் பூராவும் பரவி சரீரத்தை சுண்ணமாக்கும் வல்லமையுடையது. இந்த நீரைச் சிறப்பித்தே,

“தண்ணீராஞ் சிவகங்கை சுத்தகங்கை
தாயான பிராணனுமே சந்திரபானம்
தண்ணீராம் சத்தியெனு நாதத்துள்ளே
கலந்த பரப்பிரமவிந்து கலந்ததானால்
ஒன்றான சுக்கிலமுங் குருவுமாச்சு
ஓகோகோ தங்கரத முதித்ததம்மா
மண்ணோடு புல்முதலா ஏமமாச்சு
மாறாமல் இந்திரன் போல் வாழ்வுண்டாச்சே”

- என அகத்தியர் பாடியுள்ளார்.

இதனால் அகரஉகரமகரங்கள் எப்படி ஒன்றை ஒன்று நெருங்கி பிணைந்திருக்கின்றன என்பது புலனாகிறது. இம்மூன்றும் சேர்ந்திருப்பதற்கே “ஏகவஸ்து” என்று கூறுவதும் உண்டு. இந்த திராவகத்தை வானுலகத்தின் கீழ் எவராலும் பிரிக்கவே முடியாது. திருமூர்த்தி சொரூபமாகி விட்டது.

இது தெய்வீகத் தன்மை வாய்ந்ததாகவும், ஒளிரும் பொருளாகவும் தோற்றமளிக்கிறது. தங்கம் மற்றும் வெள்ளி போன்று பிரகாசிக்கிறது.

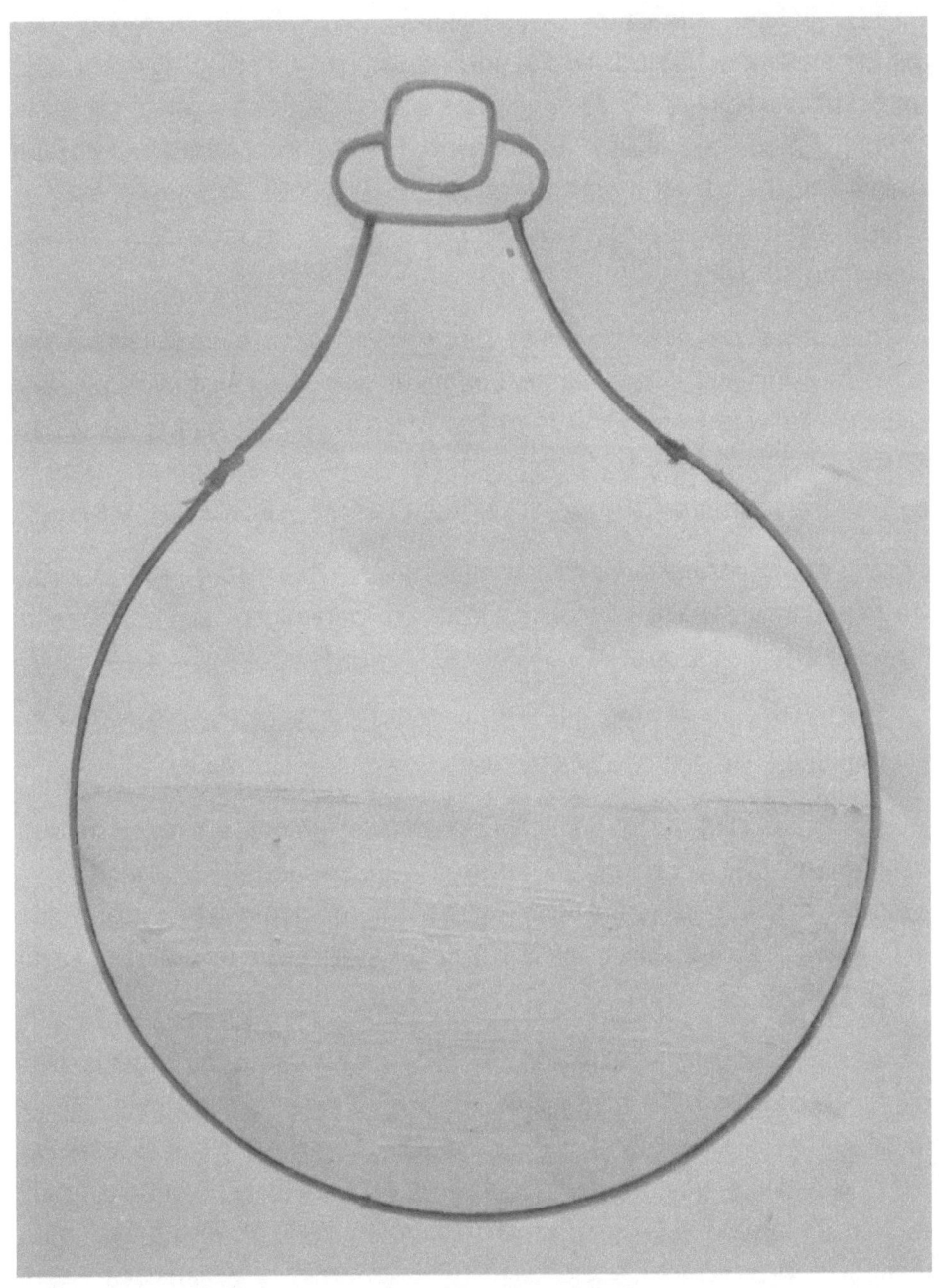

வெள்ளை பாதரசம்

தன்னகத்தே உள்ள அனைத்துச் சக்திகளைப் பெற்றும், அதனுடைய நோய் நீக்கும் வலிமை பெருமளவில் பெருகியும், மேலும் பல அற்புதங்களைச் செய்யத்தக்கதாய் உள்ளது. காய்ந்து இறந்துபட்ட மரங்களின் வேர்களில் இம்மருந்தைக் கொடுத்தால் அவை புத்துயுர் பெற்று இலைகளையும் கனிகளையும் தரும். விளக்கு எரியும் எண்ணெய்யோடு இம் மருந்தின் நீர்மப்பகுதியை சிறிதளவு கலந்து எரிய விட்டால், அது எப்பொழுதும் ஒளி குன்றாமல் எரிந்து கொண்டிருக்கும்.

சாதாரண ஸ்படிக கற்களை பல ஒளிகளுடன் கூடி பிரகாசிக்கிற விலையுயர்ந்த ரத்தினங்களாக மாற்றும். அவைசுரங்கங்களிலிருந்து வெட்டி எடுக்கும் ரத்தினங்களுக்கு ஈடான தரம் வாய்ந்ததாகவே இருக்கும். இம்மருந்து பெற்றிருக்கும் மற்ற சக்திகளைப் பற்றிக் கூறப் புகுவோமானால் அதன் அற்புதங்களை நம்பவே முடியாது.

தகுதி இல்லாதவர்களின் கைகளில் இம் மருந்து போய்ச் சேரக்கூடாது என்ற எண்ணத்தில், அவற்றைப் பற்றி இங்கே வெளிப்படுத்தவில்லை.

வேறு எந்த விதமான மருந்துகளின் கலப்பில்லாமல், இறந்துபட்ட எல்லா உயிர்களையும் அது புதுப்பிக்கிறது.

இம் மருந்தானது வான் மண்டலத்தில் உள்ள எல்லா சக்திகளையும் ஒன்று சேர்த்து உருவாக்கி அவற்றைத் தன்னகத்தே கொண்டிருக்கிறது. இந்த நறுமண மருந்து பூமியிலும், சமுத்திரத்திலும் உள்ள எல்லா #புதையல்களையும் வெளிப்படுத்தும் சக்தி கொண்டது.

தரம் தாழ்ந்த எல்லா உலோகங்களையும் தங்கமாக மாற்றக்கூடியது. சொர்க்கத்தில் உள்ள எந்தப் பொருளும் இந்த மருந்துக்கு நிகர் ஆகாது. இந்த உயிர் மருந்து இரகசியமானது. அது ஆரம்பத்திலிருந்தே மறைக்கப்பட்டு வருகிறது. இருந்தாலும், எல்லாம் வல்ல இறைவனால் புனித மானிடர் சிலருக்கு இம் மருந்து வெளிப்படுத்தப்பட்டது. இறைவனின் ஆத்மாவே இம் மருந்தாகும். அது தன்னுடைய ஆரம்ப கட்டத்தில் பூமியை அடைந்து, தண்ணீருடன் இணைந்து வளர்கிறது.

அதை இந்த தெய்வீக ஆவியானவரின் அன்பில்லாமலும், அவரின் வழி நடத்துதல் இல்லாமலும், அப் பொருளை பாடுபட்டுத் தேடி கண்டடைந்த ஞானிகளின் உபதேசம் இல்லாமலும், இவ்வுலகில் உள்ள எவரும் அப்பொருளைப் புரிந்துகொள்ள முடியாது. அதன் அபரிமிதமான சக்திகளுக்காக அப்பொருளை அடைய இந்த உலகமே ஆசைப்பட்டுக் கொண்டிருக்கிறது.

அது கிரகங்களை வழிநடத்துகிறது. மேகங்களை உயர்த்துகிறது. பனித்துளிகளை விரட்டுகிறது. எல்லாப் பொருள்களுக்கும் வெளிச்சத்தைத் தருகிறது. எல்லாப் பொருள்களையும் சூரியனாகவும், சந்திரனாகவும் மாற்றுகிறது. நல்ல ஆரோக்கியத்தையும், இணையில்லா செல்வங்களையும் அளிக்கிறது. குஷ்டநோயாளியைக் குணப்படுத்துகிறது. பொதுவாக எல்லா அனைத்து நோய்களையும் குணமாக்குகிறது.

மிகவும் #நீண்ட #செய்முறைகளின் மூலம் இந்த உயிர் மருந்தானது சித்தர்களால் கண்டுபிடிக்கப்பட்டது.

அந்த செய்முறைகளின் வழியாகவே அவர்கள் மருந்தை முடித்து அனைத்து செல்வங்களையும் அடைந்தனர். அதே வழிமுறைகளின்படி மோசஸ் அவர்கள் தமது கப்பல் முழுவதும் தங்கப் பாத்திரங்களைப் படைத்தார். சாலமன் ராஜா இறைவனை மகிமைப்படுத்த பல நற்காரியங்களைச் செய்தார். இப்பொருளின் மூலமாகத்தான் மோசஸ் 'டபர்னேக்கல்' என்ற பெரிய ஆலயத்தைக் கட்டினார். நோவா கப்பலையும், சாலமன் கோவிலையும் அடையப் பெற்றனர். எஸ்ரா என்பவர் இப்பொருளின் மூலம் தமது கட்டளைகளைப் புதுப்பித்துக் கொண்டார். மோசஸ் அவர்களின் தங்கை மிரியம் அவர்கள் விருந்தோம்பலில் சிறந்து விளங்கினார்.

எல்லா சித்தர்களும் கடவுளின் பரிசைப் பெற்றிருந்தார்கள். தங்கம் மற்றும் வெள்ளியை விடவும் இதனை கையகப்படுத்துதல் மிகவும் கடினமானது. நமது மெய்ப்பொருள் உலகில் உள்ள மற்ற அனைத்துப் பொருட்களை விடவும் உயர்ந்தது. இவ்வுலகில் மனிதன் அடைய ஆசைப்படும் எல்லாப் பொருட்களும் அழியக்கூடியவை. எந்தப் பொருளையும் இம் மெய்ப்பொருளுடன் ஒப்பிட முடியாது.

உண்மையானது இந்தப் பொருளில் மட்டுமே உள்ளது. எனவே அப்பொருள்'கல்'என்றும், உண்மைப்பொருளின் சாராயம் என்றும்அழைக்கப்பட்டது.

அப்பொருளின் சக்தியைக் குறித்து என்னால் பேச இயலாது. ஏனெனில் அப் பொருளின் நற்பண்புகளும், ஆக்கச் சக்திகளும் மனிதனின் எண்ணங்களுக்கு அப்பாற்பட்டு இருக்கிறது. அதைப் பற்றி மனிதர்கள் தங்கள் நாக்கின் மூலம் சொற்களால் வர்ணிக்க முடியாது. அப்பொருளினுள் ஏனைய எல்லாப் பொருள்களின் சக்திகளும் அடங்கியுள்ளன. ஆம், இயற்கை படைத்த பொருள்களுள் இப்பொருளைப் போல முதன்மை பெற்றதும், ஆழ்ந்த உண்மையுடையதுமான பொருள் வேறெதுவும் இல்லை.

எளிதில் புரிந்துகொள்ள முடியாததும், ஆழங்காண முடியாததுமான ஓ! இறைவனின் ஞானப் பொருளே, அதே இறைவன் உன்னுள் மிகுந்த சக்தியையும், ஆற்றலையும் ஒருங்கிணைத்து உயிர்ப் பொருள்களின் சக்திகளையும் பெற்று இருக்கின்ற ஏகவஸ்துவிலிருந்து உருவான உயிர் மருந்தே! அழியக்கூடிய மனிதனுக்கு, எண்ணிலடங்கா மதிப்பையும் சந்தோசத்தையும் வழங்கிய, அழிந்து போகக் கூடிய உலகப் பொருள்களுள் இணையில்லாத சக்தியைப் பெற்றிருக்கிற, வாய்விட்டுச் சொல்லக்கூடாத ஓ! பெரும்பொருளே!

மனித உணர்வுகளுக்கு அப்பாற்பட்ட இரகசியங்களின் இரகசியமே, மறைக்கப்பட்ட பொருள்களுள் முதன்மை பெற்ற பொருளே! எல்லா வியாதிகளையும் போக்குகிற ஓ மகா மருந்தே! பாராட்டத் தக்க அதிசயங்களைப் பெற்றிருக்கிற புனிதமான உயிர் மருந்தே! எல்லாவித மகிழ்ச்சிகளையும், செழிப்பான வாழ்வையும் தருவதுவே! எல்லா கலைகளிலும் சிறந்த கலையே! உன்னை உபதேசமாக நான் பெற்றுக்கொண்டவுடன், புற உலகுக்குத் தேவையான எல்லா மகிழ்ச்சிகளையும் எனக்களித்த மெய்ப்பொருளே!

ஓ... எல்லோராலும் தேடப்படுகிற ஞானப்பொருளே, சந்திரனின் ஒளி வட்டத்திற்குக் கீழே படைக்கப்பட்டிருக்கிற எல்லாப் பொருள்களிலும் முதன்மையான பொருளே! இயற்கையை பலப்படுத்துகிற பொருளே! மானிட இருதயத்தையும், உட்பகுதிகளையும் புதுப்பிக்கின்ற

வஸ்துவே! இளமையைக் காக்கவும், முதுமையை விரட்டவும், பெலமின்மையை அழிப்பதுமான பொருளே!

ஓ.... புனிதமான மூலப் பொருளே! அன்பான வான் பொருளே! உன்னுடைய அதிசய ஆற்றலால் எல்லா உலகுக்கும் சக்தியாய் நின்ற ஓ பரம்பொருளே! ஓ மறைவாய் இருக்கின்ற வல்லமையே, எல்லாவற்றிலும் உயர்ந்ததுவே, மனிதர்களின் அறியாமையால் புரிந்துகொள்ள முடியாத, எல்லோராலும் வெறுத்து ஒதுக்கித் தள்ளப்பட்டதுவே, இருந்தாலும் ஞானவான்களால் பெரும்பாடுபட்டு கண்டடையப் பெற்ற விலைமதிக்க முடியாத கௌரவம் மிக்க வெற்றியைத் தருகிற பொருளே,

இறந்தவர்களையும் நீ எழுப்புவாய் என்று சொன்னால் மற்றவர் அதை நம்பாமல் கேலிக்கு ஆளாகும் பொருளே! நோய்களை வெளியேற்றி இறப்பவர்களின் கூக்குரலைக் கேட்டு அவர்களைக் காக்கும் பொருளே! ஓ.. புதையலுக்குப் புதையலே! இரகசியங்களுள் இரகசியமே! ஞானி அவிசென்னாவால் 'வெளியே சொல்ல முடியாத மூலப்பொருள்' எனப் பெயர் பெற்றதுவே. இவ்வுலகத்தின் மிக உயர்ந்த ஆன்மிகப்பொருளே! உனக்கு நிகரான வேறு பொருளே இல்லை. ஆழங்காண முடியாத இயற்கைச் சக்தியே! செயல்பாடுகளிலும், வலிமையிலும் மிகச் சிறந்த பொருளே! உலகில் படைக்கப்பட்ட எல்லாப் பொருள்களுக்கும் நிகராக விளங்குவதுவே! சொர்க்கத்தின் கீழே படைக்கப்பட்ட எல்லா உடல்களின் மூலச் சக்தியே! வியாதிகளை நீக்குகின்ற எண்ணெய்ப் பதமுள்ள தேனே!

இந்த ஞானத்தைப் பெற்றிருக்கிற அனைவரையும் நான் கேட்டுக் கொள்வது என்னவென்றால், இறைவனுக்குப் பயந்து வாழ்கின்றவர்களுக்கும், தூய்மையானவர்கள், ஒழுக்கமானவர்கள் என்று நிச்சயிக்கப்பட்டவர்களுக்கும் இறைவன் இந்த பொக்கிஷத்தை அளித்தது குறித்து, இறைவனை நன்றியோடு மகிமைப் படுத்துவோருக்கு மட்டும் இக் கலையை வெளிப்படுத்துங்கள்.

மற்ற யாருக்கும் இதைத் தெரிவிக்க வேண்டாம் என்பதே. பலர் தேடினார்கள். சிலருக்குத்தான் இது கிடைத்தது. தூய்மை இல்லாதவர்களும், ஒழுக்க நெறியில் வாழாதவர்களும் இக்கலைக்குத் தகுதியானவர்கள் அல்ல. இறைவனுக்குப்

பிடித்தமான வாழ்க்கையை வாழ்ந்து கொண்டு இருப்பவர்களுக்கு மட்டும் இக்கலையைப் பற்றிக் கூறுங்கள்.

ஏனென்றால் இக்கலை விலை கொடுத்து வாங்க முடியாதது. நான் இறைவனின் முன் அறிக்கையிடுவது என்னவென்றால், நான் பொய்யைக் கூறவில்லை, முட்டாள்கள் இக்கலையை அறிவது கடினம். ஏனென்றால் இயற்கையை இந்த அளவுக்குத் தேடுபவர்கள் அவர்களில் யாருமில்லை. இறைவனுக்குப் பயந்து வாழ்பவர்களுக்கு மட்டும் இக்கலையை வெளிப்படுத்துவோம்.

எசன்ஸ். அமுதம்

அகர ரகசியம் - பகுதி 11

இயற்கையைப் பின்பற்று

வான் சிறப்பு

திருவள்ளுவர் இறை வணக்கத்திற்கு அடுத்து வான் சிறப்பு என்ற அதிகாரத்தை வைத்துள்ளார். இது ஏன் அவ்வாறு வைக்கப்பட்டுள்ளது என ஆய்வு செய்ய வேண்டும்.

உலகிற்கு ஆதியாய் அறிவாய் உயிராய் உள்ள இறைவன் பூதங்களில் நீர் வடிவினன். அது கற்பம் என்பர் சித்தர். இதனை அகரம் என்றனர். இது வானில் இருந்து மழையாகி வருகிறது.

அந்த நீருக்கு இருப்பிடம் கடல் என்பதால் அறவாழி என்றார். உலகிற்கு உயிர் வழங்கி வாழச் செய்வது. மழைச் சிறப்பு என்றோ நீர்ச் சிறப்பு என்றோ மாரிச்சிறப்பு என்றோ குறிக்கவில்லை.

மாறாக வான் சிறப்பு என்றது ஏன்?

இதனை வேறு வகையில் காணலாம்
செய் நன்றி பற்றிக் கூறும் போது
"செய்யாமல் செய்த உதவிக்கு வையகமும்
வானக மும் ஆற்றலறிது."

இதில் வானம் என்று குறித்துள்ளார்.

இவர் சித்தர் மரபு ஆனதால் "ஆதி உப்பு விண்ணிலே" என்பதற்கிணங்க வான் என்றே குறித்தார்.

"வானின்று வழங்கி வருதலால் தான்
அமிர்தம் என்றுணரற் பாற்று"

உலகம் வானால் வாழ்கிறது எனில் மழை என்பது குறிப்பால் பெறப்படும் பொருள். அமிழ்தம் என்பதையும் குறிப்பாக நோக்கவும்.

உணவும் அமுதம் பாலும் அமுதம். அவை குறித்த காலம் உயிருக்கு ஆதாரமாகி நிற்பது. ஆனால் நீடூழி வாழ அமிர்தம் வேண்டும். அதனைக் குறிப்பது நீரை

மழையை அமிர்தம் என்றார் ஏன் என சிந்திக்கவேண்டும்.

சித்தர்கள் நீரை, மழையை, கங்கையை, அமிர்தம் என்பர். அதை குறிப்பாக அறியும் விதமாக பாடல் உள்ளது.

"துப்பார்க்குத் துப்பாய துப்பாக்கித் துப்பார்க்கு
துப்பாய தூவும் மழை"

இங்கு மழை என்றார். உணவு ஆகி உணவை உண்டாக்கி தானே உணவு ஆகியது.

கருணாகர சாமி,

"ஏட்டுச் சுரக்காய் என இங்கெடுத்து யாம் கூறோம் கூட்டுக் கறிக்காகுமிதனால் குடும்பம் எல்லாம். பிழைத்திடுமே" என்றார்.

வள்ளலார்

"வல்லார்க்கும் மாட்டார்க்கும்
வரமளிக்கும் வரமே" என்றார்.

வரம் அளிப்பதும் வரம் ஆவதும் ஒன்றே என்பது; உணவு ஆவதும் உணவு ஆக்குவதும் ஒன்றே. மருந்தும் விருந்தும் ஆவது ஒன்றே அது போன்றது தான்.

அண்டத்தில் உள்ளது பிண்டத்தில் எனில் அண்டத்தில் கிரகம் நட்சத்திரம் உண்டு. ஐம்பூதம் உண்டு. பிண்டத்திலும் அப்படித்தான். எனவே வான் என்று வெளியைக் குறித்தாலும் வான் சித்தர் பொருளும் என குறிக்கின்றனர்.

ரசவாத மருந்தாகிய முப்புவை நான்கு நாட்களில் செய்து முடித்து விடலாம் என்று கருணாகரசாமிகள்-பலராமையா நூலில்-கூறியது உண்மை தான் போல் தெரிகிறது.

அவர் கூறியது இறுதிக் கட்ட செய்முறையாக இருக்கலாம். மொத்த செய்முறையும் 180-270 நாளில் செய்து முடித்து விடலாம் என தெரிகிறது. அன்னபேதி செந்தூரம் அல்லது ஒரு சாதாரண சூரணம் ஒன்றை செய்வதை விட முப்பு செய்முறை மிகவும் எளிமையானது என்கிறார்கள் சித்ர்கள்.

என்கிறார்கள் சித்தர்கள்.

இந்த செய்முறையை பெண்களின் வேலை என்கிறார்கள். பெண்களின் வேலை என்றால் என்ன? பெண்களின் வேலை சமைப்பது.

சமைப்பது என்றால் கொதிக்க வைப்பது. அரிசியில் மூன்றுக்கு ஒன்று அல்லது நான்குக்கு ஒன்று என்ற அளவில் தண்ணீர் ஊற்றி மூடி அடுப்பில் வைத்து சரியான அளவு தீயில் கொதிக்க வைத்தால் ஒரு கட்டத்தில் தண்ணீர் காணாமல் போய் நமக்கு சாதமாக கிடைக்கிறது. அரிசியில் ஊற்றிய தண்ணீர் எங்கே போனது? அரிசியானது நீரை உட்கொண்டு வளர்ந்து சாதமாக மாறியது.

இயற்கையிலும் அவ்வாறு தானே நடக்கிறது. பூமியில் ஒரு விதை ஊன்றப்பட்டால் சூரியனின் வெப்பமும் பூமியின் வெப்பமும் சேர்ந்து 24 மணி நேரமும் ஒரு இதமான வெப்ப நிலையில் விதையானது இருக்கிறது.

மேலும் மழை பொழிவதன் மூலம் விதைக்கு ஒரு ஈரப்பதம் கிடைத்து அந்த நீரை உண்டு வளர்ந்து மரமாகி பிஞ்சாகி காயாகி கனியாகிறது. இந்த கனியை நாம் சுவைத்து மகிழ்கிறோம்.

இவ்வாறு நமது இயற்கையான மெய்ப்பொருளும் ஒரு விதைப் பொருள் ஆகையினால் இயற்கையான முறையின் மூலம் மட்டுமே நமது பொருளானது வளர்ச்சி அடையும். வேறு எவ்வகையிலும் நமது விதையானது வளராது. கனிகளைத் தராது.

ஆகவே நமது விதையை வளர்க்க இயற்கையை பின்பற்றுங்கள். இயற்கையின் வழியில் செல்லுங்கள். இயற்கையைப் புரிந்து கொள்ளுங்கள். அதுவே ஞானத்திற்கு முதல் படி. இதுவே சரியான வழி. ஆகவே இயற்கையை ஆராயுங்கள். இயற்கையை உணருங்கள். அவ்வாறு உணர்ந்து, புரிந்து, தெரிந்து கொண்டபின்பு நமது செய்முறையை தொடங்குங்கள். அதற்கு முன் ஒரு போதும் செய்முறையை செய்யாதீர்கள். செய்தீர்களே ஆனால் வெற்றி கிடைக்காது. வீண் முயற்சியாகத்தான் அது இருக்கும்.

எனவே நண்பர்களே, இக்கலையை ஆய்வு செய்யும் மாணவர்களே, முதலில் நமது விதையை சரியாக தேர்ந்தெடுப்பதில் கவனம் வையுங்கள். ஏனெனில் உங்களின் (நமது) மொத்த அறிவும் நம் விதையை தேர்தெடுப்பதில் தான் உள்ளது.

நாம் விதையை சரியாக தேர்தெடுத்து விட்டால் பிறகு அதனை வளர்ப்பது எளிது. இயற்கையை அப்படியே காப்பி அடித்துக் கொள்ளலாம். மேலும் காப்பி அடிப்பது என்பது மிகவும் எளிதான சிரமமில்லாத வேலை அல்லவா?

அந்த ஒரே ஒரு சரியான செய்முறையை நீங்கள் செய்யும் போது கைபாகம் தவறினாலும் (நெருப்பின் விகல்ப்பத்தால்) நமது விதை தனது வளர்ச்சி நிலையில் உலோக மாறுபாட்டை ஏற்படுத்தாவிட்டாலும் மருந்திற்கு பயன்படாமல் போகாது. அது ஒரு சிறந்த மருந்தாக இருக்கும் நோயை குணப்படுத்துவதில் எந்த குறைபாடும் வராது. இம்மருந்திற்கு நிகர் இதுவே. வேறு எதுவும் நிகராகாது.

சரியான வளர்ச்சிக்கு சரியான நெருப்பு அவசியம். அதற்கு நீங்கள் தற்காலத்தில் கிடைக்கும் லேப்களில் பயன்படுத்தப்படுகிற எலக்டிரிக்கல் ஹீட்டரை உபயோகப்படுத்திக் கொள்ளலாம்.

ஆகவே நண்பர்களே நமது செய்முறையானது ஒருவழிச் செய்முறையாகும். நாம் ஒரே ஒரு விதையில் இருந்து தான் நமது செய்முறையை செய்யவும் வேண்டும். இரண்டு மற்றும் அதற்கு மேற்பட்டவைகளில் இருந்து அல்ல. மேலும் நமது ரசவாத

செய்முறைக்கு தேவை ஒரு ரசவாத பாத்திரம் (குடுவை) ஒன்றே ஒன்று மட்டுமே.

அதற்குள்ளேயே நமது பொருள் வளர்கிறது. பிரிகிறது, கரைகிறது, பதங்கமாகிறது, சுண்ணமாகிறது, காடியாகிறது, உறிஞ்சுகிறது, இணைகிறது. பின் காய்கனிகளைத் தருகிறது. பிறகு அதனை நாம் ருசிக்கலாம். உலோகங்களை உருமாற்றலாம். படிக கற்களை வைரம் வைடூர்யமாக்கலாம். தண்ணீருடன் கலந்து விளக்கு எரிக்கலாம். நோய்களைத் தீர்க்கலாம். மன அழுத்தத்தில் இருந்து விடுபட்டு ஆனந்தமான மனநிலை பெறலாம். மேலும் முதுமையையும் மரணத்தையும் வெல்லலாம். பிறவிப்பிணியைப் போக்கலாம். ஏழைகளுக்கு அன்னமிடலாம். சகலத்திலும் வெற்றி பெற்று யாராலும் வெல்ல முடியாத கடவுளாய் இருக்கலாம்.

சரியான முறையில் நமது பொருள் வளர்ச்சி அடைந்தால் முதன் முதலில் விதையானது பூமி அம்ச பொருளாக மாறும். இந்த நிலைமாற்றமானது முதலில் கருப்பு நிறமாகி பின் பிரவுன் நிறமாகி பின் வெளுக்கும். இந்நிலையில் நமது கல் குணமாக்கும் நோய்களை பெனிடிக்டஸ் பிகுளஸ் அவர்களின் இயற்கை அற்புதங்களின் தங்கப் பெட்டகம் எனும் நூலில் இருந்து காணலாம். (அயல் நாட்டுச் சித்தர்களின் முப்பு ரகசியம் -அமிர்தராஜன் வேலூர் -தாமரை நூலகம் சென்னை)

அப்பொருள் தன் முதல் நிலைத் தன்மையில் சுத்தம் இல்லாத மண் அம்சம் உள்ள உடலைப் பெற்றுள்ளது. அது முழுவதும் ஒழுங்கற்றதாக உள்ளது. மேலும் அது பூமியின் இயல்பைப் பெற்று அனைத்து நோய்களையும் நீக்கக் கூடியதாகவும் காயங்களையும் மனிதனுக்கு வரும் குடல் நோய்களை தீர்ப்பதாகவும் சிறப்பானவைகளை (தேவையானவற்றை) உருவாக்குவதாகவும் உடலில் குடிகொண்டுள்ள துர் நாற்றத்தை வெளியேற்றுவதாகவும் மற்றும் உடலின் அக புற நோய்களை பொதுவாக நீக்கி குணம் செய்வதாகவும் உள்ளது.

அம் மருந்து தன் இரண்டாவது தயாரிப்பில் தண்ணீர் உடலுடன் தோற்றமளிக்கிறது. முதலில் இருந்ததைக் காட்டிலும் சிறிது அழகுடைய பொருளாகவும் இருக்கிறது. அதன் குணம்

உயர்த்தப்பட்டுள்ளது. அது உண்மை நிலைக்கு சற்று அருகில் உள்ளது. குணமாக்குவதில் அதிக சக்தி உடையதாய் இருக்கிறது. இந்த வடிவத் தன்மையில் அம்மருந்து சளி மற்றும் சூட்டினால் வரும்அனைத்து காய்ச்சல்களையும் நீக்கும். (7 times distilled mercury பச்சை சிங்கம்.) மேலும் அது எல்லா விதமான விஷங்களையும் முறிப்பதில் நிச்சயமான மருந்தாக இருக்கிறது. அது நுரையீரலில் இருந்தும் இதயத்திலிருந்தும் செயல்படுகிறது. அடிபட்டவர்களையும் காயமடைந்தவர்களையும் குணமாக்குகிறது. இரத்தத்தை தூய்மைப்படுத்துகிறது. இதனை ஒரு நாளைக்கு மூன்று வேளை சாப்பிட்டு வர அனைத்து நோய்களையும் சிறப்பாக குணமாக்குகிறது.

அம்மருந்து தன் மூன்றாவது நிலையில் ஆவியாகக் கூடிய மிகவும் லேசான பொருளாகவும் எண்ணெய் வடிவம் கொண்டதாகவும் உள்ளது.

இதனை ஞானிகளின் பாதரசம் எனவும் மெர்க்குறி விடே எனவும் பாதரச உயிர்ச் சத்து எனவும் அமுரி என்றும் சாரநீர் என்றும் பலபல பெயர்களில் குறிப்பர். மேலும் இதன் இலச்சணங்களும் நிறமும் சுவையும் தீர்க்கும் நோய்களைப் பற்றியும் எழுத நிறைய விடயங்கள் உள்ளதால் அடுத்த பதிவில் விரிவாக எழுதுகிறேன்.

கரைதல்

அகர ரகசியம் - பகுதி 12

வெப்பத்தைப்பற்றி

இயற்கையானது உலோகங்கள் வளர்வதற்கும், நிறைவடைவதற்கும் ஒரே ஒரு பொருளையே தனது வேலைக்குப் பயன்படுத்துகிறது. இந்த செய்முறைக்குத் தேவையான அனைத்துமே, இப் பொருளின் உள்ளாக அடங்கி உள்ளது. நமது பொருளுக்கு சிறப்பான தனிப்பட்ட செய்முறை என்று ஏதுமில்லை. விதிவிலக்காக மென்மையான வெப்பத்திலேயே நமது பொருள் ஜீரணிக்கக் கூடியதாகவும், மிகச் சிறந்த உயர்ந்த சரியான வளர்ச்சி அடையும் வரையிலும் இந்த செயல் தொடர்ந்து நடைபெறுவதாகவும் உள்ளது. தந்திரக்கார சித்தர்கள், இந்த எளிய வெப்பப்படுத்தும் செயலுக்கு மாற்றாக, கரைத்தல், உறைதல், சுண்ணமாக்குதல், அழுகுதல், பதங்கமாக்குதல், மற்றும் வேறு அற்புதமான மாறுபாடான செய்முறைகளையும் கூறுகின்றனர். இவ்வாறான மாறுபட்ட பெயர்கள் அனைத்திற்கும் ஒரே அர்த்தம் தான். இந்த எளிய வெப்பப் படுத்தும் செய்முறையில் நமது பொருள் ஆயிரக்கணக்கான மடங்கு பெருக்கமடைகிறது. இந்த செயல் முடிவு பெறும் போது அப்பொருள் கடினமானதாகவும், அழிவுண்டாக்கக் கூடியதாகவும், வலிமையானதாகவும் இருக்கிறது. இதன் மூலம் வெறுப்பு, பொறாமை இல்லாமல் மற்றவர்களை நல்ல நிலைக்கு உயர்த்தலாம். அல்லது கெட்ட வழிக்கும் பயன்படுத்தலாம். ஆனால் இதை கெட்ட வழில் நடத்திச் சென்றால் அவர்கள் கடவுளின் முன் விசாரிக்கப்படுவார்கள்.

நமது பொருளை வெப்பப் படுத்தும் போது அழுகிப் போனால் தான் மாற்றம் உண்டாகும். அந்த மாற்றத்தை எதனுடன் ஒப்பிடுகிறார்கள் என்றால் கோதுமை தானியத்தின் வளர்ச்சியடன் ஒப்பிடப்படுகிறது. கோதுமை தானியத்தின் வளர்ச்சிக்கு மழையும், சூரிய வெளிச்சமும் முக்கியம். இதன் மூலம் இந்த தானியம்

பூமிக்குள் அழிவுக்கு உட்பட்டு பின் வளரத் தொடங்குகிறது. அது போன்றே உலோகங்களும் வளர்கிறது. இந்த செய்முறைக்குத் தான் அழுகுதல், முடிவுறுதல் என்று பெயர். நமது பொருளை திரும்பவும் வெப்பப்படுத்தும் போது, பொருளும் சேர்ந்து பதங்கமாகிறது. இந்த வெப்பப்படுத்தும் செயலின் மூலம் தான் நமது பொருள் பதங்கமாகிறது. மற்றும் பெருக்கமடைகிறது. எனவே இந்தச் செயல், ஒரு சாதாரண மனிதனை தவறான பாதையில் போகச் செய்ய வாய்ப்பை ஏற்படுத்துகிறது. இவ்வாறு வெப்பப்படுத்தும் போது உறைதல் ஏற்படுகிறது. உறைதல் நடக்கும் போது ஈரமானது நெருப்பாக மாற்றம் அடைகிறது. இந்த செயல் நடைபெறும் போது ஆவியாவது தடைபடுவதை நம்மால் உணர முடியும். இதனை எப்படி அழைக்கிறார்கள் என்றால் "சுற்றோட்டம்" என்றும் "இணைதல்" என்றும், "நீரும் நெருப்பும் ஒன்றாகி முழுவதும் எரிந்து போவதில் இருந்து தடை செய்கிறது" எனவும் அழைப்பர். இதைத் தான் பல வகையான பெயர்களால் அழைக்கிறார்கள். அது உண்மையே, ஆனால் அது ஒரே ஒரு எளிமையான வெப்பப்படுத்தும் செய்முறையே ஆகும்.

The only true way. எனும் நூலில் இருந்து.

மாணாக்கனே, இந்த விலைமதிக்க முடியாத கல்லைத் தயாரிக்க விரும்பினால் நீங்கள் எந்த செலவும் செய்ய வேண்டியதில்லை. உங்களுக்கு கிடைப்பது ஓய்வு நேரங்களே. நமக்குத் தேவை பயம் இல்லாத ஒரு சரியான இடம் மட்டுமே. நமது ஒற்றைப் பொருளை பொடியாகக் குறைக்க வேண்டும். மேலும் அதனை, அதன் நீரில் கலக்கவும் வேண்டும். பின் அக்கலவையை நன்கு மூடிய ஒரு குடுவையில் இட்டு, மிதமான வெப்பத்தில் வைக்கவும். இந்த செயலைச் செய்து முடித்த பின் தான் அது செயல்படத் தொடங்குகிறது. இந்த செயல் நடக்கும் போது தான், ஈரம் அழுகுவதற்குத் துணையாக இருக்கிறது.

The Demonstration of Nature. என்ற நூலில் இருந்து.

எனக்குத் தெரியும், இந்த எளிமையான செய்முறையைத்தான் பல சித்தர்களும் அதிக எண்ணிக்கையிலான, குழப்பமான பெயர்களைச் சொல்லி தவறாக வழி நடத்துகின்றனர். இந்த

குழப்பமான பெயரிடும் முறை எதற்கு எனில், உண்மையை முகமூடி போட்டு மறைப்பதற்குத் தானே தவிர வேறில்லை. இந்த செய்முறை எளிதானது. அது சமைப்பது அல்லது கொதிக்க வைப்பது தான்.

A very Brief Tract concerning the philosophical stone. என்ற நூலில் இருந்து.

அப்பொருள் தன்னைத் தானே உறைய வைத்துக் கொள்கிறது. தன்னைத் தானே கரைத்துக் கொள்கிறது. எல்லா வண்ணங்களும் கடந்து செல்கிறது. இந்த நல்ல செயலினால் அதனுள் உள்ள கந்தகமோ, அல்லது நெருப்போ -அதற்கு எதுவும் தேவையில்லை. ஆனால் அது கிளர்ச்சி அடைய வேண்டும். நான் வெளிப்படையாக சொல்வதானால் அது எளிய இயற்கையான சமைத்தல் (வெப்பம்) ஆகும்.

The House of Light என்ற நூலில் இருந்து.

எந்த இடையீட்டாளரும் இல்லாமலேயே, ஒரே கிழங்கில் இருந்து வெள்ளை மற்றும் சிவப்பு அண்டக்கல் உருவாகிறது. அது தன்னைத் தானே கரைத்துக் கொள்கிறது. தானே புணர்ச்சியில் ஈடுபடுகிறது. வெண்மையாக வளர்கிறது. மற்றும் சிவப்பாக வளர்கிறது. வெண்மையும் சிவப்பும் கலந்த நிறமாக உருவாகிறது. மேலும் தானே கருப்பு நிறமாகிறது. தானே திருமணம் செய்து கொள்கிறது. தானே கர்ப்பமாகிறது. இதனால் அது வடிநீராகிறது. நெருப்பில் சுட்டது போல் இருக்கிறது. இணைந்திருக்கிறது. மேலேறுகிறது. கீழிறங்குகிறது. இந்த எல்லா செய்முறைகளும் ஒரே

ஒரு ஒற்றைச் செய்முறை தான். (ஒரே செய்முறை) இவை அனைத்தும் வெப்பத்தினால் மட்டுமே உருவாக்கப்படுகிறது.

The Aurora of the Philosophers............... என்ற நூலில் இருந்து.

நிறைவடையாத பொருளைக் கொண்டு நிறைவான வளர்ச்சியை அடைய- ஒரே இனமான பொருளை மென்மையாக ஜீரணிக்கச் செய்ய- நமது பொருள் தன் முழு நிறைவை அடைகிறது.

The Metamorphosis of Metals என்ற நூலில் இருந்து.

ஒரு விவரம் உங்களுக்குத் தெரிந்திருக்க வேண்டும். இந்த கல்லை அடைய கூறறிவு வேண்டும். ஒரே வழி மட்டுமே உண்டு. மற்றும் ஒரே பாத்திரத்தில் கொதிக்க வைத்தால், அது தனது முழு மேன்மை நிலையை அடைகிறது.

முற்றிலும் மாறுபட்ட நிலையிலும் சித்தர்கள் தந்திரமாக, மறைமுகமான, குழூக்குறியான குறிப்புகளைக் கூறுகின்றனர். அந்த குறிப்புகள் விடுகதை போலவும், புதிர் போலவும், உள்ளீடற்ற சொற்றொடர்களாகவும் கூறுகின்றனர். இறுதியாக, அவர்களது கலை மறைக்கப்படாமல் தொடர்ந்து கொண்டுள்ளது. ஆகவே போற்றுதலுக்குறியதாக இந்த கலை உள்ளது. அவர்களின் அறிவுரை என்னவெனில் கொதிக்கவைப்பது, ஒன்றாக கலப்பது, மற்றும் இணைப்பது, பதங்கமாக்குவது, சுடுவது, அரைப்பது, உறைவது, சமமாக்குவது, அழுகுவது, வெண்மையாக்குவது, சிவப்பாக்குவது இந்த எல்லா செயலுமே ஒரே செயலைக் குறிப்பது தான். இவை அனைத்தும் கொதிக்க வைத்தல் என்ற செயலினால் தான் நடக்கிறது.

ஜீரணித்தல் மீண்டும் ஜீரணித்தல் இப்படி எத்தனை முறை நடந்தாலும் சோர்வு (ஏற்படுவதில்லை) இருப்பதில்லை. கூறறிவு வாய்ந்த கடுமையாக உழைக்கும் கலைஞன் கூட முழுநிறைவை அடைய முடியாது. ஏனெனில் அவன் பதட்டமும், அவசரமும் உள்ளவனாக இருப்பதால் தான். ஆனால் நீண்ட, தொடந்த கொதிக்க வைத்தல், ஜீரணித்தல் இவை இயற்கையில் செய்யப்படும் வேலைகள் ஆகும். இந்த கலைக்கு நாம் கண்டிப்பாக இயற்கையைப் பின்பற்ற வேண்டும்.

நமது கல் ஒரு பொருளில் இருந்து மட்டும் வருவது. மேற்கூறியவாறு, கொதிக்க வைத்தலுடன், ஒரே ஒரு வேலை, ஒரே ஒரு செயலின் மூலம் தான் நமது கல் செய்யப்படுகிறது. அந்த ஒற்றைச் செயலின் மூலம் அல்லது ஜீரணித்தல் மூலம் நமது பொருள் முதலில் கருமை நிறமடைகிறது. வெண்மை நிறமடைகிறது. மூன்றாவதாக சிவப்பு நிறமடைகிறது.

The root of the world என்ற நூலில் இருந்து.

கரைதல், சுண்ணமாதல், நிறம் அடைதல், வெண்மையாதல், புதுப்பித்தல், குளித்தல், கழுவுதல், உறைதல், உறிஞ்சுதல், கொதிக்க வைத்தல், நிலைப்படுத்தல், அரைத்தல், உலர்த்தல், வாலைவடித்தல் இவை அனைத்தும் ஒன்றே. ஒரே வேலைதான். இவை அனைத்தும் எதனைக் குறிப்பிடுகிறது எனில் இயற்கையின் திட்டமிடுதலையே. இந்த செயல் எதுவரை நடக்கிறது எனில் முழு நிறைவை அடையும் வரை தொடர்ந்து நடக்கிறது.

The true book of the learned Greek Abbot synesius. என்ற நூலில் இருந்து.

"துல்லியமான சரியான வெப்பத்தில், மென்மையாக சமைத்தால் நமது பொருள் ஜீரணிக்கும். சமைத்தலுக்கு (சூடுபடுத்தலுக்கு) நமது பொருளை உட்படுத்தினால், மற்ற அனைத்து செயல்களும் இயற்கையாகவே நிகழும்".

மேற்கூறியவாறு, கொதிக்க வைத்தல் என்ற - ஒரு வேலை-ஒரு செயலின்-மூலம் தான் நமது கல் செய்யப்படுகிறது. மற்றும் நமது பொருள் முதலில் கறுப்பாக மாறுகிறது. பிறகு வெண்மையாகிறது. மூன்றாவதாக சிவப்பாகிறது. இது எதன் மூலம் எனில் ஒற்றைச் செயல் எனப்படும் ஜீரணித்தல் மூலம்தான்.

ஒரு பொருளில் இருந்து தான் நமது கல்லை உருவாக்குகிறோம்.

ஒரு பாத்திரத்தில், ஒரு பொருள், அதன் நான்கு தனிமங்கள் சேர்ந்து ஒரே எசன்ஸ் ஆகி, ஒரு செயலின் மூலமாகத் தான், வேலை தொடங்கி பின் நிறைவடைகிறது. அப்பனே, சொல்கிறேன் கேள், நீங்கள் எதுவும் செய்யவேண்டியதில்லை. ஆனால் நாம் அதற்கு சிறிய வெப்பம் மட்டும் கொடுத்தால் போதும். உங்களது அறிவுக்கு ஓய்வு கொடுத்து விடுங்கள். இந்த கலைக்குத் தேவையான அனைத்தும் நமது பொருளில் ஏற்கனவே கொடுக்கப்பட்டுவிட்டது. பரிபூரணத்தில், தொடக்கத்தில், நடுத்தர மற்றும் இறுதியில், முழு மனிதனும், முழு மிருகமும், முழு பூவும் ஒவ்வொன்றும் சரியான விதைகளில் அடங்கியுள்ளது. இப்போது, மனித விதைகளில் அதன் குறிப்பிட்ட விதைகளில் ஒவ்வொரு மனிதனின் தனித்தன்மையும்

அடங்கி உள்ளது. சதை, இரத்தம், தலைமுடி மற்றும் பல. இவ்வாறு, ஒவ்வொரு விதையும் அதன் இனங்களின் அனைத்து தனித்துவமான பண்புகளைக் கொண்டிருக்கிறது. இந்த முழு உலகிலும் மனித விதையிலிருந்து மனிதனும், தாவரத்திலிருந்து தாவரமும், விலங்கிலிருந்து விலங்கும் தோன்றின. இப்போது, எனக்கு தெரியும், விதையானது ஒரு பாத்திரத்தில் இணைக்கப்படும் போது - எந்த பிரச்சனையும் இல்லை அல்லது கையால் வேலை செய்ய வேண்டியதில்லை. அனைத்து வேலைகளும் அமைதியான செயலின் மூலம் படிப்படியாகவும், முழுமையாகவும் முடிக்கப்படுகின்றன. மற்றும் கல்லின் தலைமுறை இதே போன்ற முறையில் முடிக்கப்படுகிறது. குறுகிய காலத்தில் இந்த வேலை முடிவதற்கு தேவையான எல்லாமே - காற்று, தண்ணீர், மற்றும் நெருப்பு ஆகியவற்றை உள்ளடக்கிய-ஒரே ஒரு பொருள் தான் தேவைப்படுகிறது. எந்தவொரு வகையிலும் எந்தவிதமான கைவேலையும் அவசியமில்லை.

மற்றும் உட்புற வெப்பத்தைத் தூண்டுவதற்கு மென்மையான நெருப்பு போதுமானது, கருப்பையில் உள்ள ஒரு கர்ப்பம் இயற்கை வெப்பத்தால் செதுக்கப்படுவது போலவே. நமது பொருளுக்கு ஒரே ஒரு உதவி மட்டுமே தேவை. முதலில் பொருளை தேவையான அளவு தயார்படுத்துதல், அதில் ஏதாவது மூன்றாவது பகுதிப் பொருள் இருந்தால் நீக்குதல் பின் நமது எளிய மண்ணை, ஒரு பாத்திரத்தில் எடுத்து அதனுடைய தண்ணீருடன் இணைத்து, பின் அடைத்து மூடி வைக்கவும். இவ்வாறு, சரியான காற்று புக முடியாத பாத்திரத்தில் பொருளை எடுத்து மென்மையான வெப்பப்படுத்தும் செயலுக்கு உட்படுத்தினால் நமது பொருள் செயல்படத் தொடங்கும்.

A Demonstration of Nature. என்ற நூலில் இருந்து.

இந்த கலை முழுவதற்கும். . ., அல்லது மொத்த வேலைக்கும் தன்னந்தனி வெப்பம் மட்டும் போதும்.

The Aurora of the Philosophers என்ற நூலில் இருந்து.

நமது கலையின் முதல் கொள்கை நெருப்பு ஆகும். இயற்கை தனது வேலையை நடத்த வெப்பத்தையே தூண்டுகோலாக

பயன்படுத்துகிறது. அதனுடைய செயலால் உடல், உயிர்(ஆவி), ஆன்மா வெளிப்படுகிறது. அது தான் மண்ணும், தண்ணீரும் ஆகும்.

The glory of the world. or Table of paradise. என்ற நூலில் இருந்து.

இயற்கையான முட்டையில் மூன்று பொருட்கள் உள்ளன. ஒன்று ஓடு, இரண்டாவது வெள்ளைக்கரு, மூன்றாவது மஞ்சள் கரு. இது போன்று நமது ஞானிக் கல்லிலும் மூன்று பொருட்கள் உள்ளன. ஒன்று கண்ணாடி போன்ற பாத்திரம், வெண்மையான நீர்மம், மூன்றாவது எலுமிச்சை நிற உடல். மற்றும் வெள்ளைக்கருவும், மஞ்சள் கருவும் எளிய வெப்பத்தால் இணைந்து, ஒரு பறவை உருவாகிறது. இந்த பறவை வெளியில் வரும் வரை அந்த ஓடு அதனை பாதுகாக்கிறது. ஆகவே, இந்த வேலை தான் ஞானிக்கல் தயாரித்தலுக்கான வேலையும் ஆகும்.

ஒரு மிதமான அல்லது மென்மையான வெப்பத்தை தொடர்ந்து கொடுத்தால், தூய்மையான மற்றும் துல்லியமான உடலை கண்டிப்பாக (நிச்சயமாக) நீ அடைவாய்.

The root of the world. என்ற நூலில் இருந்து.

நமது வேதியியல் செய்முறைக்கு ஒழுங்கு படுத்தப்பட்ட தீயை கொடுக்கும் போது மிக கவனமாகவும், . பொறுமையாகவும் வெப்பத்தைப் பயன்படுத்திச் சமைக்க வேண்டும். ஏனெனில் பொருளின் சரியான ஜீரணித்தலுக்கு வெப்பமே மிக முக்கியமான ஒன்றாகும்.

The water stone of the wise. என்ற நூலில் இருந்து.

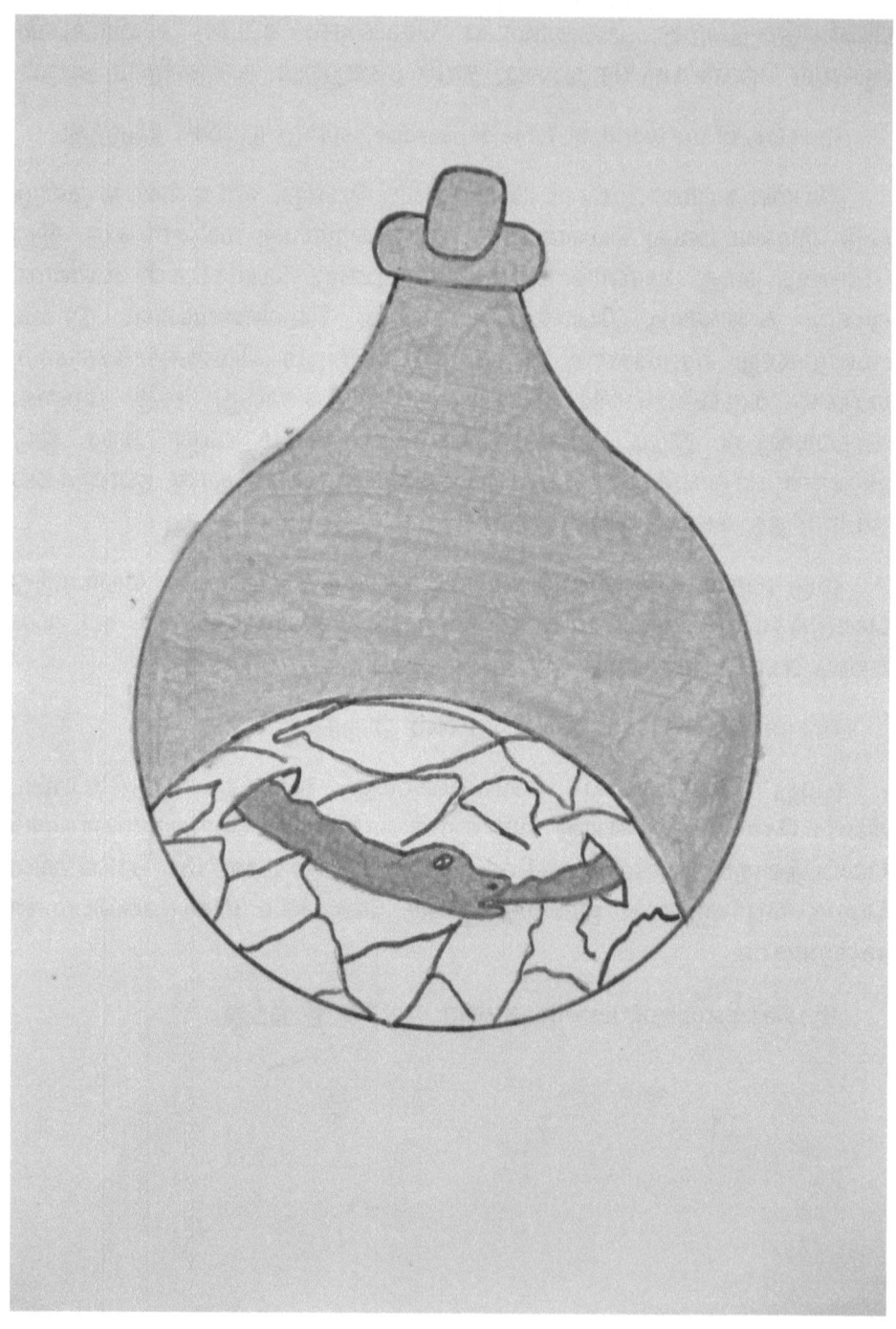

உறைதல்

அகர ரகசியம் - பகுதி 13

மென்மையான வெப்பமே தேவையானது.

பரிபூரணத்திற்கும், நிறைவற்ற நிலைக்கும் இடைப்பட்ட -இடைநிலையில்-நம் தங்கத்தை நீங்கள் தேடுவீர்களேயானால், அதை நீங்கள் கண்டுபிடிப்பீர்கள். நேரடியாக தங்க, வெள்ளிப் பொருட்களில் தேடினால் நமது பொருள் கிடைக்காது. ஆனால் அப்படியில்லாமல் இடைப் பொருளில் தேடினால் நாம் தேடும் பொருள் கிடைக்கும். முதலில் கூறியதை தேர்ந்தெடுத்தால், அதற்கு மென்மையான வெப்பத்தைத் தான் கொடுக்க வேண்டும். இரண்டாவது வழியை தேர்ந்தெடுத்தால், மிகவும் கொடூரமான வெப்பம் தேவையாக இருக்கும். நீ உன் சரியான வழியை அறியாமலிருந்தால், இந்த புதிரான சுற்றுவட்டப் பாதையிலிருந்து எப்படி வெளியேறுவது என்று தெரியாமல் போய்விடும். நீங்கள் நமது தங்கத்தை எடுத்துக் கொண்டாலும், அல்லது பொதுவான தங்கத்தை எடுத்துக்கொண்டாலும் அதற்கு தொடர்ந்த சரியான வெப்பம் அவசியம் தேவை. நீங்கள் நமது தங்கத்தை எடுத்துக் கொண்டால் சில மாதங்களிலேயே நமது வேலை நிறைவடைந்து விடும். நமது தங்கத்தில் இருந்து தயாரிக்கப்படும் அமுதம், பொதுவான தங்கத்திலிருந்து தயாரிப்பதை விடவும் 1000 மடங்கு அதிக மதிப்பு வாய்ந்ததாக இருக்கும். நமது தங்கத்துடன் நாம் வேலை செய்தால் சுண்ணம் ஆக்குவதற்கும், அழுக வைப்பதற்கும், வெண்மையாக்குவதற்கும், மென்மையான உள்ளார்ந்த இயற்கையான வெப்பமே உதவியாக இருக்கும். ஆனால் பொதுவான தங்கத்தை நாம் பயன்படுத்தினால், மூன்றாவது பொருளின் மூலம் தான் வெப்பம் தர வேண்டி இருக்கும். எனவே இப்பொருளை நாம் புத்தம் புதிய தூய பாலுடன் ஒப்பிட முடியும்.

எந்த பொருளாக இருப்பினும், நமது தங்கமோ, அல்லது பொதுவான தங்கமோ, எதுவாயினும் வெப்பத்தின் உதவியால் தான் அனைத்து செயல்களும் நடைபெறும்.

இந்த நிலையில் தொடர்ந்த சரியான வெப்பம் தருவது இன்றியமையாததாக உள்ளது. மேற்படி நிலையில் கடுமையான வெப்பம் கொடுத்தால், பதங்கமாகி மீட்டெடுக்க முடியாத அளவுக்கு பொருள் சிதைந்துவிடும். இந்தப் பொருளை 40 நாள் பகல், 40 நாள் இரவு சிறையில் இருப்பது போல் வைத்து அதற்கு மென்மையான வெப்பத்தை மட்டும் கொடு.

நமது தூய்மையான, சமச்சீரான, ஒரு படித்தான பாதரசம் உள்ளே உள்ள கந்தகத்தினால் -நமது கலையின் மூலம்- மிதமான வெளிப்புற வெப்பத்தின் விளைவால் தானாகவே இணைந்து கர்ப்பமடையும் போது அது பால் கிரீம் போல் ஆகிறது-ஒரு நுட்பமான பூமி தண்ணீரின் மேல் மிதந்து கொண்டுள்ளது. அது சூரியனுடன் இணையும் போது, தான் மட்டும் உறைவதில்லை. மாறாக பலபொருள்கூறு கொண்ட நமது பொருளும் நாளுக்கு நாள் மென்மைத் தன்மையை அடைகிறது. உடல் பெரும்பாலும் கரைந்துவிட்டது. மற்றும் ஆன்மா ஒரு கருப்பு நிறத்துடன் உறையத் தொடங்குகிறது.

தொடக்க நிலையில் நமது பொருள் ஈரப்பதத்துடன் இருக்கிறது. நெருப்பு மிகவும் கோரமாக இருந்தால் நீர்மமானது (தண்ணீர்) வற்றி உலர்ந்து போக ஆரம்பிக்கிறது. மற்றும் இதன் மூலம் நீங்கள் பெறும் பொருள் முழுமை அடைவதற்கு முன்னதாகவே வறண்ட உலர்ந்த காய்ந்த சிவப்பு நிறமான பொருளாக இருக்கும். எனவே இதனால் நமது வாழ்வின் குறிக்கோள் லட்சியம் காற்றில் பறந்து விடுகிறது. மற்றும் நெருப்பு போதுமானதாக இல்லாமல் இருந்தால் பொருளானது முழுமை அடையாமல் போய்விடும். மிகவும் ஆற்றல் மிக்க வெப்பம் பொருளின் உண்மையான ஒன்றிணைவைத் தடுத்துவிடும். இரண்டு உடல்கள் மோதிக் கொள்ளும். ஆனால் இணையாது. உண்மையான ஒன்றிணைவு என்பது தண்ணீரில் மட்டுமே நடக்கும். ஆன்மா அல்லது ஆவி மற்றும் தண்ணீர் மட்டுமே அதனுடைய பொருளுடன் உண்மையாக இணைய

முடியும். இதன் விளைவாக, நம்முடைய சமச்சீரான, ஒருபடித்தான உலோகம் சார்ந்த தண்ணீர் அதனுடைய வேலையை ஒழுங்காகச் செய்ய அனுமதிக்கிறது.

இயற்கையான முறையில் முழுமையான, பரஸ்பரமான உறிஞ்சுதல் நடைபெறும் வரையில் அது உலர்ந்து விடுவதில்லை. முழுமை அடைவதற்கு முன் உலர்தல் ஏற்பட்டால் வாழ்வின் கரு அழிந்து விடுகிறது.

மிகவும் கடூரமான வெப்பம் உங்களது பொருளை கரைக்க முடியாதவாறு செய்துவிடுகிறது. மேலும் சிறு மணிகளாக உருவாகும் செய்கையை தடுத்துவிடுகிறது.

An open entrance to the closed palace of the king என்ற நூலில் இருந்து.

நுட்பமாக இணைந்த பூமி மற்றும் தண்ணீரிலிருந்து, சிறு மூலிகைகளும், பூக்களும், அனைத்து சிறு மரங்களும் உருவாக்கி வைத்துள்ளதே நமக்கு தெளிவாக உணரத் தக்கதாக இருக்கிறது. மேலும், ஒரு மரத்தையோ அல்லது மூலிகையையோ உருவாக்க நினைத்தால், நீங்கள் ஒருபோதும் மண்ணையோ, தண்ணீரையோ எடுத்துக்கொள்ளக் கூடாது. ஆனால் அவைகள் எதிலிருந்து எனில் ஐயத்துக்கிடமின்றி, (இன்னும் சொல்லப் போனால்)எல்லாப் பொருளுக்கும் பெற்றோராக இருக்கக் கூடிய, மற்றும் பூமியின் மையத்தில் உறுதியாக இருக்கும் ஒரு விதை அல்லது ஒரு தலைமுறை (வாரிசு) யைத் தான் எடுத்துக் கொள்ளவேண்டும். ஒரு மரம் அல்லது ஒரு மூலிகை இனம், பூமியின் பரப்புகளில் சரியான நேரத்தில் நுழைந்து, மற்றும் சூரிய ஒளியில் உலா வருவதன் மூலம் நேசத்துக்குரிய அதன் சொந்த இயற்கையில் இருந்தே அதற்கான சத்துணவைப் பெற்றுக் கொள்கிறது.

இதே போல ஒரு முழுமையான உடலில் இருந்து ஒரு விதையை எப்படி எடுக்க வேண்டும் என்பதை சித்தர்களின் தெய்வீக ரசவாதக் கலை நமக்கு போதிக்கிறது. நமது கலையின் மூலம்- எதில் வைத்து தத்துவரீதியிலான மண் உருவாக்கப்படுகிறது எனில் தொடர்ந்த சரியான வெப்பத்தில் தொடச்சியாக சூடுபடுத்துவதால் வெள்ளை, சிவப்பு பொடிகள் கிடைக்கின்றன. இதன் மூலம் கீழ்நிலையில்

உள்ள நமது உடல் இயற்கையின் மேம்பட்ட உடலாக மாற்றம் பெறுகிறது.

நமது பாத்திரத்தில் உள்ளடங்கி உள்ள பொருள் கொதித்து வரும்போது, பாத்திரம் விரிசல் விடும் என்ற அச்சத்தினால், முதலிலிருந்தே வெப்பத்தை எச்சரிக்கையுடன் தரவேண்டும். ஆகவே அந்த ஈரப்பதமானது மாறி மாறி வெண் புகையுடன் சுழற்சியாக மேலெழுகிறது. பின் கீழே உறைகிறது. இது ஒரு மாதத்திற்குத் தொடரும். அல்லது இரண்டு மற்றும் அதற்கும் கூடுதலான மாதங்களுக்குத் தொடரும். பிறகு மற்றொரு டிகிரிக்கு வெப்பம் படிப்படியாக உயர்கிறது. ஆகவே நீராவியானது தொடர்ந்த நீண்ட இடைவெளிகளிலேயே உள்ளடங்குகிறது. மற்றும் குறைந்த அளவே உயர்கிறது. எனவே உங்களுடைய பொருள் தனது இயற்கை சுபாவமான நிலைப்படுதலை கண்டடைகிறது. (ஆவியாகாமல் நிலையாக இருக்கும் நிலையை) அப்போது உருவாகும் சாம்பல் நிறம் அல்லது மற்ற கருநிற நிறபேதங்களும் ஒரு இடைநிலையாகக் கருதப்படும். முழுமையான கருப்பு நிலை என்பது எங்கள் அறுவடையின் முதல் விரும்பத்தக்க நிலையாகும். நமது செயலின் இந்த பகுதியில் மற்ற நிறங்களும் ஆபத்தில்லாமல் கண்காட்சி ஆகலாம். அந்த மற்ற நிறங்கள் தற்காலிகமாக தோன்றி மறைகின்றன. ஆனால் மக்காச்சோளம் போன்ற விரும்பத்தக்க மயக்கும் சிவப்பு நிறம் தொடர்கிறது. நெருப்பானது நமது பொருளை ஆபத்தான கண்ணாடியைப் போல் ஆக்குவதற்கு பொறுமையற்ற நிலையிலிருந்து தொடர்ந்து தூண்டிக் கொண்டிருக்கிறது. அல்லது ஈரப்பதம் போதுமானதாக இல்லாமல் இருக்கும்போது கண்ணாடி போல் நமது பொருள் மாறுகிறது. ஒரு அறிவற்ற கலைஞன் இந்த செயலுக்கு தீர்வாக அவனது பாத்திரத்தைத் திறந்து சரியான அளவு பாதரசத்தை அதனுடன் சேர்த்து முன்போலவே மூடி முத்திரை இடுவான். இந்தக் கலையில் அனுபவமற்ற புதிய மாணவன் அவனது பொருளின் புறத்தோற்றங்களின்படி, அவனது நெருப்பின் ஆட்சியின் மூலம் (ஆட்சி செய்யும் நெருப்பின் மூலம்) தவறான செயல்களைத் தடுக்க வேண்டும். எப்படி எனில் பொறுமையுடனும் தீர்வை வரையறுத்துக் கொண்டும் செயல்பட வேண்டும். வெப்பம் அதிகரிக்கிறது. . . ஈரப்பதம் அதன் மேலாதிக்கத்தை நீண்டகாலமாக

வெளிப்படுத்தினால், தளர்ந்த நிலப்பகுதி மேம்படுகிறது. அப்போது நீராவியானது கருப்பாக வருகிறது. அந்தக் கருப்பு நிறம் சிறிது காலத்திற்கு நீடிக்கும். ஒரு சவ்வு

போன்ற படலம் நமது பொருளின் மீது மிதக்கும். இந்த நிலை அது நிலைப்படுவதற்கான வெளிப்படையான காட்சி அல்லது அதன் இயற்கை பண்பு ஆகும். அதன் மேற்பகுதியில் வெவ்வேறு இடங்களில் இருக்கும் இடைவெளியின் மூலம் சிறைபிடிக்கப்பட்ட நீராவி சில நேரங்களில் கருமேகங்களில் தக்க வைத்துக் கொள்ளப்படுகிறது. ஆனால் அது விரைவாக அழிந்து விடும் அல்லது அந்நிலை மாறிவிடும். அளவில் குறைவாக இருப்பதே அதன் வளர்ச்சியாகும். முழு பொருளும் உருகிய பிசினைப் போன்று தோற்றத்தில் ஒத்திருக்கும். அல்லது புகை நிறைந்த -தரத்தில் குறைந்த- நிலக்கரி போன்று இருக்கும். நமது பொருள்முழு கருப்பு நிறமாகி கண்ணாடி பாத்திரத்தின் அடியில் படிந்திருக்கும். அப்போது நீர்க் குமிழ்கள் வருவது குறைந்து குறைந்து நின்று விடும். இந்த நிலைக்குத்தான் கறுப்பின் கருப்பு, மற்றும் அண்டங் காக்கையின் தலை என்று மேலும் பல பெயர்களால் அழைக்கப்படுகிறது. இதுதான் நமது ரசவாதத் தலைமுறையின் விரும்பத்தக்க நிலையாகக் கருதப் படுகிறது. எதிர்கால வளர்ச்சிக்கு வாய்ப்புள்ள நற்பண்பு கொண்ட புகழ்பெற்ற வெளிப்படுத்துதல் மூலம் நமது விதை முழுமையாக அழுகி இருக்கும் நிலை நீண்ட காலத்துக்கு மிகப் பெரிய முக்கியத்துவம் வாய்ந்ததாக இருக்கும். On the philosophers stone. என்ற நூலில் இருந்து.

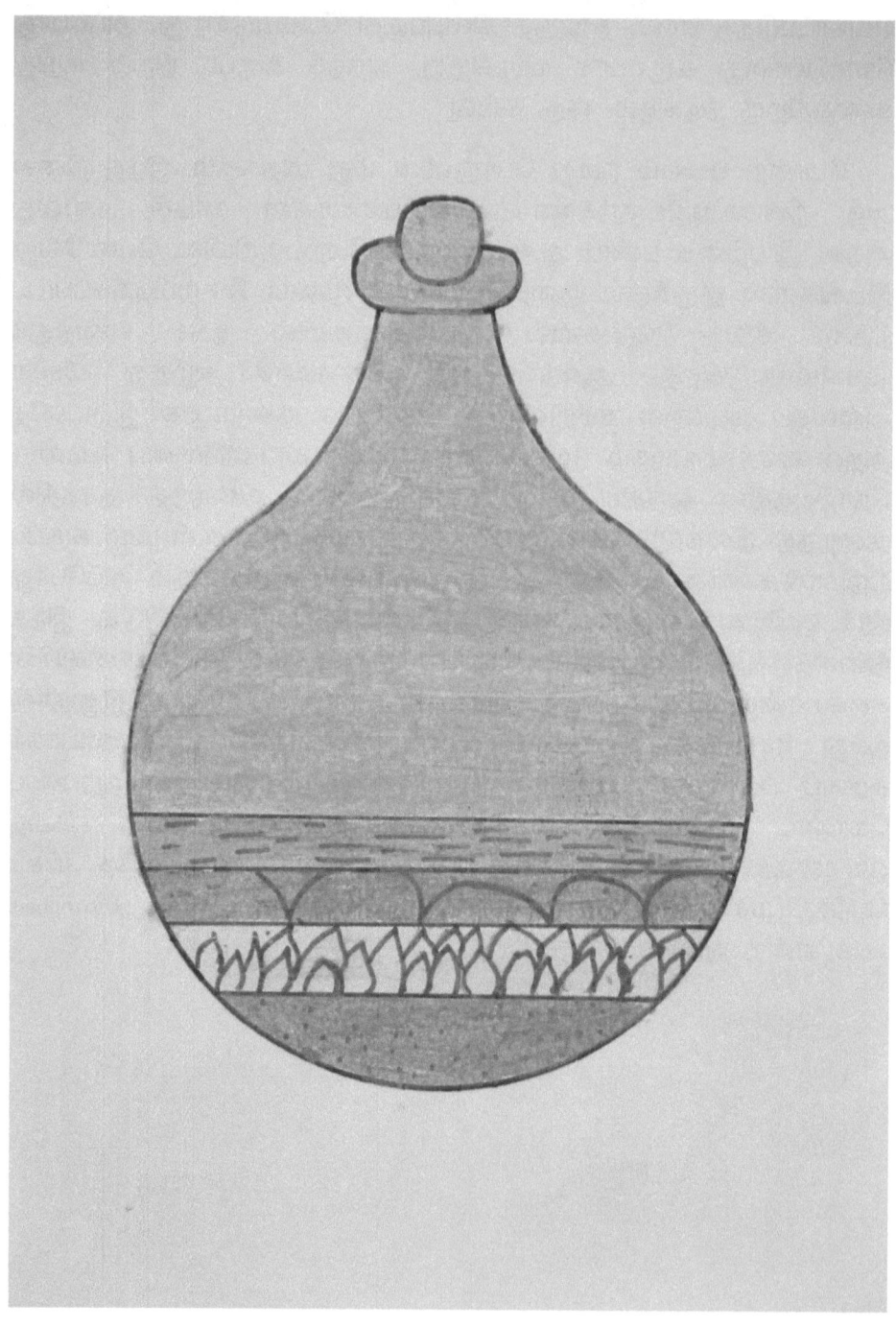

இணைதல்

அகர ரகசியம் - பகுதி 14

ரசவாதம் செய்வது எப்படி?

வள்ளலாரின் வாழ்க்கைச் சம்பவம் மூலம் 'ரசவாதம்' என்பது எல்லோருக்குமானதல்ல. தங்கத்தின் மீதான ஆசை ஒழித்தவருக்கே கை வரும் என்பது புலனாகிறது.

திருமந்திரத்தில் திருமூலரும்,

"செம்பு பொன்னாகும் சிவாய நமவென்னில்
செம்பு பொன்னாகத் திரண்டது சிற்பரம்
செம்பு பொன்னாகும் சிரீயும் கிரீயுமெனச்
செம்பு பொன்னான திருவம் பலமே"

என்கிறார்

இந்தியாவில் மட்டுமல்ல; பழங்காலத்தில் கிரீஸ், சைனா, எகிப்து மற்றும் அரேபியா போன்ற நாடுகளில் இவ்வகை ஆராய்ச்சிகளை மேற்கொண்டு வெற்றிக் கொண்டுள்ளனர் என்பது பழங்கால நூல் குறிப்புக்களிலிருந்து தெரிய வருகிறது. 1403 ஆம் ஆண்டில் இங்கிலாந்தின் ஐந்தாம் ஹென்றி ரசவாதப் பயிற்சியை தடைசெய்தார். அப்பயிற்சிகளை மேற்கொண்டோர் கடுமையாக தண்டிக்கப்பட்டனர். அதேசமயம் இரண்டாம் ருடால்ஃப் 16 ஆம் நூற்றாண்டின் பிற்பகுதியில் பெருவில் உள்ள தன்னுடைய அரண்மனையில் பல்வேறு ரசவாதிகளை வர வழைத்து, அவர்களை சோதனைகள் செய்ய வைத்து, அவர்களது பணிக்காக பல்வேறு பரிசுகளை அளித்து கௌரவித்திருக்கிறார்.

ரசவாதம் என்பது சாதாரண உலோகங்களை மதிப்புமிக்க தங்கமாக மாற்றச்செய்கின்ற ஒரு முயற்சி. ஆனால் அது பல்வேறு

ஆபத்துக்களுக்கு வழிவகுக்கும் என்பதால் உலகெங்கும் அது வெளிப்படையாக நிகழவில்லை.

விஞ்ஞானிகளும் எல்லா பொருட்களும் அணுக்களால் ஆனவை. அந்த அணுக்களின் மூலக் கூறுகளின் அமைப்பை மாற்றியமைப்பதனால் ஒரு பொருளை மற்றொரு பொருளாக மாற்ற முடியும் என்பது உண்மைதான். ஆனால் இரும்பை அந்த முறையில் தங்கமாக மாற்றுதல் சாத்தியமில்லை என்கின்றனர். ஆனால் பாதரசம், காரீயம், பிளாட்டினம், வெள்ளி ஆகியவற்றின் அணுத் தொகுப்பை, மூலக்கூறு அணுவை, அணுச் சிதைவு மூலம் மாற்றியமைத்துத் தங்கமாக்கலாம் என்ற ஒரு கருத்து கூறப்படுகிறது. ஆனால் அவை சாத்தியமில்லை. அவ்வாறு தங்கம் செய்வதற்கு பல ஆண்டுகால மனித உழைப்பு விரயமாவதுடன், பலகோடி டாலர்கள் செலவிட வேண்டிவரும் என்றும் விஞ்ஞானிகள் கூறுகின்றனர்.

அக்காலத்தில் பாதரசம் இந்தச் செயல்பாட்டில் மிக முக்கிய பங்கு வகித்ததாலேயே இக்கலையை தமிழில் 'ரசவாதம்' என்று அழைத்தனர். நீர்ம வடிவத்தில் இருக்கும் பாதரசத்தை திடப்பொருளாக்கும் கலையிலும் அக்காலச் சித்தர்கள் தேர்ச்சி பெற்றிருந்தனர். அவற்றை லிங்க உருவாக்கி வழிபட்டனர். பல ஆலயங்களிலும் மக்கள் வழிபாட்டிற்காக ஸ்தாபித்தனர்.

இரும்பை முதலில் செம்பாக மாற்றுதல். பின்னர் செம்பை தங்கமாக மாற்றுதல் என்று இருகூறுகளை உடையதாக ரசவாதக் கலைப் பயிற்சிகள் அக்காலத்தில் இருந்ததாகத் தெரிகிறது.

வெள்ளியை தங்கமாக மாற்றும் முறைகளையும் ஆய்வு செய்திருந்தனர். ஆனால் அதற்கான வழிமுறைகளை அவர்கள் ரகசியமாகவே வைத்திருந்தனர். சித்தர்களின் பழங்கால ஓலைச்சுவடிகளிலும், பழங்கால வேதங்களிலும் ரசவாதம் பற்றிய குறிப்புகள் காணக் கிடைக்கின்றன.

இந்த ஆற்றல்கள் பெற்ற சித்தர்கள் பல வகையான பயிற்சி முறைகளை மேற்கொண்டு வெற்றி பெற்றனர். அவர்களில் சிலர் செம்பைப் பொன்னாக்கினர். சிலர் பாதரசத்தையும், வேறு சிலர்

காரீயத்தையும் பொன்னாக்கினர். சிலர் மூலிகைச் சாறுகளையும் பயன்படுத்தினர். வேறு சிலரோ மந்திரங்களைப் பயன்படுத்தினர்.

இந்த ரகசியமான ரசவாத ஆய்வுகள் இன்னமும் ரகசியமாகத் தொடர்ந்து கொண்டுதான் இருக்கின்றன.

இதற்கு அடிப்படைத் தேவை உயிர்கள் மேல் அன்பு, கொல்லாமை என்னும் விரதம் ஆகியவை அடிப்படை அவசியத் தேவைகளாகும். மேலும் பஞ்சமகா பாதகங்களை நீக்கி தர்மத்தின் வழியில் வாழ்தல் என்பவையே ரசவாத வெற்றிக்கு அடிகோலும்.

நமது பொருள் முழு நிறைவை அடைய நீண்ட நாள் பிடிக்கும். சில மாணவர்களுக்கு இயற்கையாகவே விடா முயற்சி என்ற பரிசு இருக்கும். அவர்கள் தங்கள் வேலையில் தீவிர முயற்சியில் இருப்பர். ஆனால் அந்த வேலை நீண்ட நாள் எடுக்கும். அவர்கள் இயற்கையாகவே வன்முறை செய்ய விரும்புகிறார்கள். அவர்கள் தங்கள் குறிக்கோளை அடைய இயற்கைக்கு மாறாக செயல்பட நினைக்கிறார்கள். அந்த வேலையானது அவர்கள் உற்சாகத்துடனும், அவசரமாகவும் அடைய விரும்புவதால் அவர்களின் வேலையானது வைக்கோலில் தீ பிடிப்பது போன்றதாகும். ஆறுமாத காலத்தின் இறுதியில் அவர்களது முயற்சியானது தோல்வியடைந்து விடும்பின் ஒரு வார காலத்தில் அவர்களது மனதில் மாற்றம் வரும். சிலருக்கு இருபத்து நான்கு மணி நேரத்தில் மாற்றம் ஏற்படும். ஒரு சிலர் இந்த கலையை ஒரு மாதத்திற்கு ஆர்வத்துடன் செய்வர். ஒரு மாத இறுதியில் எதுவும் அவர்களுக்கு கிடைத்திராது. அத்தகைய நபர்களுக்காக நமது கலையைப் படித்து நமது நேரத்தை வீணடிப்பதை விட நம் கைகளைக் கட்டி வைத்துக் கொள்வது நல்லது. இந்த பட்டாம் பூச்சிகள் எங்கு வேண்டுமானாலும் பறக்கட்டும். ஆனால் இந்த வேலைக்கு உங்கள் கைகளை வைக்கும் முன்னர் நாங்கள் சொல்வது பற்றிய உண்மைகளை உங்கள் இதயங்களில் கற்றுக் கொள்ளுங்கள்.

"நான் எதைப் பற்றிப் பேசுகிறேன் என்றால், திரும்பத் திரும்ப நடைபெறும் படைத்தலைப் பற்றியே பேசுகிறேன். என்னவெனில் பரிபாசைப் பொருள் விளக்கம் பழக்கமான உதாரணங்களை, செய்முறையை இயற்கையை பின்பற்றிச் செய்துள்ளனர்.

எல்லோரும் கூறுவது ஒரே எடுத்துக் காட்டுதான். அதேபோல் ஒரே செய்முறையைத் தான் எல்லோரும் செய்தனர். அதனால் தான் பெரிய உலகம் உருவானது. நான் முன்பு கூறியது போல அது நீர், அல்லது ஈரமான இயற்கை. ஹெர்மஸ் கூறுவது போல், முன்பு மோசஸ் கூறியது போல் கடவுளின் ஆன்மா நகர்கிறது. இது தான் எல்லா பொருள்களின் கொள்கையாகும். இங்கு என்ன கேள்வி எனில், எப்படி அந்த பெரிய அளவிலான, குழப்பமான தண்ணீர் இரண்டாக பிரிகிறது.

இந்த கேள்விக்குப் பதில் நான் கற்றுக் கொண்டதை வைத்துக் கூறுகிறேன். உண்மையான தண்ணீரில், நடுநிலையான தண்ணீர் பிரிகிறது. அப்படி பிரியும் போது, நிலையான தண்ணீரில் படிவுகள் இருக்கும். மோசசை பின்பற்றியதில் அவர் கூறியதாவது, கடவுள் நீரில் இருந்து நீரைப் பிரிக்கிறார். அதில் இருவகை நீர்கள் உள்ளன. அதில் ஒன்று அறிவு சார்ந்த நீர்.

மற்றும் <u>உயர்ந்த</u> மற்றும் <u>உறைந்த</u> நீர்கள் ஆகும். அறிவு சார்ந்த நீரானது தன்னை ஆவியாக உயர்த்திக் கொள்ளும். இரண்டாவது நீர் கீழேயே படிந்துவிடுகிறது". —combachius, lodovicus. Sal, Lumen & spiritus, Mundi philosophici. 1656 AD.

பல மாணவர்களும் இந்த தவறான பொருள்களையே தேர்ந்தெடுக்கின்றனர். அவை போரோக்ஸ் அல்லது அலுமினியம் அல்லது மை, அல்லது துருசு, அல்லது ஆர்சனிக் அல்லது விதைகள் அல்லது தாவரங்கள் அல்லது ஒயின், வினிகர், சிறுநீர், முடி, இரத்தம், பசை, பிசின் போன்றவை; அல்லது அவர்கள் ஒரு தவறான முறையைத் தேர்ந்தெடுத்து, செயல்படுகின்றனர். உலோக உடல்களைக் கசிவு செய்வதற்குப் பதிலாகக் கட்டுப்படுத்துகின்றனர்.

பிலாலெத்ஸால் ஆற்றிய வானியல் ரூபி ஒரு சுருக்கமான வழிகாட்டி, கிபி 1694 Philosopher's Stone மற்றும் அதன் கிராண்ட் ஆர்க்கானம் பற்றி,

நீ கடவுளின் கருணையால் மட்டுமே தத்துவவாதிகளின் கல்லைப் பெறமுடியும். அப்படியானால், அது காய்கறிகளிலோ அல்லது விலங்குகளிலோ இல்லை, கந்தகம், பாதரசம் மற்றும்

கனிமங்களில் இல்லை; துருசு, படிகாரம் மற்றும் உப்புக்களில் மதிப்பு இல்லை; தகரம், இரும்பு மற்றும் செம்பில் இலாபம் எதுவும் இல்லை; வெள்ளி மற்றும் தங்கம் எந்தவொரு திறமையும் இல்லை. குழப்பமான பொருளில் இருந்து தான் அனைத்தையும் சாதிப்பார்கள். இது மூடியிருக்கிறது, உப்பு பிறகு இணைக்கப்படுகிறது. நான் சந்திரன் மற்றும் சூரியனை மரம் என்பேன். நான் அதை தேன் மலர் என்று அழைக்கிறேன். மலர் மற்றும் தேன் கந்தகம் மற்றும் பாதரசம் ஆகும். அனைத்து உலோகங்களுக்கும் வெண்மையான விதை உண்டு. தண்ணீர் ஆவியாகும், பூமி நிலையானது; மற்றொன்று இல்லாமல் ஒன்றும் செய்யமுடியாது.

முப்புவை எதற்கு ஒப்புமைபடுத்தி புரிந்து கொள்வது.

அவ்வாறு ஒப்பிட்டு விளக்குவது நூறு சதவீதம் சரியாக அமையுமா?

இதற்கான எனது பதில் எதனோடும் ஒப்பிட்டு முப்புவை எளிதில் விளங்கிக் கொள்ள இயலாது.

ஒவ்வொன்றும் ஒவ்வொரு வகையில் விளக்கலாம். ஆனால் அந்த விளக்கம் முழுமையானதாய் இருக்க இயலாது. ஏனெனில் முப்புவுடன் ஒப்பிடத் தக்க பொருள் ஏதும் இவ்வுலகில் இல்லை. ஆகவே அது அனைத்துப் பொருளுடனும் ஒப்பிடப்படுகிறது. அதற்கு நிகர் அதுவே. நீங்கள் புரிந்துகொண்டிருக்கும் விளக்கங்கள் புள்ளி ஒரு சதவீதம் மட்டுமே. விளக்கங்களும் பரிபாசையாகவே உள்ளதால் புரிந்துகொள்வதில் தவறுகள் சகஜமே. ஆனால் நிறையபடித்துவிட்டோம் என்று சிலர் முகநூலில் செய்யும் அலப்பறை சகிக்கமுடியவில்லை. மகான் கருணாகர சாமிகளும், அவர் தம் சீடர்களில் ஒருவரான ஜட்ஜ் வி. பலராமய்யா அவர்களின் நூல்களுமே நமக்கு முப்புவை பற்றி விளக்கம் கூறுவதிலும், மெய்ப்பொருளை உணர்ந்து உறுதிப்படுத்துவதிலும், செய்முறையை வெளிப்படுத்துவதில் பேரளவிற்கு உறுதுணையாகவும் நமக்கு பயன்படுகிறது என்று சொன்னால் அது மிகையாகாது அல்லவா?

மகான் கருணாகர சாமிகளின் நூலின் உதவியால் தான் தமிழகம் முழுவதும் இந்த கலை மீண்டும் புத்துயிர் பெற்றது. மேலும்

எல்லா சமயங்களும் ஓம் என்ற பிரணவத்தையே அடிப்படையாகக் கொண்டுள்ளது என்பதும், எல்லா சமயங்களிலும் சித்தர்கள், இரசவாதிகள் தோன்றி உள்ளனர் என்ற விவரங்கள் தெரிந்தது. பாரசெல்சஸ் போன்ற மகா ஞானிகளைப் பற்றி தெரிந்து மேலும் பல நூல்களை படிக்க உதவியாக இருந்தார் என அவர்களைப் பற்றி மேலும் கூறிக் கொண்டே செல்லலாம். உண்மை இப்படி இருக்க ஒரு சில நேற்று பெய்த மழையில் இன்று முளைத்த காளான்கள் ஆலமரத்தை பார்த்து சிரித்த கதையாக, இவர்களின் நூலை படித்துவிட்டு நான் சித்தர்களின் நூலை மட்டுமே படிப்பேன் என்றும், இவர்களுக்கு ஒன்றுமே தெரியாது என்றும், தேங்காயை ஆய்வு செய்தவர்கள் என்றும் முகநூலில் வாய் வீரம் பேசி திரிகிறார்கள்.

ஆனால் உண்மையில் உண்மையாகவே ஞானத் தேடல் உள்ளவர்களுக்கு எளிதில் புரியும் வண்ணமே சாமிகள் நூல்களும், பலராமையா அவர்களின் நூல்களும், சித்தர்களின் நூல்களும் உள்ளன. நீங்கள் பெரிதாக எதிர்பார்த்துத் தேடுகிறீர்கள். ஆனால் உண்மையோ எளிதானதாக உள்ளது. ஆகவே புரிந்துகொள்ள கடினமாக இருக்கிறது. சாமிகளும், பலராமையா அவர்களும் நமக்கு கிடைத்தது தமிழ் கூறும் நல்லுலகமும், நம் தமிழ் சித்த மருத்துவர்களுக்கும் கிடைத்த வரம்.

இந்த வரத்தை பழிப்பதும், தவறாக புரிந்து கொண்டு தூற்றுவதும் யானை தன் தலையில் தானே மண்ணை வாரி போட்டுக் கொண்டதற்கு ஒப்பாகும்.

வேதியியல் அறிவோ, இயற்பியல் அறிவோ அணுவைப் பற்றிய அறிவோ இக் கலைக்கு எவ்வகையிலும் பயன்படாது. மேலும் எவ்வளவு அறிவு இருந்தாலும் அதனால் பயன் ஏதும் இல்லை. விட்டகுறை தொட்ட குறை இருந்தால் முட்டாளுக்கும் இது எளிதில் சுலபமாக புரிந்து விடும். ஆகவே படித்து பட்டம் பெற்ற மேதாவிகளே உங்கள் மமதையையும், ஆணவத்தையும், பொருளாசையையும் விட்டுவிட்டு சித்தர்களின் பாதங்களை சரணடையுங்கள்.

பெரும்பாலானவர்கள் நினைப்பது போல மெய்ப் பொருளில் இருந்து விந்துவையும், நாதத்தையும் பிரித்துச் சேர்த்தால் முப்பு முடிந்து விடும் என்பது நடக்காத காரியம். மெய்ப்பொருளில்

இருந்து நாம் அகர, உகரத்தை பிரிக்கக் கூடாது. அவ்வாறு பிரித்து எடுத்தால் மெய்ப்பொருளானது தனது உயிரை இழந்துவிடும். அகர உகரங்களை ஒன்றை இன்னொன்றாக மாற்ற மட்டுமே வேண்டும். இதனை பிரிக்கும் நுட்பத்தை அறிந்தவள் இயற்கை அன்னை மட்டுமே. அவளே விந்துவை நாதமாக மாற்றுவாள். நாதத்தை விந்துவாக மாற்றுவாள். அவளே அவைகளை இணைப்பதற்கான விகிதாச்சாரங்களை அறிந்தவள். அவைகளை பிரித்துச் சேர்க்கும் அறிவு நமக்குக் கிடையாது.

அவ்வாறு பிரித்துச் சேர்ப்பது என்பது கைகளால் செய்யும் வேலைகள் அல்ல.

அப்படிக் கூறுவது (பிரித்துச் சேர்த்தால் முப்பு முடிந்தது என்பது) பரிபாசை என்றுணர்க.

புற அமுதம் பிரபஞ்ச சக்திகள் முழுவதும் அடங்கிய வஸ்து ஒன்று இவ்வுலகில் இருப்பதாக ஞானிகள் கூறுகின்றனர் இதையே அண்டம் orpicegg என்கின்றனர் இப்பொருளாகிய அண்டம் ஞானிகளால் பரிபாஷை கரவு மொழியால் மறைக்கப்பட்டுள்ளது இவ்வண்டப் பொருளைக் கொண்டு அமுரி என்ற புறஅமுதம் தயாரிக்கின்றனர் இதை alkahest என்றும் water of life என்றும் அழைக்கின்றனர் ஞானிகளின் பாதரசம் ஆகிய இப்புற அமுதம் உடலின் ஆறு ஆதாரங்களையும் தொண்ணூற்றாறு தத்துவங்களையும் கசடு நீங்கி சுத்த தேகம் ஆக்குவதாக ஞானிகள் பகர்கின்ரனர் இக்தே அமுரி எனப்படுகிறது இந்த அமுரியாகிய புறஅமுதம் துணையின்றி இரசவாதம் சித்தி ஆகாது

நமது மெய்ப்பொருள் பூமியை ஒப்பிடத் தக்கதாக உள்ளது. பூமிப்பொருளில் அல்லது பூமியில் நீரும் நிலமும் இரண்டாக இருந்தாலும், இரண்டும் சேர்ந்து பூமி என்ற ஒரே பொருளாக உள்ளது. அப்படிப்பட்ட ஒரு சிறந்த பாத்திரமாக உள்ளது பூமி. ஏனெனில் அந்த பாத்திரத்திற்குள்ளிருந்து நீரானது ஆவியாகி போய்விடாமல் பூமியிலேயே இருக்கிறது. ஈர்ப்பு விசையை உடைத்துக் கொண்டு நீராவி வெளியேருவதில்லை. அப்படிப்பட்ட சிறந்த பாத்திரமாக இருக்கும் பொருளை ஒரு பூமி வடிவ பாத்திரத்தில் எடுக்க வேண்டும். அப்போதுதான் அது சரியாக வரும். பூமி பாத்திரம்

எப்போதும் வெப்பத்தால் ஒருபோதும் உடைந்து போவதில்லை அல்லவா. ஆகவே நமது செய்முறை இயற்கையை பின்பற்றுவதாக இருக்க வேண்டும். பூமியிலிருந்து, ஒருபோதும் நீரோ, நிலமோ பூமிக்கு வெளியே எடுக்கப்படுவதில்லை. பூமிக்கு உள்ளேயே வாலை வடிக்கப்படுகிறது. அதனால் மண் போஷிக்கப்படுகிறது. அதனாலேயே விதைகள் பெருக்கமடைகின்றன. இந்த இயற்கை விதியையே நாமும் பின்பற்ற வேண்டும். இல்லை எனில் தவறான பாதையில் சென்றுவிடுவோம்.

பூமிக்கு வெளியே இருந்து பார்த்தால் அது ஒன்றாகவும், பூமிக்கு உள்ளே (வந்து) பார்த்தால் நீரும், நிலமுமாக இரண்டாக உள்ளது புரியும். அது போல்தான் முட்டையும் வெளியே பார்க்க ஒரு பொருளானாலும் உள்ளே இரண்டாக உள்ளது காண்க. இந்த இரண்டையும் பிரித்து பின் சேர்ப்பதே செய்முறை என்பதை புரிந்துகொள்ளுங்கள். ஆகவே பூமியைப் போன்ற வட்ட வடிவமான அந்த அண்டக்கல்லைத் தேடுங்கள்.

அண்டம் என்பது ஒன்றல்ல. அதாவது இறைவன் எப்போதும் இரண்டாக இருக்கிறார். ஆண்பெண்ணாக. அல்லது பாசிட்டிவ் நெகட்டிவ் எனர்ஜியாக. ஒன்று உப்பு மற்றது அப்பு. இதில் அப்பு வோலடைல் ஆவியாகக் கூடியது. உப்பு நிலையானது. உப்பானது மண் பூதமும் நீர் பூதமும் இணைந்தது. அப்பு காற்றும் நெருப்பும் சேர்ந்தது. உப்பு வானது நீரும் மண்ணும் சேர்வதால் உண்டவது. பாதரசம் எனும் அமுரி தண்ணீரும் காற்றும் இணைவதால் உண்டாவது. கந்தகம் எனும் நாதம்(அண்டக்கல், முப்பு) காற்றும் நெருப்பும் இணைவதால் உண்டாகிறது. அதாவது முதலில் தண்ணீராக உள்ளது பிறகு செய்முறையில் திடப்பொருளாக, அண்டக் கல்லாக மாறுகிறது. திடப்பொருளாக, உப்பாக இருப்பது பிறகு செய்முறையில் நீராக, பாதரசமாக மாறுகிறது. திடப்பொருள் திரவப்பொருளாகவும், திரவப்பொருள் திடப்பொருளாகவும் தலைகீழாக மாறுகிறது. அதாவது சிவம் சக்தியாகவும், சக்தி சிவமாகவும் அல்லது ஆண் பெண்ணாகவும், பெண் ஆணாகவும் பாசிட்டிவ் நெகடிவ் ஆகவும், நெகட்டிவ் பாசிட்டிவ் ஆகவும், பாதரசம் கந்தகமாகவும், கந்தகம் பாதரசமாகவும் மாறுகிறது. இறுதியில் கீழுள்ள படத்தில் இல்லாத ஒரு விவரமும் தருகிறேன் என்னவெனில் ரசமும் கந்தியும்

ஓம் என்ற பிரணவம்
தெய்வீக மண்
தெய்வீக கடல்நீர்
நிலையானது
ஆவியாகக்கூடியது
பூமி
நீர்
காற்று
நெருப்பு
உப்பு
பாதரசம்
கந்தகம்

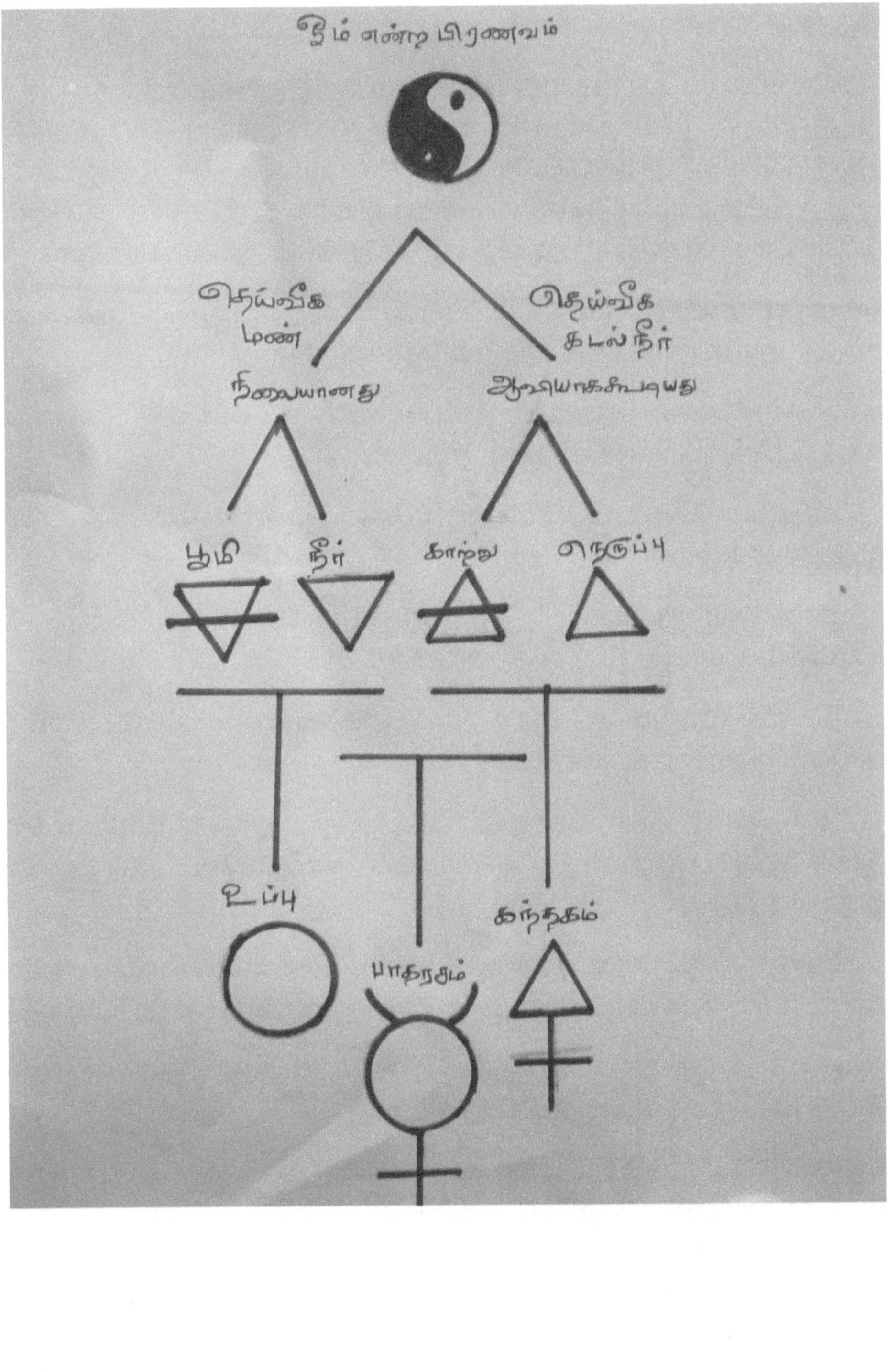

உப்பும் இணைவதால் நாதவிந்து பொருளாகிய மகரம் கிடைக்கும். மீண்டும் ஆரம்பநிலை. ஆனால் முதல் பொருள்அழியக்கூடியது. இறுதிப்பொருள் அழியாதது. நெருப்பிற்கு ஜெயிக்கும்.

பிரைமா மெட்டீரியா கருப்பும் வெள்ளையும் கலந்து இருந்தாலும் தனித்தனியாக உள்ளதை கவனியுங்கள். ஆனால் இறுதிப் பொருள் இரண்டும் கலந்து பிரிக்க முடியாதவாறு இருக்கும். முதல் பொருளில் இரண்டும் தனித்தனியாக இருப்பதால் எளிதில் பிரிக்கலாம். ஆகவே இரண்டிற்கும் ஒரே பெயர் வைத்துள்ளனர்.

முப்பூ என்பது மூன்று உப்புக்கள் சேர்ந்த கலவை என்பதை எல்லா ஆய்வாளர்களும் ஒத்துக் கொண்டுள்ளனர்.

ஆனால் அவை எந்த மூன்று உப்புக்களின் கலவை என்பதில்தான் கருத்து வேறுபாடுகள் மற்றும் குழப்பங்கள்.

கறியுப்பு, வெடியுப்பு, இந்துப்பு என்கிற மூன்றின் கலவை தான் முப்பூ என்கின்றனர் ஒரு சாரார்.

இல்லவே இல்லை! பூநீர், இந்துப்பு, வெடியுப்பு இவற்றின் கலவையே முப்பூ, இது ஒரு பிரிவினர். .

நீர், நெருப்பு, காற்று இந்த மூன்று பூதங்களின் கூட்டே முப்பூ என்றும் சிலர் வாதிடுகின்றனர்.

ஆக முப்பூ வில் சேர்க்கப் பட்டிருக்கும் மூன்று பொருட்கள் இன்னதென அறுதியிட்டு கூறுவதில் நிறையவே குழப்பங்கள் இருக்கின்றது.

இவை பெரும்பாலும் மறைமொழியில் சொல்லப் பட்டிருப்பதால் ஆய்வாளர்கள் ஆளுக்கொரு கருத்தினை முன் வைக்க நேரிடுகிறது.

எனது ஆர்கானா கட்டுரையில் இது பற்றி நான் தெளிவாகவும், வெளிப்படையாகவும் எழுதியிருக்கிறேன்.

முப்பூவின் உண்மையான மூலப் பொருள் இதுதான் என்பதை வெளிப்படையாக சித்தர் நூல்களில் கூறப்பட்டிருந்தாலும் குருவருள் சித்திக்கப் பெற்றவர்களுக்கு மட்டுமே இவற்றை அறியும் ஞானம் கிடைக்கும் என்கின்றனர்.

அகர ரகசியம் - பகுதி 15

திருவள்ளுவர் ஒரு சித்தர் என்ற நூலில் இருந்து..... Dr. kuppusamy siddha.

உலகம் எதில் தோன்றியதோ அதிலேயே ஒடுங்கும். ஆதியை முதலாகக் கொண்ட உலகம் ஆதியிலேயே ஒடுங்கும்.

கற்றதனாலாய பயனென் கொல் வாலறிவன்
நற்றாள் தொழார் எனின்

வாலறிவன் என்பது சித்தர்களுக்கே உரிய சொல். (பரிபாசை)
ஞானம் - அம்பிகை = ஞானாம்பிகை.

வாலை - அம்பிகை = வாலாம்பிகை.
அதுபோல்,

வாலை - அறிவன் = வாலறிவன்

இது ஆண்பால் சொல்.
வாலாம்பிகை - நாதம், பெண்.

வாலறிவன் - விந்து, ஆண்.

இதன் மூலம் ஞான சித்தி பெற்று அகஒளி கண்ணில் அறிய இயலும்.

ஆகவே உண்மை அறிவு வாலையால் பெறப்படுவதால் வாலறிவன் என்று கூறப்பட்டுள்ளது.

வாலறிவன்-இறைவன் இருகால். விந்து நாதம்.

அதனை ரவி மதி என்பர். ரவி-சூரியன். ஆண்.
மதி-சந்திரன். பெண்.

இருளில் இருபாதம். அதனை அறிந்து உண்டால் ஞானம் சித்தியாகும்.

அறிவைக் காண உதவும் பொருள் அறிவு சொரூபமானது. விளக்கு ஒளியில் பொருளை அறியலாம். இருட்டு பொருளைக் காட்டாது போல் இதுவும்.

கொண்டலிலே குடியிருந்து சில நாட் சென்று. . . .

-அகத்தியர்.

கொண்டல் எனில் மேகம்.
காரில்லா மாரி உண்டோ

-திருவள்ளுவர்.

மேகம் மழைநீர். மழைநீர் தான் பொருளா எனில் அதுவும் அல்ல. குறிப்பால் உணர்த்துவது அது. சித்தர்கள் கூறியது உண்மை.

உலக மாந்தர் அறிந்ததைக் கூறி மறைத்து விட்டனர். பல ஆயிரம் ஆண்டுகள் சித்த மருத்துவர் இச் சொற்களை அறிந்தும் உண்மை அறிந்தவர் மிகச் சிலரே எனலாம்.

உலகம் அறிந்த, அவர்களிடை உள்ள #உண்ணும் #ஒரு #பொருளை அவர்களையே அறியாமல் செய்ததே அவர்கள் சித்தர் என்ற பெருமைக்குச் சான்று.

வணங்குதல் என்பது சேர்ப்பது, உண்பது ஆகும். மருத்துவத்தில் 'குப்பி குலுக்கி சேவித்தல்' எனில் மருந்தை கலக்கி உண்ணுதல் என்று பொருள். இது போல் சித்தர் நூல்களில் செபித்தல் வணங்குதல் என்பன மேற்குறித்த பொருளைக் காட்டும்.

"மலர்மிசை ஏகினான் மானடி சேர்ந்தார்
நிலமிசை நீடு வாழ்வார்,"

நீடுவாழ்வர் என்ற கொள்கை சித்தர்களுக்கே உரியது. மரணம் என்பது இறைவன் செயல். அது விதி என்று பொதுவாக கூறினாலும் இதனை சித்தர் குறிப்பாக மறுப்பர். இது சாகாக் கல்வி. சாகா மருந்து. சித்தர்களுக்கு உரியது.

"இந்திரியமாமமுரி இருதயத்திலுமிருக்க,"

-திருவள்ளுவர்.

இருதயத்தில் இருப்பது ரத்தம். அது உயிருடன் இருக்கச் செய்வது. எனவே காக்கும் கடவுள் எனப்பட்டார்.

இந்திரியம், அமுரி என்பன வெள்ளை நிறம். இருதயத்தில் அது சிவப்பு. ஒன்று மற்றதாக மாறும். சித்தர் குறிக்கும் இரத்தம் வெண்மையாக உள்ளது.

ஒரு இடம் ஒரு பொருள் என்பது குறிப்பு. இதயம் என்பது அதனைக் குறிப்பால் உணர்த்தும். அவர்கள் சொன்னதை நேர் பொருளாகக் கொண்டால் கொலை தான் செய்யனும். அது உண்மையல்ல. அந்த உண்மைப் பொருளை அறிந்தால் அவன் நீடு வாழ்வான்.

"உப்பு மயம் அப்பு மயம்
ஓகோகோ திருமாலின் மயம் இப்புவி எலாம் செனித்த
இந்திரிய வாழ்க்கை மயம்."

"உப்பு மயம் அப்பு மயம்
நாத விந்து மயம்""

-ஞானவெட்டி.

உப்பு, அப்பு, நாதம், விந்து எல்லாம் ஒரே பொருளைக் குறிப்பது. பாற்கடலில் விஷ்ணு உள்ளார். அக்கடல் வெண்மை. நாம் தாய்ப்பால், ஆட்டுப்பால்,

மாட்டுப்பால் குடிக்கிறோம். அதுவே இதயத்தில் ரத்தமாக ஓடுகிறது.

மாலான அப்பு
மால் தேவி உப்பு

இதய நோய்க்கு செம்பருத்திப்பூ மருந்தாகிறது. அதே போல் மான் கொம்பிலும் அம்மருந்து உள்ளது. நோய் ஒன்று மருந்து பலரூபம்.

ஆனால் ஒரே குணம். அது போன்று பிறவிப்பிணி ஒன்று அதை நீக்க மருந்து ஒன்று. அதைக் குறிப்பிட பல சொற்கள்.

"விருந்து புறத்ததாத் தானுண்டல் சாவா
மருந்தெனினும் வேண்டற் பாற்றன்று"

சாவா மருந்து என்பது சித்தர் சொல். இது நடைமுறையில் புராணத்தில் கூறப்பட்டது. செயல்முறையில் சித்தர்கள் கூறி உள்ளனர். புராணத்தில் கூறிய அமுதம் உண்ண வழி காட்டியவர்கள் நம் சித்தர்களே.

"கூற்றம் குதித்தலும் கைகூடும் "
என்ற வாக்கு இதனால் வந்ததே.
'வேண்டுதல் வேண்டாமை இலான் அடி சேர்ந்தார்க்கு
யாண்டும் இடும்பை இல'

அடி என்பது பாதம், தாள். சித்தர்கள் வாயு, கால், வாசி, முப்பு என்பர். இது அமுரி-காற்று. மலரினும் மென்மை. இறைவன் பாதம் அப்படியே.

"ஆலகால விஷம் அமுரி
அதுதான் பானமும் சீலமாக
அதன் நஞ்சு நீக்கியே தெளிவதாக....."

விஷம் அமுதம் இணைந்தது பாற்கடல். ஒரேபொருள் விஷம் நீங்கினால் அமுதம், கெட்டால் நஞ்சு. விஷம்.;

அமுதம் விஷம் ஆயிற்று. இரண்டும் ஒன்று. இறைவன் இப்படி உள்ளான். ஒருவன் வேண்டுதல் வேண்டாமை உள்ளவன். மனிதன் மனதால் பிரிக்கப்படுகிறது.

"காணார்க்கும் கண்டவர்க்கும் கண்ணளிக்கும் கண்ணே"

-வள்ளலார்.

ஞானக் கல்வி கற்று அகக் காட்சி பெற்றவர்க்கும், அப்படிக் கல்லாதவர் புறக் கண் பெற்றும் உள்ளனர். இருவருக்கும் கண் ஒன்றே. காட்சி வேறு. சித்தர் கூறும் பொருள் இவைகளை அறியச்

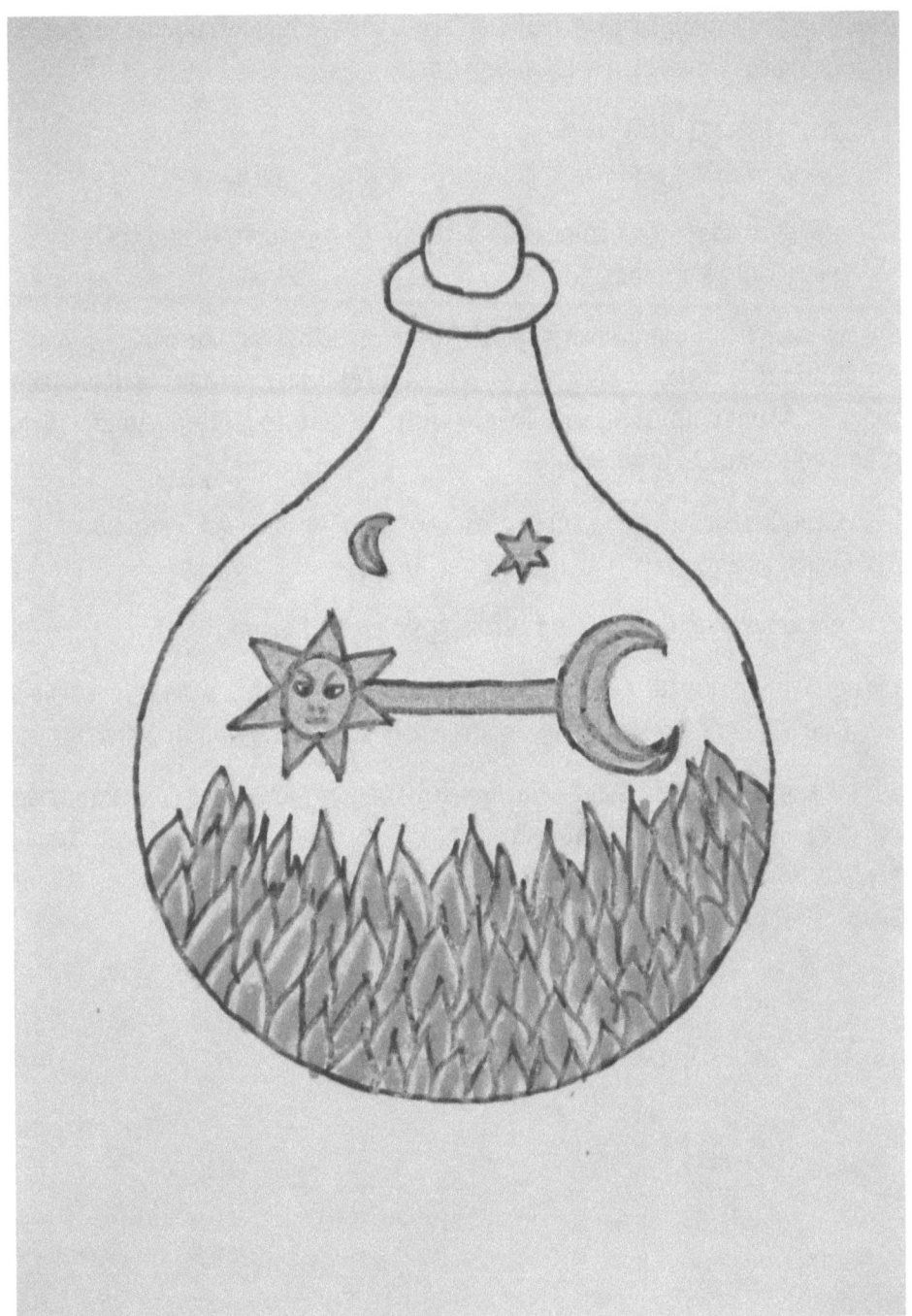

பிரித்தல்

செய்வதால், அவற்றை தாய், தெய்வம் என வழங்குவதால் அதனை வேண்டுதல் வேண்டாமை என்றனர்.

அடி என்பது ரவி, மதி.
சிவம் சத்தி இரண்டும் இருகால் என்பது குறிப்பு

. "இருள் சேர் இருவினையும் சேரா இறைவன் பொருள்சேர் புகழ் புரிந்தார் மாட்டு."

சித்தர் கூறிய பொருளைத் தாய், இறைவன் என வணங்குவதால் அப்பொருள் அக இருளை நீக்கி ஞான ஒளி தருவதால் அந்தப் பெருமையுடைய பொருளை உடலில் சேர்த்தால் இரு வினைகளையும் மாற்றும்.

"பொறிவாயில் ஐந்தவித்தான் ஆற்றல் பொய் நீர் ஒழுக்க நெறி நின்றார் நீடு வாழ்வர்"

"நிலமிசை நீடு வாழ்வர்" என முன்பு கூறினார்.

இங்கும் அதனைக் கூறி உள்ளார். இந்திரியம் என்பது விந்து. அதுவே 'பொறி' என்ற ஐந்து உறுப்புகளையும் குறிக்கும். ஏன்?

விந்து உடலான போது பொறிகள் தோன்றும். அந்தப் பொருளை அறிந்து அதனை அவித்தால், மாற்றி உண்டால் அது பொய்யை நீக்கும். மெய் ஒழுக்கம் காட்டும். அந் நெறிப்பட்டோர் நரை, திரை நீங்கி நீண்ட ஆயுளுடன் வாழ்வர்.

அகர ரகசியம் - பகுதி 16

திருவள்ளுவர் ஒரு சித்தர் நூல் தொடர்ச்சி....

"நீரின்றி அமையாது உலகெனின் யார்யார்க்கும்
வான் இன்று அமையாது ஒழுக்கு."

உலகில் வாழ நீர் அவசியம். வான் இன்றேல் ஒழுக்கம் அமையாது. நீர், அப்பு என அவர்கள் குறிக்கும் பொருளை வான் என்றும் விண் என்றும் குறிப்பர். விண்ணிலிருந்து வரும் அப்பொருள் ஒருவனை ஞானியாக்க -அவன் ஒழுக்கமுடையவனாக உலகிற்கு வழி காட்டுகிறான். அவனை உலகம் பின்பற்றுகிறது. விண்ணில் இருந்து பெறப்படும் அப்பொருள் "நீர்" வடிவம் உடையது என்பது உட்கிடையாக உள்ளது காண்க.

"சுவை, ஒளி, ஊறு, ஓசை, நாற்றமெனும்
ஐந்தின்
வகை தெளிவான் கட்டே உலகு."

ஐம் பூதங்களின் வகை தெரிதல் என்ன? அவை பொறி வழியே இழுத்த மனதை ஆட்டுவிக்கும். இந்த உண்மை அறிந்தவர், அதை அடக்க வழி தெரிய வேண்டும். அதற்கு சித்தர் கூறிய ஐம்பூதம் அடங்கிய பொருள் தெரிதல் வேண்டும். அந்த ஐம்பூதமே உடலாகி வருவது. எனவே அதனை அறிந்து, ஐந்தை அவித்தல் செய்தால் உலகின் அடிப்படை உண்மை அறியலாம் என்பது. மற்றவர்க்கு உலகில் உண்மை தெரியாது.

"நிறைமொழி மாந்தர் பெருமை நிலத்து
மறைமொழி காட்டி விடும்."

விண், மண் என்றும் அடி, முடி என்றும் கூறியவற்றில் நிலம் மண்ணாகும். #அகரமது #பூமியாச்சு என்பர் சித்தர். அதில் தான் அவர்கள் கூறும் பொருள் மறைந்துள்ளது.

அதனால் நிறைமொழி பெற்ற சான்றோர் அதனை மறைத்தனர். நிறைமொழி மாந்தர் கூறிய மறைப்பு அந்த பூமியை அறிய வெளிப்படும் என்பதுகருத்து.

"பஞ்சபூதம் ஒன்று கூடிப் பார்தனில் படிந்துமே
மஞ்சுலாவு வாசியோக வாழ்வினுக்கு ளாதியாய்
விஞ்சியே படர்ந்த மூலி வேதையிதற்கு மேகுமே
வஞ்சமு மறைப்புமில்லை வழலையின்றன் போக்கிதே."

- பஞ்சரத்தினம்

பார் எனில் பூமி. அதில் உள்ளது ஐம்பூதம். மண், நீர், நெருப்பு, காற்று, ஆகாயம். அதுவே சித்தர்களுக்கு வாசியோகத்திற்கு ஆதியாக அமைந்துள்ளது. அதுவே ரசவாதத்திற்கும் ஆகும். மறைப்பு இல்லை.

வஞ்சனை இல்லை என்பது யார்க்கு.... குறிப்பை உணர்ந்தவர்க்கு. உலகினர்க்கு அது வஞ்சனை -மறைப்பு.

இங்கே மண் என்பதும் பூமி என்பதும் அகரத்தில் உள்ள மண் பூதம். நாம்வாழும் பூமி அல்ல.

சித்தர்கள் கூறிய பூநீர் மேற்படி அகரமாகிய பூமியிலிருந்து வருவது. நாம் வாழும் பூமியிலிருந்து வரும் பூநீர் அல்ல.

"புத்தியில்லா பாவிகள் தான் பூநீர் வாங்கி
பூமி தண்ணிரால் கலக்கி வெளியில் வைத்து
சித்தமது தான் கலங்கி முப்பூவென்றும்
சிறந்த சரக்கத்தனையும் சுட்டுப் பார்த்து
பித்தமது தான் பிடித்து நோயால் மாய்ந்து
பிணமாகிச் சுடுகாடு போனார் தானே.,"

- அகத்தியர் அந்தரங்க தீட்சாவிதி.

முப்பால் ஏன்.:

குறளில் உள்ள மூன்று பெரும் பிரிவுகள் அறம் பொருள் இன்பம் என்பவையாகும். அவை பால் என்று ஏன் கூறினார். பிரிவு, வகுப்பு என்று ஏன் கூறவில்லை?

ஞானம் பெற உதவும் பொருளைப் பால் என்றும் அமுதம் என்றும் கூறுவர்.

அவற்றுள் உள்ளது மூன்று பொருள். வாயு, நீர், நெருப்பு.

இவை ஒன்று படல் வேண்டும். அ+உ=10; 8+உ=10; என இரண்டு பொருளால் மூன்றாம் பொருள் கிட்டும்.

அ-ஆண்; உ-பெண் சேரச் சிற்றின்பம் சிறிது நேரம் உள்ளது. இதே நிலை யோகநிலையிலும் அனுபவமாக உணரலாம். அது நீடித்தது எனவே பேரின்பம்.

எனவே அறத்துப் பாலைக் கற்று, பொருட்பாலைக் கற்று முறைப்படி உலகில் வாழ இன்பம் வாய்க்கும்.

அறத்துப்பால் அ, பொருட்பால் உ, அ+உ= இன்பத்துப்பால்10.

இந்தப் பொருளை பிரம்மா, விஷ்ணு, சிவன் என்பர். சரஸ்வதி, லட்சுமி, பார்வதி என்பர். ஏன். தாய்., தந்தை ஆவதால்.

"முப்பொருளாய் நின்றிலங்கும் மதியே விந்து"

மதி-சந்திரன்-பெண். அதில் மூன்று பொருள் உள்ளது. அதுவே விந்துவுமாம்.

"பூருவத்தில் உதித்த கடல் கல்லுப்பும்
பூநீரின் உப்பும் அமுரி உப்பும்
வாரறிந்த முப்பொருளும் மூன்றுப்பாகும்,"

இதனையே,

"என்னவே வானத்திடியினி லொன்று
கன்னியமான கடல்தனில் ஒன்று
பொன்னெனப் பூத்த பூமியிலொன்று
முன்னவர் சொன்ன முப்பு இம்மூன்றே,"

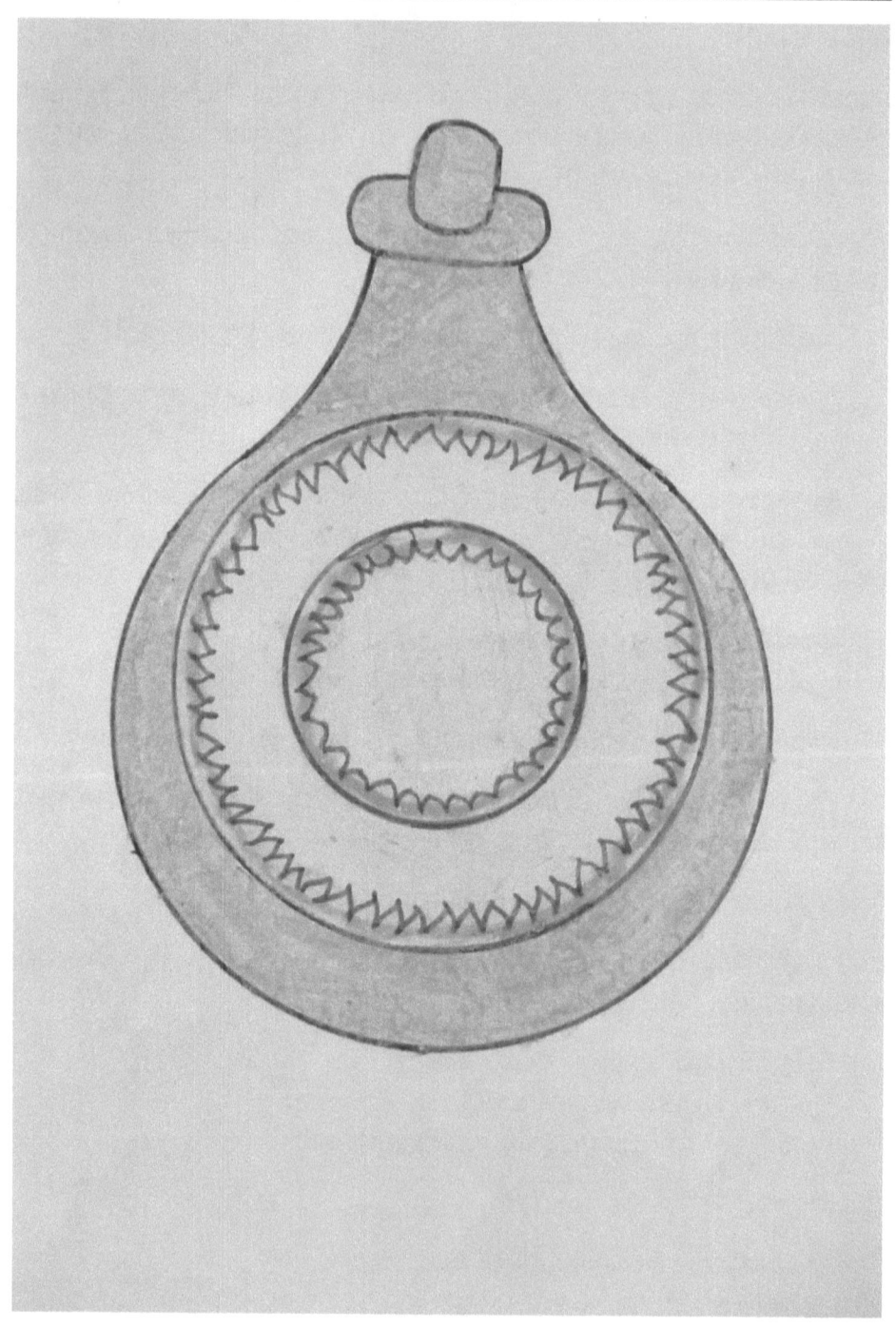

உயர்ந்த நிலை

வானம்-வான்பொருள்.

வான்பொருளில், இடி எனப்படும் நெருப்பினால் உண்டான நாதமாகிய கந்தகம் ஒன்று, அகரத்தில் கடலாக இருக்கும் விந்தாகிய ரசம் ஒன்று,

அண்டக்கல் என்ற பூமியில் உப்பு ஒன்று. இந்த மூன்றினால் உண்டாக்கப்பட்டது தான் முப்பாகும்.

"வெள்ளமுதை மூன்றுதினம் தின்றாயானால்
கள்ளமன்று தேகமது அருணன் போலாம்
கால்வலுக்கும் மேல்வலுக்கும் கண்துலங்கும்
காயசித்தியோக சித்தி கைக்குள்ளாகும்."

வெள்ளமுது-வெள்ளைநிற அமுதம்.

அமுரி கற்பம். அதுவே விந்து தண்ணீர். மூன்று நாள் சாப்பிட்டால் ஏற்படும் பலன். அமுரியை சிறுநீர் என்பவர்கள் யோசிக்க வேண்டும்.

உலகம் தோன்றுவது எதில், ஒடுங்குவது எதில். அதில் அதன் விதி முறை பற்றிச் சித்தர்கள் அறிந்தனர். அந்த ஆதி நிலையும் அ, உ என்பர்.

தோற்றமாகி வந்த பின் பஞ்சபூத நிலைகளில் மூலப் பொருளும் அ, உ என்பர்.

உயிர்களின் தோற்றமானால் அதற்கும் முதற் பொருள் அ, உ என்பர்.

இந்த இருபொருளும் ஒன்றிலிருந்து தோன்றியது. உடலில் விந்து நாதம் என்பதும்; ஆண், பெண் விந்து, நாதம் என்றும்;

சூரிய, சந்திரர் விந்து, நாதம் என்றும்;
மின்னல், இடி விந்து, நாதம் என்றும்;
அப்பும், உப்பும் விந்து, நாதம் என்றும்

இடம், பொருள் கண்டு கூறிச் செல்வர். இந்தப் பொருளை வாலை என்றும், கற்பம் என்றும், முப்பு என்றும் கூறுவர்.

உடல் உருவம் ஆகும் முன் புல் நுனியில் பனித்துளி போல் இருந்தது விந்து. நாதம் அது சூட்சும நிலை. ஒவ்வொரு விதையும் தன்னுள் இப்படி உள்ளது. இப்பொருளைக் கொண்டு மருந்து செய்து மனம் அடங்கி அஷ்டசித்தி பெற்றவர்கள் சித்தர்கள்.

"சத்தாகி என் சித்தமிசை குடிகொண்ட அறிவான தெய்வமே"

என்பது தாயுமானவர் வாக்கு. இங்கு சித்-மனம் எனப்படுகிறது. சத்-சித்-ஆனந்தம் என்ற போது சித் என்பது அறிவு. ஒரே பொருள் மூன்று நிலை.

"எத்துனையுந் தாம் பேதமுறா
தெவ்வுயிரும் தம்முயிர் போல்உள்ளே
ஒத்துரிமை உடையார் யாவர்
அவருள்ளந்தான் சுத்த
சித்துருவாய் எம்பெருமான்
நடம் புரியும் இடம். . ."
இறைவனைச் சித்துரு என்கிறார்.

"சித்தான பஞ்சவர்கள் ஒடுங்கும் போது" காகபுசுண்டர் காவியம்.
இங்கே பஞ்சபூதம் சித்து எனக் குறிக்கின்றார்.

"சிவமான தேகமது மந்திர சித்தாச்சே," அகத்தியர்.

தேகம் -சித்து.

சித்து என்பது இறைவனைக் குறிப்பது. அது உடலிலும் உள்ளது. இதனை அறிந்து இணைத்தால் முக்தி.

உடல் எது?

"உடலிற் கிடந்த வுறுதிக் குடிநீர்க்
கடலில் சிறுகிணற் றேற்ற மிட்டாலொக்கும்
உடலில் ஒருவழி ஒன்றுக்கிரைக்கில்
நடலைப் படாதுயிர் நாடலுமாமே"

"கரையருகே நின்ற கானல் உவரினை
வரைவரை என்பர் மதியிலா மாந்தர்
நுரை திரை நீக்கி நுகர வல்லார்க்கு
நரை திரை மாறு நமனங்கில்லையே"

அமுரி தாரணை என்ற தலைப்பில் கூறப்பட்டுள்ள பாடல்.

இதனை உண்டால் மரணமில்லாப் பெருவாழ்வு. அகார, உகாரம் எனும் பொருள் எங்குள்ளது. அது உடலில் உள்ளது. எது உடல்.

"சித்தியென்ன பத்தாகு மாதமப்பா," -அகத்தியர்.

"மாதம் பத்தானால் விளைவுமாச்சு
மண்ணிலே வந்தவுடன்பசளையாச்சு,"

பத்துமாதம் என்பது கற்பம். அது பிண்டம். மண் என்பது கருத்து. பசளை என்பது குழந்தை. அ+உ=8+2=10

குழந்தையும் பத்து மாதம். ஆகவே குழந்தை. பசளை என்பர்.

"கண்டுனர்வோர்க் கெய்தும்
நாத விந்துற்பத்தி காயத்திலே,"

ஆகவே உடல் என்பது மனித உடல் அல்ல.

சித்தியாவது வெற்றி என்ற பொருளுடையது. மனதில் இறைவன் உள்ளான். மனம் அடங்காது. அதை அடக்கக் கண்ட குறுக்கு வழி கற்பம்.

மனம் எங்கு உதித்தது அங்கு ஒடுங்கும். அதனைச் சித்தர் உணர்ந்தனர். அப்பொருளை அறிந்தனர். அதனைக் கொண்டு சாதனை செய்தனர். வெற்றி பெற்றனர்.

மனம் விரியும் போது சுவாசத் தொடர்பு உண்டாகிறது. ஒரு நாளின் சராசரி மூச்சு 21, 600 ஆகும். சுவாசம் குறையும் போது மனம் அடங்கும். இதனை வாசியோகம், பிராணாயாமம் என்று குறிப்பிட்டாலும் உலகம் கொள்ளும் பொருள் அல்ல எனக் கூறி உள்ளனர்.

(நான் இதனை ஏற்கனவே அகர ரகசியம் பகுதி -10 ல் கூறி உள்ளேன்.)

அதாவது மூக்கு வழியில் மூச்சை இழுத்து, நிறுத்தி ஒரு துளையிலிருந்து மறு துளையில் விடுவது உலகக் கருத்து. இதனை சித்தர்கள் மறுத்துள்ளனர்.

மறை என்பது தொழிற் பெயர். மறைத்துவை என்பது பொருள். தக்கவர் அல்லாதவர் அறியக் கூடாது. தக்கவர் தாமே அறிவர். அறிந்த பின் தகாதவர் முன் அதை வெளிப்படுத்துதல் உலகிற்கு இடையூராக முடியும். எனவே மறைத்து விடு. எனவே அவர்கள் கூறியது யாவும் குறிப்புப் பொருளாகவே பரிபாசையாகவே உள்ளது காண்க.

"யோகிக் காகும் உடற் குறிக் கற்பம்
போகிக்காகாப் பொருள் சித்தியில்லை காண்." ♥

உலகினர்க்கு அது உதவாது. காரணம் உருவில் மனிதர். உள்ளத்தில் வேறானவர்.
'சிவயோகி பார்த்தால் சித்தியாகும்.
அவயோகி பார்த்தால் அழிந்தே போகும்'
'பற்றற்றுப் பார்க்கும் பரம யோகிக்கே அல்லால் மற்றையோர்
உற்றுற்றுப் பார்த்தாலும் உணர்வு தோன்றாது. '

சுப்ரமணியர் சுத்த ஞானம்.
"பிரபஞ்ச வாதிகளே சொல்லக் கேளீர்
பேருலகில் நாதவிந்து உப்பின் வித்தை
திரவஞ்சி ஓங்காரி ஈன்ற வித்து
திரிகோண மவுனத்தில் பிறந்த உப்பு
பரவஞ்சி உப்பை விட்டால் வாதமில்லை
பலவிதமாய்ச் சரக்கென்று பகர்வார் மூடர்
வரவஞ்சி வேதாந்த வாலை பூசை
மறைவாகச் செய்துகொண்டு வருந்திப் பாரே".

ஆகவே உணர்ந்தோர் மறைப்பது நன்று.... . நன்று...... நன்று.

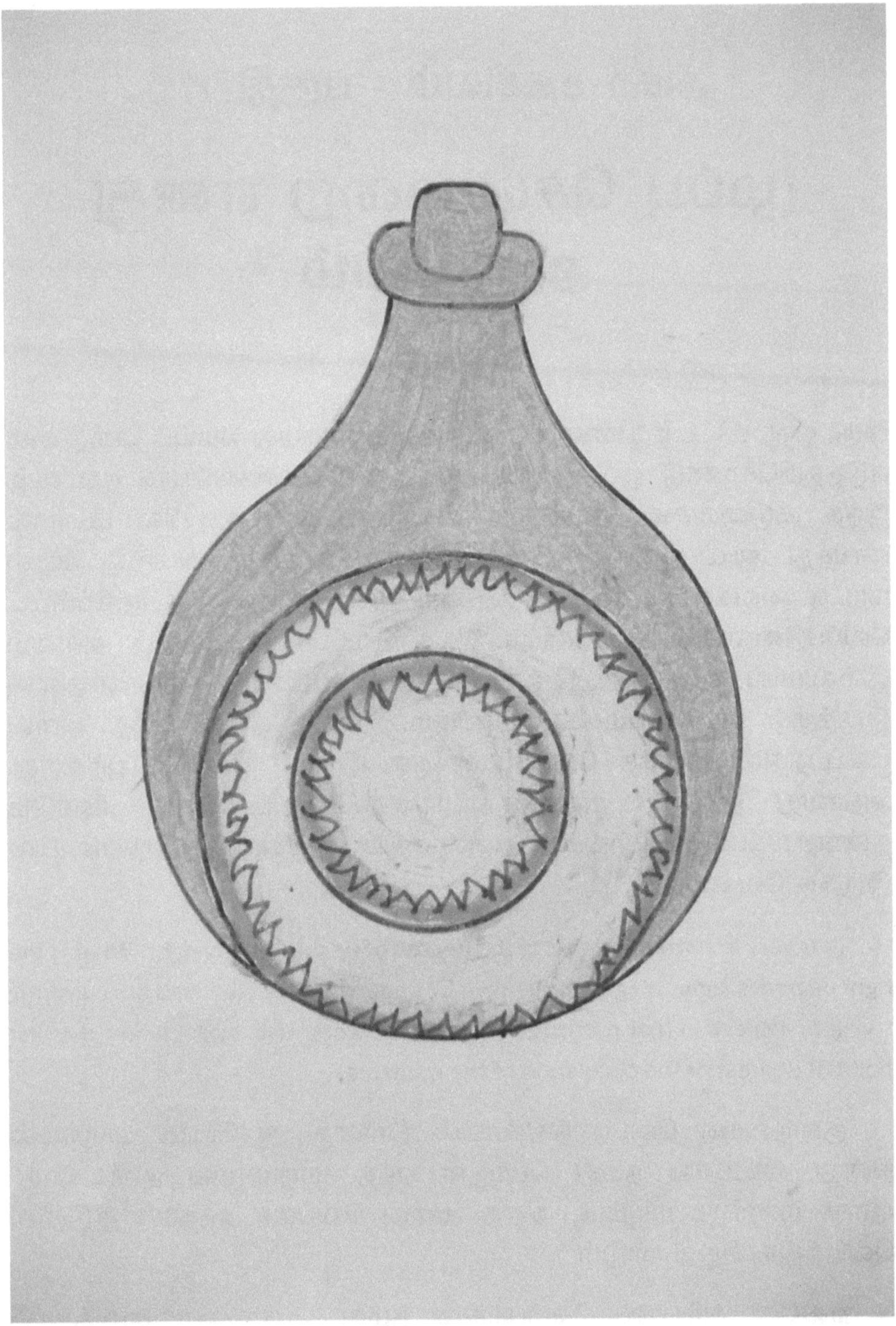

இணைந்த நிலை

அகர ரகசியம் - பகுதி 17

முப்பு செய்முறை எனது அனுபவம்

ஒரு, ஒரு லிட்டர் கண்ணாடி குடுவையில் நமது மெய்ப் பொருளை எடுத்துக்கொண்டு குடுவையை மூடியால் மென்மையாக மூடவும். இந்த குடுவையை எலக்ட்ரிக்கல் ஹீட்டரின் அடியில் படாமல் வைத்து, அடிப்பகுதி சற்றே உயர்ந்திருக்குமாறு தூக்கி ஸ்டேன்டில் மாட்டி வைக்கவும். பின் ஹீட்டரை ஆன் செய்து ஒரு குறிப்பிட்ட வெப்பநிலையில் வைக்கவும். இந்த வெப்பமானது அதிக அளவும் இல்லாமல், குறைந்த அளவும் இல்லாமல் மிகவும் சரியான அளவு இருக்கும் படி அமைக்க வேண்டும். அப்படி எனில் எந்த அளவு வெப்பத்தில் வைக்க வேண்டும்? என நீங்கள் கேட்பது புரிகிறது. அதாவது நமது பொருளின் நீரானது ஆவியாகிபின் மீண்டும் தண்ணீராகி கீழே இறங்கும் அளவு சரியான டிகிரி வெப்பநிலையில் இருக்க வேண்டும்.

(It is very important to ensure the degree of heat is exactly right. What is the right degree is something that is known by understanding what you are currently trying to achieve in that particular stage of the work. Usually it's either the first point of dryness or the circulation of the moisture)

குறைவான வெப்ப நிலையில் நீரானது ஆவியாக மாறாமல் நின்று விட்டால் நமது பொருள் எந்த மாற்றமும் அடையாது. (நீராக மாறாது) மாறாக, அதிக அளவு வெப்பம் தந்தால் குடுவை வெடித்துச் சிதறி விடும்.

எனவே சரியான வெப்பத்தில் நமது பொருளை வைத்தால் முதலில் குடுவையில் இருக்கும் காற்று வெப்பத்தால் விரிவடைந்து

குறிப்பிட்ட அளவு மட்டும் 'டக்' என மூடியை திறந்து கொண்டு வெளியேறும். உடனே மூடியானது வெளிக்காற்றின் அழுத்தத்தால் காற்று உட்புகாதவாறு உடனே மூடிக்கொள்ளும். இவ்வாறு பல முறை நடைபெறும்போது, சில நேரங்களில் மூடியானது இறுக மூடிக்கொள்வதும் உண்டு. இதனால் காற்று வெளியேற முடியாமல் போகும். இவ்வாறு நேர்ந்தால் குடுவை வெடித்து விட ஏதுவாகும். எனவே கவனமுடன் அருகில் அமர்ந்து கொண்டு மூடியை சற்று தளர்த்தி விட காற்று புஸ் என வெளியேறி விடும். சில நேரங்களில் மூடி தெறித்து கீழே விழுந்து விடும். அவ்வாறு விழுந்தால் மீண்டும் மூடியை எடுத்து மென்மையாக மூட வேண்டும். ஒரு கட்டத்தில் காற்று முழுவதும் வெளியேறிய பின்பு மூடியானது வெளிக்காற்றின் அழுத்தத்தால் தானகவே இறுக மூடிக் கொள்ளும் இதனை நிதானித்து மூடியை மேலும் இறுக மூடிவிடவும்.

இதன் பிறகு குடுவையில் காற்றில்லா வெற்றிடத்தில் நமது மெய்ப்பொருள் தனது நிலைத் தன்மையில் சிறிது சிறிதாக மாற ஆரம்பிக்கும் முதலில் பிஸ்கட் நிறமாகி பின் பிரவுன் நிறமாகி பின் கட்டிகளாகவும் நீராகவும் பிரிந்து நிற்கும். இந்த நிலை மாற்றமானது 24 மணி நேரத்தில் நடைபெறும். நடைபெற வேண்டும். இல்லை எனில் எத்தனை நாள் வெப்பத்தில் வைத்திருந்தாலும் மாறாது.

கட்டிகள் குடுவையின் அடியிலும் நீரானது அதன் மேலும் நிற்கும். இந்த கட்டிகள் பிரவுன் நிறத்திலிருந்து படிப்படியாக கருஞ்சிவப்பாகி பின் கருப்பு நிறத்திற்கு நிறமாற்றம் அடைய ஆரம்பிக்கும். இந்த கருப்பு நிறத்தையே ஞானிகள் அண்டாங்காக்கையின் தலை என்றும் டிராகன் பாம்பின் தலை என்றும் உருவகமாக கூறுவர். இந்த மாற்றத்தின் போது 5, 6வது நாளில் டார்ச் அடித்துப் பார்த்தால் தண்ணீரானது பல வண்ண நிறங்களில் தோற்றமளிக்கும். 7, 8வது நாளில் பார்க்கும்பொழுது நிறங்கள் மாறி வேறு வேறு வண்ணங்களில் தோற்றமளிக்கும். 10, 11வது நாளில் மேலும் பல நிற மாற்றங்கள் இருக்கும். 14, 15வது நாளில் தண்ணீரானது இளஞ்சிவப்பு அல்லது ஆரஞ்சு நிறத்திற்கு நிற மாற்றம் அடைந்திருக்கும். 15 வது நாளிற்குப் பின் தண்ணீரானது தன் அளவில் குறையத் தொடங்கும். எப்படி தண்ணீர் எங்கு போகிறது.? குடுவையோ கண்ணாடிக் குடுவை. மேல் மூடியானது

காற்று ஊடுறுவ இயலாதவாறு மூடப்பட்டுள்ளது. எனில் தண்ணீர் எப்படி குறைகிறது. குடுவையின் அடியில் கட்டிகட்டியாக உள்ள திடப்பொருளானது தண்ணீரைக் குடிக்க ஆரம்பிக்கும்.

நீங்கள் இந்தக் கலையில் கண்டிப்பாக அறிந்து கொள்ள வேண்டியது என்னவெனில் நாம் இரண்டு பொருள்களை வேறுபடுத்திக் காட்ட வேண்டும் அதாவது ஒன்று உடல் மற்றொன்று உயிர் இதில் உடல் என்பது நிலையானது கட்டியது. . மற்றொன்று எளிதில் ஆவியாகக் கூடிய நீர் அல்லது தண்ணீராகும். இந்த இரண்டு பொருள்களும் ஒன்று மற்றொன்றாக மாற்றப்பட வேண்டும் அதாவது கட்டியது தண்ணீராகவும், தண்ணீரானது கட்டிய திடப்பொருளாகவும் மாற்றப்பட வேண்டும் மறுபடியும் கட்டிய திடப்பொருள் ஆனது தண்ணீராக மாற்றப்பட வேண்டும் அதாவது இந்த நிகழ்வானது மெய்ப் பொருளின் உட்புறத்தில் நிகழ்வதாக அதாவது உலர்ந்த கட்டியான பொருளும் நீர்ம பொருளும் பிரிக்கப்பட முடியாத வகையில் இணைக்கப்பட வேண்டும் இந்த இரண்டு பொருள்களும் ஒரே பொருளில் இருந்து பெறப்படாததாக இருப்பின் இந்த இணைப்பு நடந்திருக்க முடியாது. நிலைத்த பிரிக்கப்பட முடியாத இணைவு சாத்தியம் எனில் அதற்கு ஒரே வழி தான் உண்டு அதாவது உட்பகுதி பொருட்கள் இரண்டும் ஒரே தன்மையுடையதாக ஒரே பொருளின் இரண்டு உட்பகுதி பொருள்களாக இருக்க வேண்டும் நீரானது கட்டிய பொருளைக் கரைத்து அதனுடன் மேலும் முழுமையாக இணைந்து விடுகிறது இந்த வகையான இணைப்பு தான் நம் கலையில் நடைபெறுகிறது மெய்ப் பொருளின் உட்பகுதிப் பொருட்கள் இரண்டும் இணைக்கப்படுவது இயற்கையினால் மட்டுமே ஒழிய மனிதனின் கைகளால் அல்ல.

(You should also know that in our Art we distinguish two things -the body and the spirit: the former being constant, or fixed. while the other is volatile. These two must be changed, the one in to the other ; the body must become water and the water is body. Then again the body becomes water by its own internal operation, and the two, i. e., the dry and the liquid, mustonce more be joined together in an inseparable union. This conjunction could not take place if the two had not been obtained from one thing; for an abiding union is possible only between things of the same nature. Of this kind is the union which takes place in our Art; for the constituent part's of the matter are joined together by the operation of the nature, and not by any human hand.)

17, 18வது நாளில் நீரானது 80, 90 சதம் குறைந்து போகும். இந்நிலையில் குடுவையை சரியான வெப்பநிலையில் வைக்க வேண்டும். இவ்வாறு வைக்காததால் எனது குடுவை 18ம் நாள் மாலை வெடித்துச் சிதறி விட்டது.

நான் ஏற்கனவே அகர ரகசியம் பகுதி - 11-ல் கூறியது போல (அரிசி தண்ணீரை உட்கொண்டு சாதமாக மாறுகிறதே அதுபோல) நமது திடப்பொருளும் தண்ணீரை உட்கொண்டு அண்டக்கல்லாக மாறும். இவ்வாறு அண்டக்கல்லை நாம் தான் தயாரிக்க வேண்டுமே அன்றி அண்டக்கல்லானது பூமியில் எங்கும் கிடையாது. நமது சித்தர்கள் முதல் பொருளுக்கும் அண்டக்கல் என பெயர் வைத்ததால் வந்த குழப்பம் இது. இங்கு கட்டியான பொருள் பெண்ணாகவும், தண்ணீர் ஆணாகவும் கொள்ளப்படும். ஆண் பொருள் ஆவியாககூடியது. பெண் பொருள் நிலையானது. தண்ணீரே ரசம் என்றும் ஈரம் என்றும் ஆவி என்றும் ஆன்மா என்றும் கூறப்படும். பெண் பொருள் உடல் என்றும் விதை என்றும் கல் என்றும் கந்தி என்றும் கூறப்படும். காரசாரம் எனப்படும் இவைகளை ஒரு பொருளில் இருந்து மட்டுமே எடுத்து பயன் படுத்த வேண்டுமேயன்றி வேறுவேறு தனித்தனி பொருள்களில் இருந்து அல்ல.

The two substances on which you operate are solid and liquid. The two must originate from the same source, the one ingredient that you started with. You cannot use the spirit from one substance and the body from another substance.

இந்த அண்டக்கல்லானது வெண்மையாகவும், கிரிஸ்டல் கிரிஸ்டலாகவும், வெண்பனி போன்றும் குடுவையின் உயரங்களிலும் பக்கங்களிலும் உருவாகி இருக்கும்.

A stone Crystalline, white as Snow, rising from the bottom of the vessel sticking to the sides of it, the remainder of its resting in the bottom of the vessel.

ஹெர்மஸ் என்ற கிரேக்க ஞானி கூறுவது போல அந்த அண்டாங்காக்கையின் தலையை வெட்டி நீக்கிய பின் மீதி என்ன

இருக்கிறதோ அதுவே நம்முடைய கலையின் முதற் பொருளும் மூலப்பொருளுமாகும். இந்த இடத்தில் முதற் பொருள் என்றது நாதவிந்தைக் குறிக்கும். நாற்றம் வீசும் பகுதியை அதிலிருந்து பிரித்து எடுத்தால் (உண்மையில் எதையும் பிரித்து எடுப்பதுமில்லை சேர்ப்பதுமில்லை) நட்சத்திரங்கள் ஒளிவிட்டுப் பிரகாசிக்கும் தன்மையைப் பெற்றிருக்கின்ற கல் உருவாகி இருக்கும். இக் கல்லானது தன்னுடைய நாளத்தில் நீர்ப் பறவையின் ரத்தத்தைப் பெற்றிருக்கிறது. இந்தக் கல்லின் முதல் சுத்திகரிப்பு என்னவென்றால் இதை ஒளிவிடும் வெண்மைக் கல்லாக மாற்றுவதுதான். (அடுத்த செய்முறை) என்கிறார்.

இவ்வாறு மாற்றப்பட்ட வெள்ளைக் கல் அடியுப்பு என்றும் பூநீறு என்றும் மண் என்றும் பூமி என்றும் அழைக்கப்படும்.

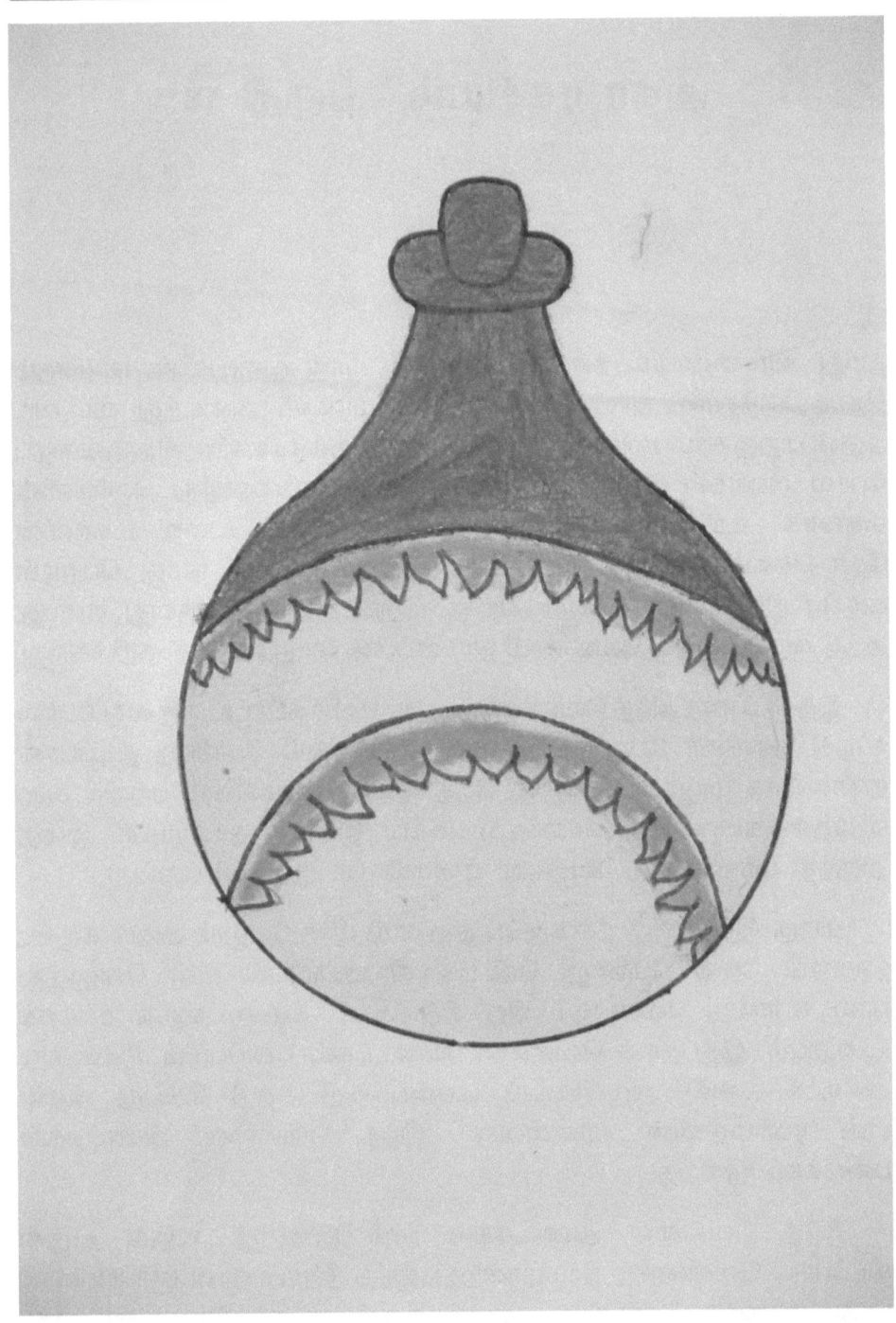

உறைந்த நிலை

அகர ரகசியம் - பகுதி 18

நமது அரசனையும், அரசியையும் ஒரு ராஜ குளியலில் 10 மாதம் வைத்திருந்தால் அவர்கள் இருவரும் மரணம் அடைந்து விடுவர். அதன் பிறகு சாம்பலில் இருந்து பீனிக்ஸ் பறவை உயிர்த்தெழுவதைப் போல அவர்கள் இருவரின் ஆன்மாவும் ஒன்றிணைந்து அவர்களின் மகனாக உயிர்பெற்று எழுந்து வந்து இந்த உலக மக்களின் தேவைகளைப் பூர்த்தி செய்யும். மரணம் என்பது நமது பொருள் கருப்பு நிறமாவதைக் குறிக்கிறது. மகன் பிறந்து வருவது என்பது அந்த கருப்பு நிறம் வெண்மை நிற உப்பாக மாறுவதைக் குறிக்கிறது.

இதன் பிறகு அந்த வெண்ணிற உப்பு பனிக்கட்டி உருகுவது போல உருகி தண்ணீர் போன்று ஆனால் எண்ணெய் போன்று தடிப்பான தண்ணீராக மாறுகிறது. இந்த சுத்த ஜலத்தின் மகிமை பற்றிக் கூற வார்த்தைகள் ஏது? புண்ணியவான்கள் இதைத் தயாரிப்பர். இதை அருந்தி மரணத்தை வெல்வர். ஏனையோர் இறந்து, பிறப்பர்.

பிறகு இந்த சுத்த நீர் கருப்பு நிறமாகி பின் மேலும் அதிக கருப்பு நிறமாகி தேன் போன்று கெட்டியாகி படிகமாகி பின் வெளுத்து பால் போன்ற வெண்மை நிற கிரிஸ்டல் கிரிஸ்டலான உப்பாக உறையும். இது தான் வெள்ளை அண்டக்கல் எனப்படும். இவ்வாறு அண்டக்கல்லை அமுரியைப் பயன்படுத்தி சுத்தி செய்து அதன் பின் ரவி-மதியின் விளைவால் இந்த வெள்ளை அண்டக்கல் படைக்கப்படுகிறது.

இந்த வெள்ளை அண்டக்கல் பனி போன்று உருகி உருகி தடிப்பான வெண்ணிற நீர்மமாகிறது. இந்த நீர்மம் தான் ஞானிகளின் பாதரசமாகும். எளிதில் ஆவியாகும். கையில் ஒட்டாது. நல்ல வாசனையும், நாவிற்கு இனிமையான சுவையையும்

கொண்டிருக்கும். கண்ணில் ஓரிரு சொட்டுக்கள் விட கண்ணோய்கள் அனைத்தும் தீரும். இதனால் ரசம் கட்டும். மணியாகும். இது தான் உண்மையான ரசமணியாகும்.

பிறகு இந்த தண்ணீர் வாலை வடித்தலின் மூலம் மேலும் சுத்தி செய்யப்படுகிறது. இதனால் இந்த தண்ணீர் கருப்பு நிறமாகத் தொடங்குகிறது. பிறகு அது மேலும் கருப்பு நிறமடைந்து பின் கெட்டியான தேன் போலாகி பின் பல வண்ண நிற மாற்றங்களுககுப் பிறகு இறுதியில் சிவப்பு நிற ஒளிரும் கிரிஸ்டல் வடிவ படிகமாக உப்பு உறையும். இது தான் சிவப்பு அண்டக்கல்லாகும். இதன் வாசனைக்கு 64 ம் சாகும். செந்தூரமாகும். பட்ட இடம் தொட்ட இடம் அனைத்தும் தங்கமாகும். அனைத்து நோய்களும் சடுதியில் தீரும். அனைத்து மந்திரங்களும் சித்தி. அனைத்து தேவதைகளும் ஏவல் கேட்கும். அனைத்து நோய்களையும் தீர்த்து, மனதிற்கு புத்துணர்சியைத் தந்து, மன மகிழ்ச்சியையும், ஆனந்தத்தையும் உண்டாக்கும்.

அதன் பிறகு இந்த உப்பு உருகி, உருகி -பனிக்கட்டி போன்று - சிவந்த நிற நீராக மாற்றம் அடையும். இது சிவப்புப் பாதரசம் ஆகும். இதுவும் மேற் குறித்தவாறு அனைத்து செயல்களையும் செய்யும். தொட்ட இடம், பட்ட இடம் அனைத்தும் வெந்து நீறும். சாப்பிட சுவையானது. அனைத்து நலன்களையும் மீட்டுத் தரும்.

பிறகு சிவப்பு பாதரசம் மேலும் சிவப்பு நிறமாகி பின் கருஞ்சிவப்பு நிறமாகும். பின் நாவல் பழ நிறமாகும். இதுவே மகா முப்பு திரவமாகும். நெருப்பிற்கு ஜெயிக்கும்.

இந்தப் பெரிய வேலையானது -அமுதம்-முப்பு கிடைக்கும் படி செய்கிறது. அரசன் அரசி இணைப்பின் மூலம் இந்த முப்பு நமக்குக் கிடைக்கிறது. இது ஒரு நீண்ட, மெதுவான செய்முறை ஆகும். இதற்கு ஒன்பது அல்லது பத்து மாதங்கள் எடுத்துக் கொள்கிறது. தொடர்ந்து ஜீரணமாகிறது.

கர்ப்ப காலங்களில் இரண்டு வஸ்துகளும் குறிப்பிடத் தக்க மாற்றங்களின் வழியே உறுதியாகச் செல்கின்றன. ஒரே பொருளாக இணைந்து ஒரு தன்மைத்தான அமுதமாக உறைந்த இரத்தம் போன்ற நிறத்தில் இருக்கிறது. பூமியில் இது போன்ற ஒன்றை வேறெங்கும் காண முடியாது.

கடவுளுடைய விருப்பப்படி ஒரு ஒளி அனுப்பப்படுகிறது. திடீர் முடிவு ஒன்று எதிர் பார்க்கப்படுகிறது. மூன்று நாட்களில் சூரியனுடைய கதிர் எவ்வளவு நேர்த்தியாக இருக்குமோ அவ்வளவு அதன் நிறம் கற்பனை செய்ய முடியாத உயர்தர சிவப்பு நிறமாக ஆனது.

இந்த அபூர்வமான புனிதமான உருவம் கொண்ட வஸ்து வெவ்வேறான நிலைகளைக் கடந்து வர வேண்டும். ஒரு கறுப்பு, வெள்ளை, பச்சை, மஞ்சள், இறுதியாக ஒரு கருஞ்சிவப்பு நிறம். இதை ஞானிகளின் கல் என்றும், அமுதம் என்றும், மரணமில்லாத இரத்தம் என்றும்அழைத்தனர்.

இந்த இரச முப்பு தயாரிப்பதற்கும், உபயோகத்திற்கும் 18 வகையான செயல் திட்டங்கள் உள்ளது. இந்த 18 வித செயல் திட்டங்களும் இதில் வேலை செய்பவர் அனைவரையும் தள்ளாடி விழச்செய்யும் தடைகளாக விளங்குகின்றன. அவர்கள் தெய்வீக உள்ளுணர்வும், வழிகாட்டும் ஆசிரியரும் இல்லாத அவர்கள், புத்தகத்தில் கூறப்பட்ட அடிப்படை செயல் திட்டப்படி முயற்சித்தவர்கள். பிரச்சனை என்னவென்றால் பெரும்பாலான மாணவர்களும், உதவியாளர்களும் இரசாயண செயல் திட்டத்தை அறியாதவர்களாகும். இந்த 18 செயல் திட்டங்களும் ஒரு மருந்தினுடைய 18 படிகளாகும். அவர்கள் அப்படி எடுத்துக் கொள்ளவில்லை.

அதன் பயனாக அந்த முழுமையான அறிவியலை முற்றிலும் இழந்துவிட்டோம். அல்லது புரியாததாகி விட்டது.

இந்த 18 செயல் திட்டங்களை நான்கு பகுதிகளாகப் பிரிக்கலாம்.

1. முதல் எட்டு உண்மை முப்பு தயாரிப்பு அடங்கியது.
2. அடுத்த நான்கு இரட்டிப்பு ஆற்றல் செயல் திட்டம் அடங்கியது.
3. அடுத்த ஐந்து, உலோகங்களை உருமாற்றும் செயல் திட்டம் அடங்கியது.
4. கடைசி செயல் திட்டம் உடலை உருமாற்றம் செய்வது.

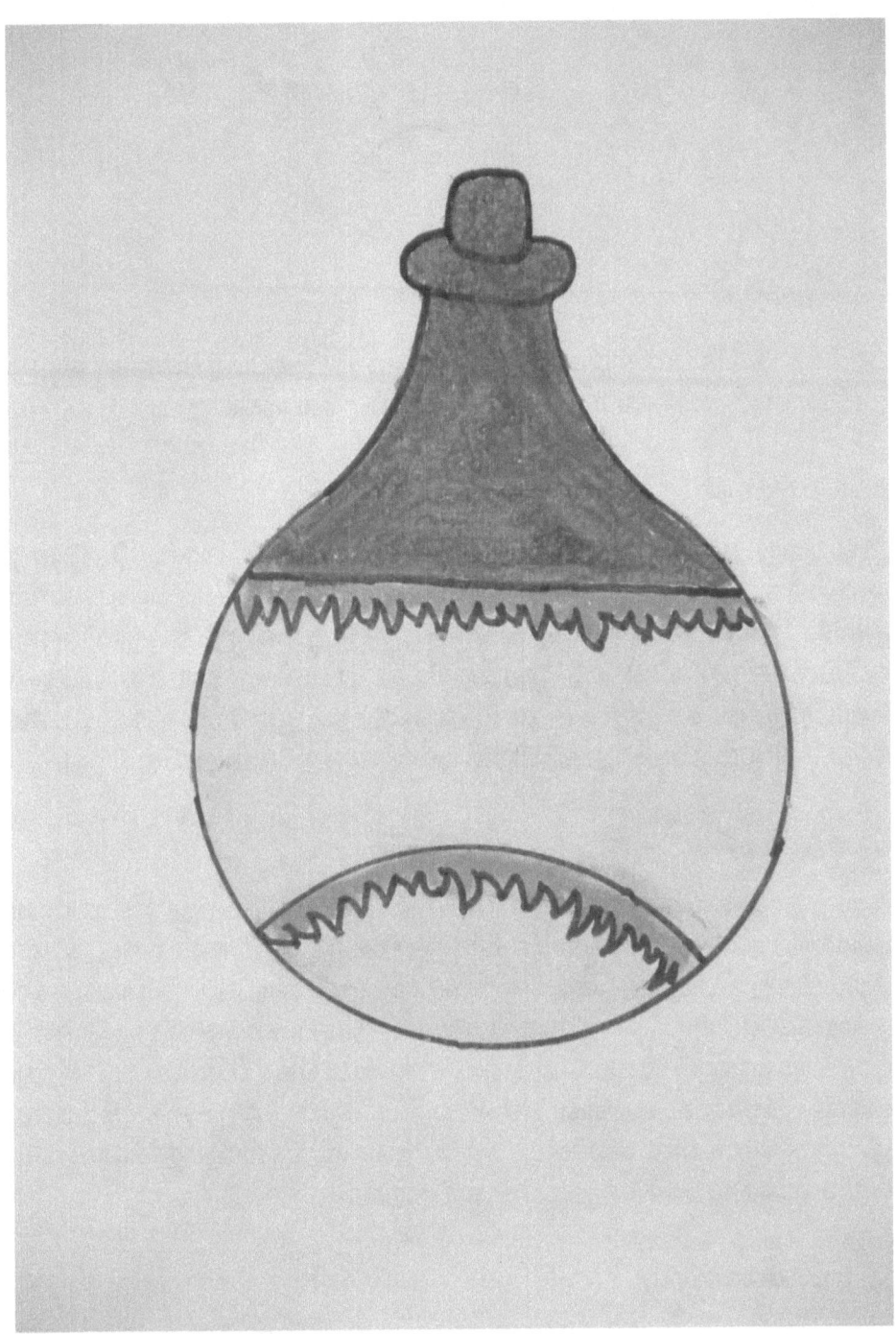

கரைசல்

அகர ரகசியம் - பகுதி 19

பதினெட்டு செயல் திட்டங்கள் நான்காக பிரிக்கப்படுகின்றன. அதில் முதல் எட்டு உண்மை முப்புத் தயாரிப்பு அடங்கியது.

1. வியர்த்தல்:

இது நமது தாதுவின் ஆரம்பநிலை. ஈரப்பதத்தின் பிரதிநிதி. இரசம் ஆவியாக மேலே செல்கிறது. பின் பாத்திரத்தின் பக்கங்களில் துளித் துளியாக ஒட்டிக் கொள்கிறது. அவை நீர்த் துளிகளை ஒத்திருக்கிறது. பின் கீழ் இறங்குகிறது. இவ்வாறு வாலை வடிதல் தொடர்ந்து நடக்கிறது. அதனால் அந்த நீர் தடிப்பாகிறது. நீர் தடிப்பாக நீண்ட காலம் பிடிக்கிறது. பிறகு ஆவியாவது நின்றுவிடுகிறது.

2. அரைத்தல்:

ஒரு தாதுவை அரைக்கும் போது பொடியாகிறது. தடிப்பான தண்ணீர் நமது பூமியினால் உறிஞ்சப்பட்டு பின் ஈரமானது உலர ஆரம்பித்து படிப்படியாக ஓர் உலர்ந்த கருப்புப் பொடியாகக் குறைக்கப்படுகிறது. மேற்கத்திய இரசாயணத்தில் இரண்டு டிராகன்களுக்கு இடையேயான சண்டையாக விளக்கப்படுகிறது. ஒன்று இறக்கை உள்ளது. (மேலேறிய ஆவி), இறக்கை இல்லாத ஒன்று கீழே உள்ள கலவை. அவை தங்களுக்குள்ளே தூசியாகவும், சாம்பலாகவும் அரைத்துக் கொள்கின்றன.

3. மயக்கமடைதல்:

அந்த தாது கருப்பான ஆவியை வெளியேற்றுகிறது. திரவம் உலர உலர மேலும் கருப்பு நிறமாகக் குறைக்கப்படுகிறது. மூன்று

காட்சிகள் ஒன்று மயக்கமடைதல். இரண்டு. கட்டுப்படுத்துதல். மூன்று கொல்லுதல் முன்னரே விளக்கப்பட்டது. மேற்கத்திய இரசாயணத்தில் சனியின் ஆட்சி என்று அழைக்கப்படுகிறது.

4. உயிர்த்தெழுதல்:

பூமித் தாதுவின் ஓரத்தில் ஒரு வெள்ளை வளர்ந்து உருவாகிறது. பின் கலவை முழுவதும் படிப்படியாக பனி போன்று வெள்ளை நிறத்தில் சுத்தமான பால் போலாகிறது. மேற்கத்திய இரசாயணத்தில் கல்லானது இறப்பின் இருட்டிலிருந்து மீண்ட பொழுது சந்திரனுடைய ஆட்சி என்கின்றனர். (வெள்ளை அண்டக்கல்)

5. விழுதல்:

காய்ச்சி வடித்தல் அல்லது பதங்கித்தல் முறையில் வெள்ளைக் கல்லானது தொடர்ந்த வெப்பத்தினால் உருகி நீராகிறது. அதனால் மறுபடியும் ஆவியாகிறது. அதன் முந்தைய உலர்ந்த நிலையிலிருந்து விழுகின்ற காட்சியாய் இருக்கிறது.

அதன் தன்மை இரண்டாவது காய்ச்சி வடித்தல், பதங்கித்தல், அல்லது ஆவியாக்கல் சந்திரனுடைய ஆட்சியில் இடைப்பட்ட வழியை எடுத்துக் கொள்கிறது.

இது பற்றி ஞானி பிலலெத்தஸ் கூறுவதாவது,

அனைத்து விஷயங்களையும் விட இது மிகவும் ஆச்சரியமான ஒன்றாக இருக்கிறது. நமது வெள்ளைக் கல்லானது தனது சொந்த ஒத்தமைவின் தன்மையினால் தனக்குத்தானே தனது முந்தைய நிலையிலிருந்து கீழே விழுகிறது. (உயர் நிலையை அடைகிறது-என கூறாமல் எதிர்பதமாக கூறுகின்றனர்.) அனைத்துக் கல்லும் மீதி இல்லாமல் ஆவியாகிறது. ஆனால் வெள்ளைக் கல்லை பாத்திரத்தில் இருந்து வெளியில் எடுத்து வேறொரு புதிய பாத்திரத்தில், அது ஒரு முறை குளிர்ச்சி அடைந்த பொழுது அதனை ஒரு போதும் புதிய செய்முறைக்கு கொண்டுவர முடியாது. ஆனால் ஒற்றைப் பாத்திரத்தில் அதிகமான நெருப்பில் அதன் சொந்த ஒத்த தன்மையில் உருகுகிறது. ஈரமாகிறது. பறக்கிறது.

6. விழிப்பு அல்லது முளைத்தல்:

வெள்ளைக் கல்லின் உயர்ந்த சக்தியானது விழிப்படையத் தொடங்குகிறது. அழகிய பச்சை நிறமாகத் துளிர் விடுதல் போல் வெள்ளைப் பனி உருகி வசந்த காலத்தில் துளிர் விடுகிற நிறத்தை உண்டாக்குகிறது. மேற்கத்தியர் இதனைச் சுக்கிரனுடைய ஆட்சி என்பர்.

7. தடை:

மஞ்சள் அல்லது ஆம்பர் நிறத்தின் பிரதிநிதியாகிறது. கல் சப்தமிடுகிறது. இளகுகிறது. உருகுகிறது. மறுபடியும் தடை ஏற்பட்டு முன்னர் போல வறட்சியாகிறது. மேற்கத்தியர் இதனைச் செவ்வாய் என்று அழைக்கின்றனர். (சிவப்பு அண்டக்கல்)

8. எரித்தல்:

வஸ்த்துவானது எரிந்து சிவந்த நாவல் பழ நிறத்தை அடைகிறது. மேற்கத்தியர் இதனைச் சூரியன் என்பர். ((மகரம்))

கல்லின் உள்முக நெருப்பால் புனித நெருப்பானது முழுமையான விழிப்புணர்வைக் கொடுத்ததை விளக்குகிறது. தீப்பிடித்த வஸ்த்துவின் கலவை இந்த கல்லைத் தயாரிக்கச் செய்தது. அதனைச் சீலிட்ட பாத்திரத்தில் இருந்து எடுத்து பத்திரப்படுத்தவும்.

முதல் எட்டு செய்முறைகளும் மேற்கத்திய இரசாயணத்தில் விளக்கப்பட்ட முப்பு உற்பத்தி செய்முறையின் சரியான ஒப்பந்தமாக உள்ளது.

ஒன்பது முதல் பன்னிரண்டு வரையான செய்முறைகள் முப்புவிற்கு இரட்டிப்பு ஆற்றலைத் தருகிறது. அது முப்புவின் அளவையும், ஆற்றலையும் அதிகரிக்கிறது.

இரட்டிப்பாற்றல்:

9. ககன கிராசம்: மைக்காவை விழுங்குதல் அதிகப்படியான அப்ரேகம் என்று அழைக்கப்பட்டது. அதன் பொருள் நீரைக் கொடுக்கும் மேகம் என்பதாகும். மைக்கா என்பது ஆகாயம்

நிலையானது. அண்டக் கல்லின் சொர்க்கத்தினுடைய நற்குணங்களின் அடையாளமாக உள்ளது. கல் எவ்வளவு நன்றாக உருவாக்கப்பட்டதோ அவ்வளவு நன்றாக அதனுடைய ஆற்றல் விரிவடையச் செய்யப்படுகிறது. இங்கே சாதாரண அப்ரகம் என்று அழைக்கப்படும் தாதுவைப்பற்றி நாம் பேசவில்லை. அது முன்னர் எட்டு செய்முறைகளால் உருவாக்கப்பட்ட சிவப்புக் கல்லைப் பற்றித் தான் பேசுகிறோம். ஒரு தடவை உற்பத்தி செய்யப்பட்ட கல் இரட்டிப்பாற்றல் மூலம் சக்தி அதிகரிக்கப்பட வேண்டும். சிவப்புக் கல் ஒரு பங்கை எடுத்து மூன்று பங்கு சிவப்பு ரசத்தில் அறிமுகப்படுத்த வேண்டும். பிறகு இதனை மூடி முத்திரையிட்ட பாத்திரத்தில் வைத்து ஒரு மாதம் சமைக்க வேண்டும். முதல் ஒன்பது மாதங்களில் ஏற்பட்ட மாற்றங்கள் பழையபடி ஏற்படும். சிவப்புக் கல்லானது முதலில் அறிமுகப்படுத்தப்பட்ட ஞானிகளின் ரசத்தினுள்ளே நுழைகிறது. அது ரசத்தினால் விழுங்கப்படுகிறது. இது ககன கிராசம் அல்லது மைக்காவை விழுங்குதல் என்று அழைக்கப்படுகிறது.

10. சாரணம்: மார்க்கம்- முன்னர் விளக்கப்பட்ட நிறமாற்றங்கள் அனைத்தும் முறையான இச்செயல் திட்டத்தின் அடையாளமாக இருக்கின்றன. இரட்டிப்பாற்றல் செய்முறை காலத்தில் இந்த நிறமாற்றம் நமது வஸ்த்துவில் முன்னதைக் காட்டிலும் மிக விரைவாக நடைபெறுகிறது.

11. கர்ப்பத் துருதி: மிருதுவாக்கல் அல்லது இளகி உருகுதல் - நமது பொருள் பாத்திரத்தில் இருக்கும் பொழுது அதன் உறுதித் தன்மை, தரம், வித்தியாசத்தை பரிசீலனை செய்தல். எட்டு செய்முறைகளின் முடிவில் அச் சிவப்புக் கல் நேர்த்தியான சிவந்த பொடியாக உறுதித் தன்மையுடன் இருந்தது. மேலும் அது உலர்ந்திருந்தது. இரட்டிப்பு ஆற்றலின் முடிவில் அதன் உறுதித் தன்மையில் வித்தியாசம் இருந்தது. அது உலர்ந்த, உறைந்த சிவந்த பொடியாக இல்லை. பாத்திரத்தில் எவ்வளவு நீண்ட நேரம் இருந்ததோ அவ்வளவு அதிக நெருப்பில் இருந்தது. அது மிருதுவான, இளகும் தன்மையுடன் அல்லது உருகும் நிலையில் தங்கி இருக்கிறது. இந்த செயல் முறையின் மூலம், முடிவில் உற்பத்தி செய்யப்பட்ட வஸ்து ஒருவர் பார்க்கும் போது

இளகிய, மிருதுவான, உருகிய சிவப்பு முப்பு பாத்திரத்தினுள் இருந்தது. முன் இருந்த உலர்ந்த சிவந்த பொடியாக இல்லை.

12. பாக்யதுருதி: பாத்திரத்திற்கு வெளியே மிருதுவானது அல்லது உருகியது. –அந்த வஸ்து முழுமையாக ஆற்றல் அடைந்து விட்டதா என்பதை உறுதி செய்ய பாத்திரத்திற்கு வெளியே எடுத்து நன்றாகச் சோதனை செய்ய வேண்டும். குளிர்ச்சி அடையும் போது கோந்து, ரெசின் போன்று கடினமாக இருக்கும். ஆனால் இலேசான நெருப்பில் வைக்கும் போது அது அரக்கு போல மிருதுவாகும். உருகும். ஓர் உருண்டை வடிவத் துளியாகும். அச்சிவப்புத் துளி தான் பிந்துவாகும். சக்தியால் தழுவப்பட்டது. இதுவே பாக்யதுருதி எனப்படும்.

அதாவது சிவப்பு ரசத்தில் சிவப்பு முப்புவைக் கொடுக்கவும். அது மறுபடியும் கருப்பு, வெள்ளை, பச்சை, மஞ்சள் மற்றும் சிவப்பாக உருமாற்றம் அடைகிறது. இதற்கு 28 நாட்கள் எடுத்துக் கொள்கிறது. இது போல் இரண்டாவது முறையும் ரசத்தைக் கொடுக்கவும். இம்முறை 20 நாளில் அனைத்து நிறங்களும் தோன்றி மறையும். மூன்றாவது முறைக்கு பத்து நாளிலும், நான்காவது முறைக்கு நான்கு நாட்களும் ஐந்தாவது முறைக்கு ஒரு மணி நேரத்திலும் அனைத்து நிறங்களும் தோன்றி மறைந்து இளகிய சிவந்த நிறத்தில் முப்பு கிடைக்கிறது. முதல் எட்டு செய்முறையில் கிடைத்த முப்பு பத்து மடங்கு ஆற்றல் உடையது.

இரட்டிப்பு ஆற்றலில் முதல் தீட்சையில் கிடைத்த முப்பு நூறு மடங்கு ஆற்றலும், இரண்டாவது தீட்சையில் ஆயிரம் மடங்கும், மூன்றாவதில் பத்தாயிரம் மடங்கும், நான்காவதில் லட்சம் மடங்கும், ஐந்தாவதில் கோடி மடங்கும் முப்பு வீரியம் பெறும்.

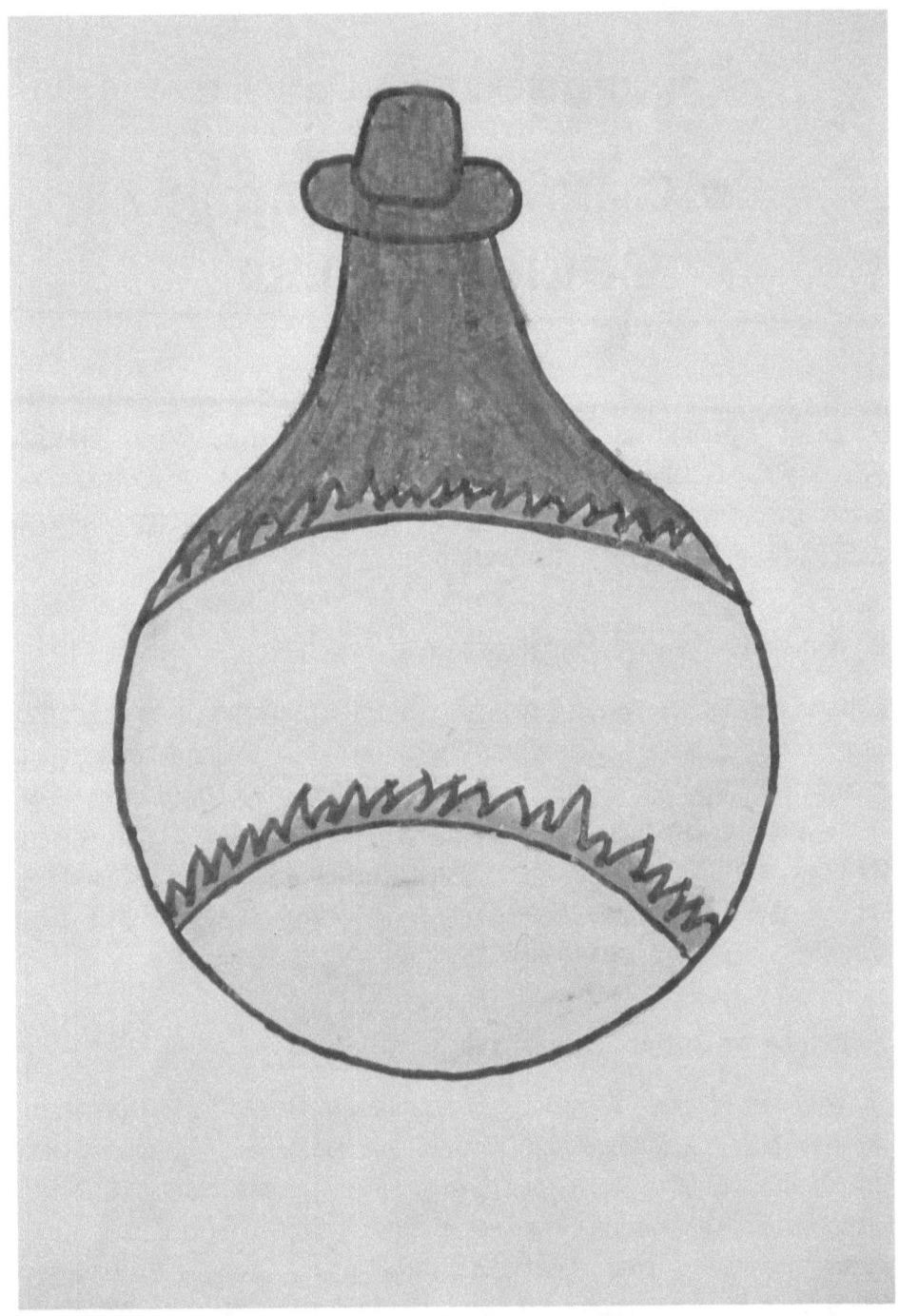

பதங்கமாதல்

அகர ரகசியம் - பகுதி 20

உலோக உருமாற்ற செயல் திட்டம்

சரியான முறையில் உற்பத்தி மற்றும் இரட்டிப்பாற்றல் செயல் திட்டத்திற்குப் பிறகு முப்புவை மனித உபயோகத்திற்கு தயாராக உள்ளதா என்பதை உறுதிப்படுத்த உலோக உருமாற்ற செயல் திட்டத்திற்கு உட்படுத்த வேண்டும்

1. ஜாரணம் அல்லது ஜீரணித்தல்:

இரட்டிப்பு செயல் திட்டத்திற்குப் பிறகு முழுமையான ஆற்றல் பெற்ற முப்பு தங்கத்தை ஜீரணிக்கும் ஆற்றல் பெற்றதாகும். ஒரு குகையில் ஒரு குறிப்பிட்ட அளவு தங்கத்தைப்போட்டு உருக்கிக், கொஞ்சம் முப்புவைக் கொடுக்கவும். அவை இரண்டும் உருகி ஒன்று சேர்ந்து விடும். உருகுகின்ற போது முப்பு தங்கத்தை ஜீரணித்து விடும். தங்கத்தை தன் நிறத்திற்குக் கொண்டு வந்து விடும். இது ஜீரணித்தல் என்று அழைக்கப்படுகிறது.

2. இரஞ்சனா எனும் நிறமாற்றம்:

ஜீரணமான பிறகு உருகிய கலவையை வெளியே எடுக்கவும். அச்சில் ஊற்றிக் குளிரச் செய்யவும். அச்சை உடைத்து வெளியில் எடுக்கவும். நிறமேறிய முப்பு ஒரு சிவந்த கண்ணாடி போன்ற பொருளாக இருக்கிறது. தங்கத்தினால் நிறமேற்றப்பட்ட முப்பு இளஞ் சாயம் என அழைக்கப்படுகிறது. அதைப் பொடித்து நேர்த்தியான பொடியாக்கவும். செயல் திட்டப்படி இது "நிறமாற்றம்" எனப்படுகிறது.

3. சாரணா: வழிந்தோடுதல்:

செயல் திட்டப் பொடியை உருமாற்றத்திற்குப் பயன்படுத்தவும். முதலில் ஓரளவு காரீயத்தை உருக்கவும். அல்லது பொதுவான பாதரசத்தை சூடு படுத்தவும். ஒரு சிறிதளவு செயல் திட்டப் பொடியை கொஞ்சமாக கொடுக்கவும். அப்பொழுது ஒரு சிவப்பு எண்ணெய் அதன் மேற்பரப்பில் உருகிவழிந்தோடும். இதையே வழிந்தோடுதல் என்போம்.

4. கிராமணம்: பிடித்துக் கொள்ளுதல்:

பிறகு சிறிது நேரத்தில் சிவந்த எண்ணெய் உருகிய உலோகத்தின் உள்ளே சென்று விடும். இது நடைபெறும் பொழுது உருகிய உலோகம் சூடேறிக் காற்றுக் குமிழ்கள் வெளியேறுகிறது. சிறிதளவு உயர்ந்து லேசான ஸ் என்ற சப்தம் உண்டாகிறது. இது காரீயம், மற்றும் ரசத்திலிருந்து ஆல்பா அணுக்கள் வெளியேறுகிறது என்பதன் அடையாளமாகும். நியூக்கிளியசில் கட்டுப்பட்ட ஆற்றல் விழிப்புணர்வு பெற்ற ஆற்றல் வாய்ந்த முப்புவினால் தளர்த்தப்பட்டது. உலோகத்திலிருந்து விழிப்புணர்வு என்ற முப்பு, நியூக்கிளியசைப் பிடித்து வைத்திருந்த ஆல்பா என்ற ஆற்றலை வெளியேற்றுகிறது. பின் இணைந்து மிருதுவானதாகிறது. சாதாரண உலோகத்தின் அணு கிழிக்கப்பட்டது.

5. வேதை: கிழித்தல்:

உருகிய திரவ உலோகம் உண்மையில் கிழிக்கப்படுகிறது. நிறம் மாற்றமடைவதையும், உறுதித் தன்மை மாற்றமடைவதையும் கவனிக்கவும். உலோகம் முதலில் பிரகாசம் பொருந்திய பச்சை நிறமடைகிறது. அது குளிர்ந்து பச்சையிலிருந்து சிவப்பாகிறது. பிறகு மஞ்சள் நிறத் தங்கமாகிறது. இவ்வாறு அடிப்படை உலோகங்கள் உருமாற்றமடைந்து தங்கமாகிறது. சோதனையில் நேர்த்தியான சுத்தமான 24 காரட் தங்கமாகிறது. இது போல நமது உடலின் மற்றும் மனதின் மாற்றம் மற்றும் விழிப்புணர்வுக்குப் பொறுப்பாகிறது. இது போன்றே நமது உடலின் அணு மாற்றத்திற்கும் முப்பு பொறுப்பேற்கிறது.

6. உடலை மாற்றி அமைக்கின்ற செயல் திட்டம்.

முப்புவின் செயல் திறன் உலோகங்களை உருமாற்றம் செய்கிறது என்பதை ஒரு தடவை உறுதி செய்து கொண்ட ஒருவர், பிறகு இந்த உடலை உருமாற்றம் செய்ய அதை உபயோகிக்க முடியும். ஆனால் ஒருவர் இறுதியான செயல் திட்டத்தை எடுப்பதற்கு முன்னர் சித்து நூல்கள் முறையான உடல் சுத்தி செய்வதை விளக்குகிறது.

தனிப்பட்ட உணவு, சுவாசப் பயிற்சிகள், தள்ள வேண்டியவை, கொள்ள வேண்டியவை மற்றும் பிற ஒழுக்கங்கள் இதில் அடங்கியுள்ளது.

உள்முக இரசாயணம் ஆரம்பிப்பதற்கு முன்னர் உடலை சுத்தப்படுத்த வேண்டும். இவ்வாறு செய்தால் உடலானது முப்பு விதைப்பதற்கு ஏற்ற பாத்திரமாகத் தகுதியான உடலாக அபிவிருத்தி அடைந்து வளர்கிறது. இதை வஜ்ர தேகம் என்று அழைப்பர். இறுதிச் செயல் திட்டத்தினால் உடல் உருமாற்றம் அடைந்ததை சரீர யோகம் என்பர். மேலும் வெவ்வேறு முறைகளில் முப்பு உபயோகிக்கப்படுகிறது. மனதைத் தெளிவாக்குவதற்கு, பல்வேறு உயர்ந்த ஆற்றல்கள் விழிப்படைய வாழ்நாளை அதிகப்படுத்த, உடலைப் புதுப்பிக்க, மரணமற்ற சூட்சும உடலை உருவாக்க முப்பு பயன்படுகிறது.

ஆண்டவன் கருணை இருந்தால் அனைத்தும் கிட்டும்.
பதினெட்டு செயல் திட்டங்கள் முடிவு பெற்றது.

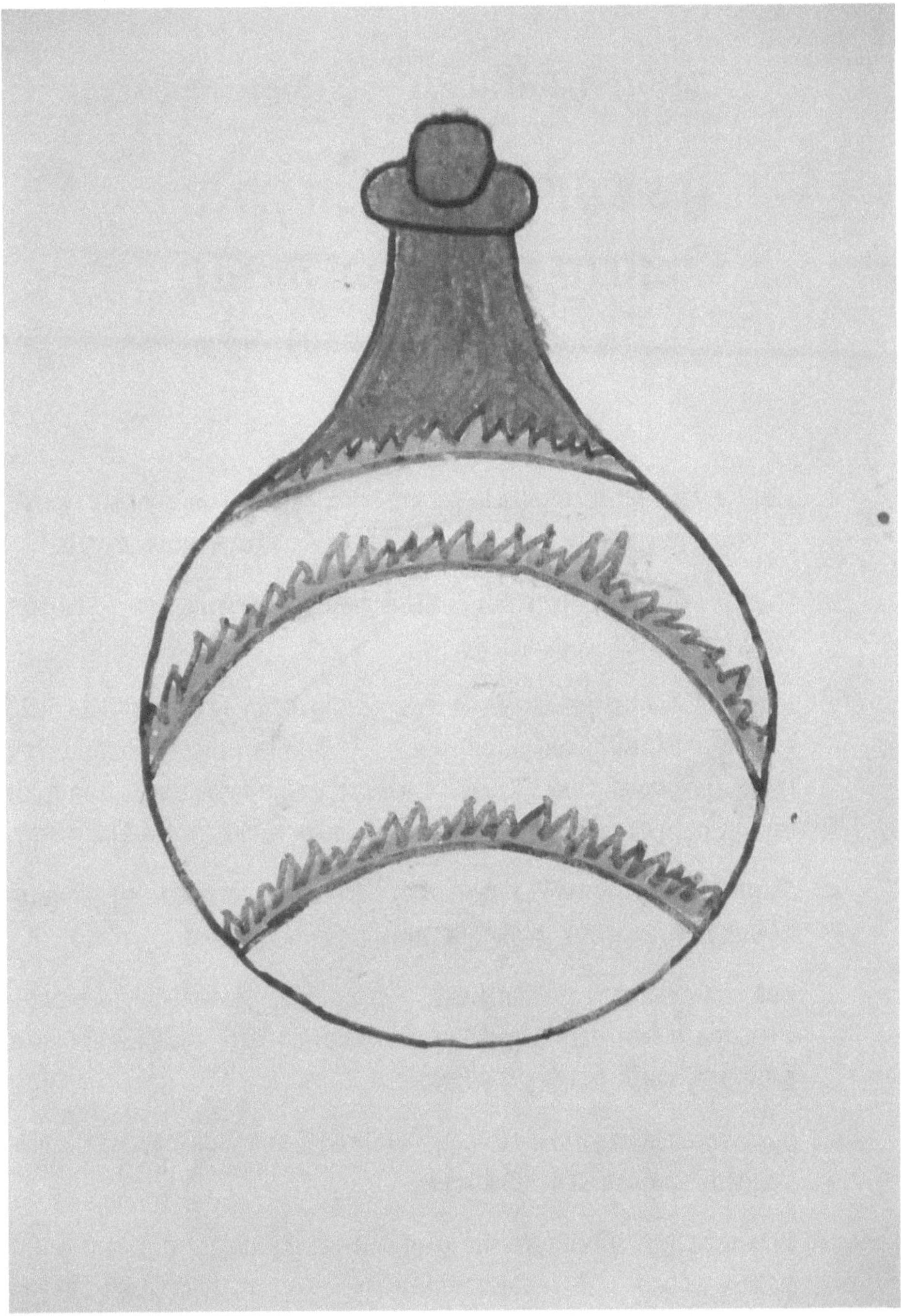

சாம்பலாகுதல் (உப்பு)

அகர ரகசியம் - பகுதி 21

ரசவாத பரிபாசை பொருள் விளக்கம்

தமிழாக்கம் மரு. குப்புசாமி சித்தா

1. பல ரசவாத தொகுப்பு நூல்களை நாம் படித்தால் தான் நமக்கு ரசவாதம் பற்றிய சரியான தெளிவு கிடைக்கும்.

2. ஒரு ஒற்றை நூலில் நமக்குத் தேவையான எல்லா விவரங்களும் இருக்காது.

3. உண்மையான ரசவாதிகள் ஏற்றுக் கொள்வது என்னவெனில், ஒருவருக்கொருவர் மாறுபட்ட, மேலெழுந்த வாரியான குறிப்புக்களை மட்டுமே பயன்படுத்துகிறார்கள். மற்றும் மாறுபாடான குறியீட்டுச் சொற்களை உபயோகிக்கின்றனர்.

4. சிலரசவாத தொகுப்பு நூல்கள் போலியானவை. எந்த ஒரு ரசவாத உண்மை அறிவும் அவற்றில் இல்லை.

5. உண்மையான ரசவாதிகள் சில நேரங்களில், ரசவாத கொள்கைகளைப் பற்றி பொய்சொல்லி, படிப்பவர்களை தவறாக வழி நடத்துகின்றனர்.

6. உண்மையான ரசவாதம் பற்றிய செய்திகள், வெளிப்படையாக எங்கும் மறுக்கப்படவில்லை.

7. வெவ்வேறு ரசவாதிகள் ஒருவர் கருத்தை மற்றொருவர் கண்ணுக்குத் தோன்றும்படி (வெளிப்படையாக) மறுக்கின்றனர்.

8. சில ரசவாதிகள் கற்றுக் கொடுப்பதற்காக எழுதவில்லை. ஆனால், மற்ற ரசவாதிகளுடன் தொடர்புகொள்வதற்காக எழுதி உள்ளனர்.

9. ஏன் எப்படி என்று புரியாத பட்சத்தில் எந்த ரசவாத செய்தியையும் நம்ப கூடாது.

10. ரசவாதம் என்பது ஒரு ரகசியம்.

11. ரசவாத ரகசியத்தைக் காப்போம் என ரசவாதிகள் சத்தியம் செய்துள்ளனர்.

12. ரசவாதிகள் ஞானிகளின் கல்லைக் கண்டுபிடிக்க பயப்படுகின்றனர்.

13. ரசவாதம் என்பது விதிகளுக்கு உட்பட்ட ஒரு அறிவியல்.

14. ரசவாதம் என்பது அண்டக்கல்லை உருவாக்குவதே.

15. ரசவாதிகள் கேலிக்குரியவர்களாகத் தெரிவர்.

16. ரசவாதிகள் பொறாமையுடையவர்கள்.

17. அறிவற்றவர்கள், மற்றும் இக்கலையைப் புறக்கணிப்பவர்கள் இக்கல்லை அடைய முடியாது.

18. ரசவாதிகள் செல்வத்தை ஒரு பொருட்டாக மதிப்பதில்லை.

19. ரகசியம் வெளிப்பட்டுவிட்டால் தவறான செயல்கள் நடந்துவிடும்.

20. ரசவாத ரகசியம் வெளிப்படக் கூடாது.

21. ரசவாதிகள் உருவகமாக பேசி உள்ளார்கள்.

22. ரசவாதிகள் ரகசியத்தைக் காக்க வேண்டும் என்றே தெளிவில்லாமல் பேசுகின்றனர்.

23. ரசவாதிகள், ரசவாத விஷயத்தை புதிராக விரிவுபடுத்திக் கூறியுள்ளனர். ஒருசில பரிபாசை விளக்கம் எதுவுமே புரியாது.

24. தெளிவற்ற உருவகங்களைப் புறக்கணி.

25. தாதுப்பொருள் கல், விலங்குகளின் கல், காய்கறிகளின் கல் என்று தனித்தனியாக இல்லை. இவை உருவகமே.

26. பச்சைச் சிங்கம் என்பது உருவகமே. பச்சை நிறம் அல்ல.

27. நிறைய உருவகங்கள் நிறத்தையே குறிக்கிறது.

28. மூன்று வகையான நிறங்கள் உள்ளன. அவை கருப்பு, வெள்ளை, சிவப்பு.

29. அறிகுறிகளைக் கவனி.

30. அறிகுறிகளுக்கு (கருப்பு, வெள்ளை, சிவப்பு) இடையில் நிறைய வண்ணங்கள் தோன்றுகின்றன. அவை முக்கியமானவை அல்ல.

31. பொருள்கள் உருவகமாகவே சொல்லப்படுகின்றன.

32. ஒரு பொருளுக்கு நிறைய உருவகங்கள் சொல்லப்படுகின்றன.

33. ஒரே செய்முறைக்குத்தான், நிறைய உருவகங்கள் பயன்படுத்தப்படுகின்றன.

34. ரசாயண நடைமுறையின் பெயர்களை தத்துவ ரீதியில் வெளிப்படுத்து.

35. இயற்கையை பின்தொடர். (பின்பற்று)

36. ரசவாதத்தின் உட்பொருளை வெளிப்படுத்தி அறிய இயற்கையை பயன்படுத்து.

37. ரசவாதம் என்பது இயற்கையை விரைவுபடுத்துதல் ஆகும்.

38. இயற்கையை புரிந்துகொள்ளும் வரை செயலைத் (செய்முறையை) தொடங்காதே.

39. செய்முறையை முரட்டுத்தனமாகச் செய்யாதே. இயற்கையை நேர்வழியில் பின்பற்று.

40. இயற்கையே. . . செய்முறையை முழுமையாக்குகிறது. கையால் செய்யும் வேலையால் அல்ல.

41. இந்த கல் நுண்ணுயிர் என அழைக்கப்படுகிறது.

42. இந்தக் கல் ஆண்-பெண் தத்துவத்தைப் பின்பற்றுகிறது.

43. தலைமுறைகள் (ஆண்-பெண்ணாக) எதிரெதிராக இருக்க வேண்டும். அப்போது தான் தலைமுறைகள் தொடர்ந்து உருவாகும்.

44. ஒவ்வொரு நிலையிலும் உயர்வான மற்றும் தாழ்வான நிலைகள் எதிரொலிக்கின்றன.

45. இந்தக் கல்லை இயற்கையான பொருட்களுடன் ஒப்பிட முடியும்.

46. விதைகள் அவற்றின் உட்பகுதியில் மட்டுமே வளர முடியும்.

47. ஜோதிட அறிவு ரசவாத செயலுக்கு உதவாது.

48. ஒன்றிலிருந்து தான் அனைத்தும் உருவாகிறது. அது கொயிட் எசன்ஸ் ஆகும். (நான்கு பூதம் கடந்த ஐந்தாவதான அடிப்படை நுண்பொருள் கூறு.) (வான்பொருள்)

49. எல்லாப் பொருளுக்கும் கொயிட் எசன்ஸ் ஊட்டச் சத்து தருகிறது.

50. கொயிட் எசன்ஸ் புரிந்து கொள்ள முடியாத புதிரானது.

51. வாழ்க்கைக்கான உணவு காற்றில் மறைவாக, உள்ளடக்கமாக உள்ளது.

52. எல்லாப் பொருட்களுக்கும் விதை உண்டு.

53. எல்லாப் பொருட்களுக்கும் சரியான சுற்றுப்புறச் சூழல் அமைந்துள்ளது.

54. உலோகங்களை வளரச் செய்.

(அகரஉகரம்)

55. உலோகங்களுக்கு விதை உண்டு.

56. உலோகங்களுக்கான விதையானது ஒரே ஒரு வடிவத்தில் தான் இருக்கிறது.

57. பூமியின் (மெய்ப்பொருள்) உட்பகுதியில் மட்டுமே உலோகங்கள் வளர்ச்சியடைகிறது.

58. ரசவாதத்தில் தாவரகல், விலங்குகல், தனிம கல் எனும் இவற்றின் தலைமுறைகள் ஒத்த தோற்றமுடையதாகும்.

59. அவ்வகையில்(அதாவது) ஒரே ஒரு கல் மட்டும் தான் உண்டு.

60. இந்தக் கல்லில் இருந்து வெள்ளையும், சிவப்பும் வருகிறது.

61. வெள்ளைக் கல்லும், சிவப்புக் கல்லும் உருவாக(தயாரிக்க) ஒரே ஒரு செய்முறையே பயன்படுகிறது. வெள்ளைக்கல்லின் இன்னும் ஒருபடி மேலான வளர்ச்சியே சிவப்புக்கல் ஆகும்.

62. இந்த செய்முறை எளிதானது.

63. இந்த வேலை சுலபமானது.

64. பொறுமையாக இரு.

65. இது அதிக நேரம் எடுக்கிறது. (கல் உருவாக)

66. எடுக்கும் கால அளவு விளக்கப்படவில்லை.

67. உண்மையில் இந்தச் செய்முறை குறிப்பிடப்பட்ட கால நேரத்தை எடுத்துக் கொள்வதில்லை. (அதாவது எடுத்துக் கொள்ளும் கால அளவு தெளிவுபடுத்தப்படவில்லை.)

68. வளர்ச்சியானது படிப்படியாக ஏற்படுகிறது.

69. இதைத் தொந்தரவு செய்யாதே.

70. அவ்வகையில் ஒரே ஒரு செய்முறை தான்.

71. இந்த வேலை முதல் மற்றும் இரண்டு செய்முறைகளாக அமைந்துள்ளது. (முதல் பகுதி, இரண்டாம் பகுதி என)

72. இதன் முதல் பகுதி வேலை வேலையாளின் கைகளால் செய்யும் வேலை ஆகும். ஆனால் இரண்டாவது பகுதி அவ்வாறு அல்ல. (அதாவது கைகளால் செய்யும் வேலை அல்ல.)

73. முதல் பகுதி மற்றும் இரண்டாவது பகுதி செய்முறைகள் குழப்பமானவை.

74. இந்த வரிசைக்கிரமமான செய்முறையை வேண்டுமென்றே குழப்பி உள்ளனர்.

75. இந்தச் செய்முறை அனைத்தும்(முழுவதும்) வெப்பத்தைப் பற்றியதே (அன்றி வேறில்லை.)

76. (நமது பொருள்) மென்மையான வெப்பத்துடன் இருக்க வேண்டும்.

77. வெப்பமானது சரியான டிகிரியில் இருக்க வேண்டும்.

78. வெப்பத்தைக் கண்டிப்பாக தொடர்ந்து தர வேண்டும்.

79. நமது வேலை ஒருவழிச் செய்முறையாகும். (ஒரு செய்முறைதான்)

80. நமது கல் வளர்ச்சியடைய வெப்பப்படுத்துவது (கொதிக்க வைப்பது அல்லது சமைப்பது) மட்டுமே தேவையான செய்முறையாகும்.

81. ரசமானது(பாதரசம் அல்லது தண்ணீர்)திரும்பத் திரும்ப வாலை வடிக்கப்பட்டு உடலுடன் சேர்க்கப்பட்டது.

82. (இந்தச் செயல்) சுழற்சியாக தொடர்ந்து நடைபெற்றால் நமது பொருள் ஈரத்தை உறிஞ்சிக் கொள்ளும்.

83. திடப்பொருள் நீர்மமாகத் தொடங்குகிறது. நீர்மம் திடப்பொருளாகத் தொடங்குகிறது.

84. (நமது செய்முறைக்கு) ஒரே ஒரு பாத்திரம் மட்டுமே தேவையானது.

85. அந்தப் பாத்திரம் கண்டிப்பாக ரசவாத முறைப்படி மூடப்பட்டிருக்க வேண்டும்.

86. அந்த பாத்திரம் கண்டிப்பாக உருண்டையாக இருக்க வேண்டும்.

87. அந்த பாத்திரம் கண்டிப்பாக உயரமான கழுத்து உடையதாக இருக்க வேண்டும்.

88. பாத்திரம் கண்ணாடியால் செய்யப்பட்டிருக்க வேண்டும்.

89. இந்தப் பொருள் (வான்பொருள்) அனைத்து மக்களுக்கும் தெரிந்த பொருள் ஆகும். (அனைவருக்கும் இந்த பொருள் தெரியும்.)

90. இந்த பொருள் அனைத்து இடங்களிலும் தோன்றுகிறது.

91. இந்தப் பொருள் நமது பார்வைக்குக் கீழேயே காலடியில் இருக்கிறது. (சுலபமாக எளிதில் அனைவருக்கும் கிடைக்கக் கூடியது)

92. இந்தப் பொருள் அனைவருக்கும் பொதுவானது.

93. இந்தப் பொருள் ஒரு தண்ணீர். (திரவப்பொருளாக அல்லது நீர்மப்பொருளாக -லிக்விட் ஆக உள்ளது.)

94. ஒரே ஒரு ஒற்றைப் பொருளில் இருந்து தான் நமது கல் தயாரிக்கப்படுகிறது.

95. (இரண்டாக) பிரிப்பதிலிருந்து வேலை ஆரம்பமாகிறது(துவங்குகிறது).

96. ஒரு பொருளில் இருந்து இரண்டு பொருள்கள் தயாரிக்கப்படுகிறது.

97. அவைகள் இரண்டு பொருட்கள். (ஒன்று திடப்பொருள் மற்றது திரவப்பொருள். ஒன்று ஆண் மற்றது பெண் தன்மையுடையது ஆகும்)

98. இரண்டு பொருட்களில் ஒன்று நீர்மம். மற்றது திடம்.

99. ஆவியாக்குவது மூலமும், நிலைப்படுத்துவதன் மூலமும் இக்கல் தயாரிக்கப்படுகிறது.

100. உடல் என்பது திடப்பொருள். உயிர் (ஆன்மா.) என்பது திரவப்பொருள்.

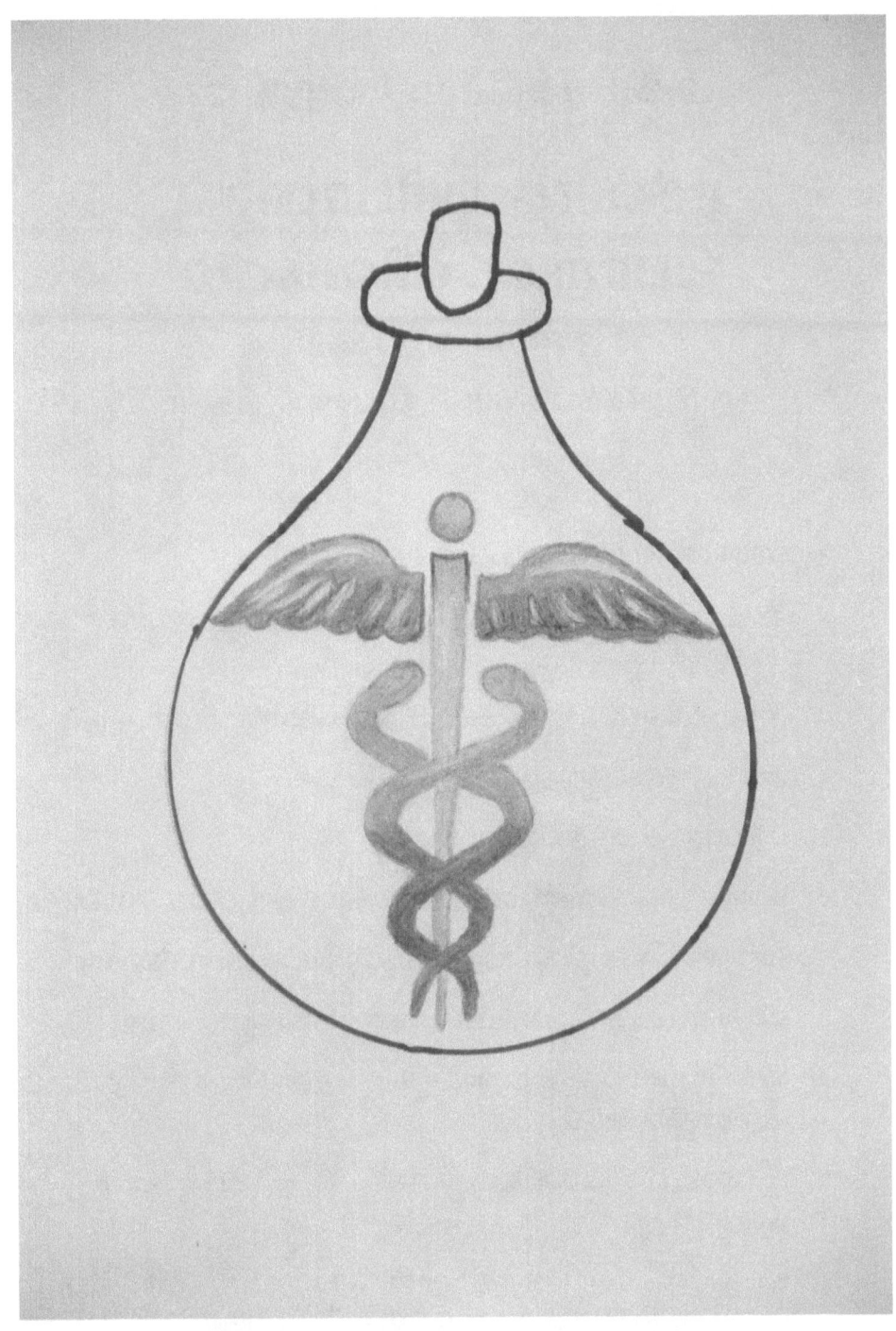

ஓம் என்ற பிரணவ குழூக்குறி வடிவம்

அகர ரகசியம் - பகுதி 22

ரசவாத பரிபாசைப் பொருள் விளக்கம்

இரண்டாவது பகுதி

தமிழாக்கம் - மரு. குப்புசாமி சித்தா

1. ஈரமான பொருள் பாதரசம் எனப்படும்.
2. அந்த இரண்டு பொருட்களும் ஆண் பெண் என அழைக்கப்படுகிறது.
3. அந்த உடல் பெண் ஆகும். அந்த தண்ணீர் ஆண் ஆகும்.
4. அசுத்தத்தில் இருந்து சுத்தத்தைப் பிரி.
5. பிரிப்பதால் சுத்தியாகிறது.
6. கண்டிப்பாக தண்ணீரானது உடலில் இருந்து வர வேண்டும்.
7. வாலை வடிப்பது பொருளைப் பிரிக்கப் பயன்படுகிறது.
8. வாலை வடிக்க அலம்பிக் பாத்திரம் பயன்படுகிறது.
9. வாலை வடிப்பது மெதுவாகவும், குறைந்த வெப்பநிலையிலும் செய்ய வேண்டும்.
10. வாலை வடிக்கப்பட்ட தண்ணீர் பிறகு இந்த உடலுக்கே திரும்புகிறது.
11. உடலுடன் சேர்ப்பதற்கு முன், ஒவ்வொரு பிரிக்கப்பட்ட பகுதியும் தனியாக சுத்தி செய்யப்பட வேண்டும்.

12. .வாலை வடிக்கும் எண்ணிக்கை மூன்றிலிருந்து பத்து முறையாகும்.

13. சிறந்த முறையில் சுத்தி செய்யப்பட்டு, வாலையில் வடிக்கப்பட்ட நமது தண்ணீரானது, வெளிப்படையாக தங்கத்தைக் (உடல்) கரைக்கும் திறன் கொண்டது.

14. வாலை வடித்தானதன் பிறகு, உடல் கிடைக்கும்.

15. வாலை வடித்த பிறகு உடலில் மறைக்கப்பட்ட உப்பு பிறகு கிடைத்தது.

16. பூமிப்பொருளில் இருந்து சாரமாகிய உப்பு உயர் வெப்ப நிலையில் சாம்பலாக்கப்பட்டு பிரிக்கப்பட்டது.

17. ஒரு பெரும் (கடும்) துர்நாற்றம் நமது மூலப்பொருளை சாம்பலாக தயாரிக்கும் காரணத்தால் ஏற்படுகிறது.

18. நெருப்பானது அசுத்தங்களை நீக்குகிறது.

19. சிறந்த நல்ல உப்பு மேலேறுகிறது.

20. உடலின் பகுதியானது (உப்பு) நமக்கு கரையக்கூடியதாகத் தேவை.

21. பொருள்கள் சாம்பலாக ஆனபின் அதிகம் கரையும்.

22. தண்ணீருடன் சிறிதளவு உப்பு கரைகிறது. வாலை வடித்த நீரில் சிறிதளவு உப்பு இருக்கும். உடலின் கரு தண்ணீரே ஆகும். உடலாகிய விதை அல்லது நிலைப்பட்ட உப்பை தண்ணீரானது கர்ப்பமாக்குகிறது. தண்ணீர் உடலைக் கரைக்கும் போது நிலைப்பட்ட உப்பின் சில துகள்கள் தண்ணீரின் மேல் மிதக்கிறது. இந்த செய்முறையை திரும்ப பல முறை செய்யும் போது, தண்ணீர் தடிப்பாக வருகிறது. எனவே இந்தச் செய்முறையை மீண்டும் செய்ய வேண்டியது முக்கியமான குறிப்பு ஆகும்.

23. உப்பை தண்ணீர் சுத்தம் செய்கிறது.

24. உப்பு தூய்மையான நிலையில் வெண்மையாக இருக்கும்.

25. உப்பு தூய்மையாக இருக்கும் போது இனிமையான வாசனையை வெளிவிடுகிறது.

26. மெய்ப் பொருளுடன் எந்த வெளிப் பொருளையும் சேர்க்காதே.

27. நமது மெய்ப்பொருளுடன் எதையும் சேர்க்கவும் கூடாது. எதையும் எடுக்கவும் கூடாது. ஆனால் மூன்றாவது பொருளுக்கு விதிவிலக்கு உண்டு.

28. மூன்றாவது பகுதி பொருள் என்பது உடலில் கலந்த வெளிப் பொருள் தானே அன்றி உப்பைக் குறிப்பதல்ல.

29. உடலும், உயிரும் பாராட்டுக்குறிய அளவில் உள்ளது.

30. உடலும், உயிரும் இணைந்தே இருக்கும்.

31. உறுஞ்சப்படுவதற்கு முன்னால் உப்பு தூளாக்கப்பட்டிருக்க வேண்டும்.

32. எரிவதில் இருந்து ஈரமானது உடலைப் பாதுகாக்கிறது.

33. பல மாதங்களுக்கு மேல் மிக மெதுவாக ஈரத்தை உப்புடன் சேர்க்க வேண்டும்.

34. உறுஞ்சுவது தொடர்ந்து நடைபெறும் பொழுது நமது பொருள் வறண்டு போய்விடக் கூடாது.

35. நமது பொருள் வறண்டு போனதாகத் தோன்றினால், தண்ணீரைக் கூடுதலாகச் சேர்க்கவும்.

36. உடல் கரைக்கப்பட வேண்டும்.

37. தண்ணீரால் உடல் கரைக்கப்படுகிறது.

38. தண்ணீர் தயிர் போன்று உறையும் தன்மை உடையது.

39. உப்பு தேன் போல தடிப்பாக ஈரமடையும் வரை அதன் சொந்த நீரை ஊட்டவும்.

40. உறுஞ்சுதல் படிப்படியாக நடக்கிறது. மேலும் நீ . . . ண்ட காலம் எடுத்துக் கொள்கிறது.

41. மென்மையான வெப்பத்தினால் உடலும் உயிரும் இணையும்.

42. உடலும் உயிரும் இணைந்து இருக்க, கோழி முட்டை பொறிக்கத்தக்க சரியான வெப்பம் தேவை.

43. உடலும், உயிரும் ஒரு முறை இணைந்து விட்டால் அதன் பின் பிரிக்கவே முடியாது.

44. ஊட்டம் அல்லது உறுஞ்சுதல் நிறைவடையும் போது தண்ணீரின் மேற்பரப்பு கருப்பு நிறமாக இருக்கும்.

45. இது அழுகிப் போக வேண்டும்.

46. ஒரு பொருளின் உள்ளே இருக்கும் மற்றொன்றானது எந்த மாற்றமும் அடையாமல் இருக்கும். அழுகி காடியாகும் பொருட்கள் இதற்கு விதிவிலக்காகும்.

47. அழுகி காடியாவதற்கு ஈரம் தேவை.

    வறண்ட பொருட்கள் அழுகுவதில்லை.

    ஆகவே தண்ணீர் (ஈரம்) கண்டிப்பாகத் தேவை.

48. சரியான அழுகுதலுக்கு, தண்ணீருக்கு சரியான வெப்பம் தேவை.

49. தண்ணீரின் சுழற்சி இல்லாமல், அழுகுதல் நடைபெறாது.

50. அழுகுதல் முடிந்தால் நமது பொருள் வறண்டு விடும்.

51. அங்கே (வறட்சி) காய்ந்து போதல் இல்லையானால், அங்கே நிறங்களும் இல்லை.

52. தண்ணீர் முற்றிலும் உறிஞ்சப்பட்ட பிறகு கருப்பு நிறம் வருகிறது.

53. அழுகுதலுக்கு அடையாளம் கருப்பு நிறமாகும்.

54. அனைத்து வகையான கருப்பு பொருட்களையும் இந்த கருப்பு நிலையில் அழைக்க முடியும்.

55. கருப்பு நிறத்திற்கு முன் சிவப்பு நிறம் வந்தால் ஏதோ தவறு ஏற்பட்டுள்ளது.

56. அழுகுதலையே தலைமுறைகள் பின்பற்றுகின்றன. அழுகுதல் நிறைவடைந்த பிறகு தலைமுறையின் தொடக்கம் ஆரம்பிக்கிறது.

57. நமது கல் வறட்சியாகவும், கருப்பாகவும் ஆகும் பொழுது வெப்பத்தை அதிகப்படுத்த வேண்டும்.

58. கருப்பு நிறத்திற்குப் பிறகு வெள்ளை நிறம் வருகிறது. (வெள்ளை நிறம் வந்துவிட்டால் நாம் வெள்ளை அண்டக்கல்லைப் பெற்று விட்டோம்.)

59. கருப்பு வெள்ளை நிறங்களுக்கு ஊடாக பல நிறங்கள் வருகின்றன.

60. வெள்ளை நிறத்திற்குப் பிறகு சிவப்பு நிறம் வருகிறது. இறுதி நிறத்தின் அடையாளம் சிவப்பு. அது வெள்ளைக்குப் பின்பு வருகிறது......... நீண்ட நேரத்திற்குப் பின்.

61. வெள்ளை அண்டக்கல்லின் இன்னும் ஒரு படி மேலான வளர்ச்சியே சிவப்புக் கல் ஆகும்.

62. வெள்ளைக் கல்லுக்கு அதிக வெப்பத்தைத் தருவதன் மூலம் உருவாவது சிவப்புக் கல் ஆகும்.

63. வெள்ளைக்கும் சிவப்புக்கும் இடையில் காய்ந்த வெப்பம் பயன்படுகிறது.

64. மறுசுழற்சியினால் வெள்ளையிலிருந்து சிவப்பு உருவாகிறது.

65. சிவப்புக்கல் வளர்ச்சியடைவதற்கு முன்னால் வெள்ளைக் கல் புளிக்காது.

66. வெள்ளைக் கல்லின் ஒரு குறிப்பிட்ட பகுதியின் இன்னும் ஒரு படி மேலான வளர்ச்சியே சிவப்புக் கல் ஆகும்.

67. வெள்ளைக்கும் சிவப்பிற்கும் இடையில் ஆரஞ்சு வண்ணம் வருகிறது.

68. கல் புளித்துள்ளது. வெள்ளைக் கல்லை வெள்ளி என்றும், சிவப்புக் கல்லைத் தங்கம் என்றும் தரத்திற்கேற்ப பெயரிடுவர்.

69. அதிக முறை வாலை வடித்தலுடன் புளித்தல் மறு சுழற்சியாகிறது. இதனுடன் வெள்ளி அல்லது தங்கத்தைச் சேர்.

70. பெருக்கமடையும் நோக்கத்திற்காக புளித்தல் திரும்பவும் நடக்க வேண்டும்.

71. குறைவாக ஆவியானால் புளித்தலின் மூலம் கல் உருவாகும்.

72. புளித்தல் தரத்தைக் கூட்டுகிறது.

73. ரசவாதத்திற்கு புளித்தல் அவசியம்.

74. வெள்ளியும், தங்கமும் புளித்தல் செய்முறைக்குப் பயன்படுகிறது.

75. வெள்ளைக் கல் வெள்ளியுடன் நொதிக்கிறது.

76. சிவப்புக் கல் தங்கத்துடன் நொதிக்கிறது.

77. வெள்ளியும் தங்கமும் புளிக்கும்.

78. நொதித்தலின் போது உலோகத்தின் அளவு கூடுகிறது.

79. கல் பெருக்கமடையும்.

80. நமது கல் நொதித்தலின் மூலம் அளவிலும் தரத்திலும் அதிகரிக்கிறது.

81. நமது கல் பெரும்பாலும் முடிவற்ற நிலையை நோக்கி பெருக்கமடைகிறது.

82. ஒவ்வொரு பெருக்கத்தின் போதும் நமது கல்லானது பத்தின் மடங்காக தனது தரத்தில் உயர்கிறது.

83. நமது செய்முறையை திரும்பத் திரும்ப செய்வதால் பெருக்கம் தொடர்ந்து நடைபெறுகிறது.

84. அடிக்கடி திரும்பத் திரும்ப பலமுறை கரைக்கப்படுவதால் நமது பொருளின் நற்குணம் வளர்ச்சியடைகிறது.

   பொருள் திரும்பத் திரும்ப பல முறை கரைவதால் அதன் குணப்படுத்தும் நற்பண்பு பல மடங்காக உயர்கிறது.

85. கல், தனக்குள்ளேயே உள்ள செயல் திட்டத்தினால் தரத்தில் வளர்கிறது.

86. பெருக்கமடைவது மருந்தின் நற்குணத்தை வேகமடையச் செய்கிறது.

87. இறுதிக்கல்லின் நிறம் சிவப்பு.

88. இறுதிக் கல் மிகவும் உறுதியானது. கனமானது. தங்கத்தை விட.

89. இறுதிக் கல் தீப் பற்றாது. வெப்பத்தால் பற்பமாகவோ, செந்தூரமாகவோ எந்த மாற்றமும் அடையாது.

90. இறுதிக் கல் படிகம் போன்றது.

91. இறுதிக் கல் எல்லா வகையான நீர்மத்திலும் கரையும்.

92. இந்தக் கல் பிரபஞ்ச மருந்தாகும்.

93. வெள்ளைக் கல் மனிதர்களுக்கான மருந்தாகும்.

94. வயதான தோற்றத்தைக் கல் தடை செய்கிறது. மற்றும் இளமையை மீட்டெடுக்கிறது.

95. இது வாழ்க்கையை நீட்டிக்கிறது.

96. இந்தக் கல் மனக்கவலையை நீக்குகிறது. மனஅழுத்தத்தைப் போக்குகிறது.

97. இது உலோகங்களை உருமாற்றுகிறது.

98. வெள்ளைக் கல் உலோகங்களை வெள்ளியாக மாற்றுகிறது.

99. சிவப்புக் கல் உலோகங்களைத் தங்கமாக மாற்றுகிறது.

100. இந்தக் கல் தாழ்ந்த உலோகங்களை தங்கமாக மாற்றம் செய்யக் கூடியது.

101. உலோகம் உருகிய நிலையில் இருக்கும் போது உருமாற்றத்தைச் செயல்படுத்து.

102. இந்தக் கல், கற்களையும் உருமாற்றுகிறது.

103. நமது கல் விளக்குகளை தொடர்ந்து எரியச் செய்யும்.

104. கிருத்துவத் திருமுறை சார்ந்த குருக்கள் இந்தக் கல்லைப் பெற்றவர்களாக இருக்கின்றனர்.

105. தங்க ஜரிகை (The Golden Fleece) என்ற நூலில் இந்த மருந்தை தயாரிப்பதற்கான அனைத்து விவரங்களும் உள்ளடங்கி இருக்கிறது.

எழுதப்பட்டுள்ள குறிப்புகளில் பரிபாசைகள் உள்ளன. பரிபாசைக் குறிப்புகளின் எண்களைக் கீழே குறித்திருக்கிறேன்.

2, 5, 6, 8, 16, 17, 20, 39, 43, 44, 47, 51, 53, 67, 70, 72, 82, 87, 101, 103, 112, 113, 116, 117, 118, 125, 132, 134, 135, 149, 151, 163, 164, 165, 166, 167, 171, 173, 177, 178, 186, 190, 191, 193, 200, 203, 205.

மேலும் கீழே உள்ள குறிப்புகளின் எண்கள் பரிபாசை என குறிக்கப்பட்டாலும், முற்றிலும் பரிபாசை என உறுதிப்படுத்த இயலாத குறிப்புகள் ஆகும்.

2, 6, 7, 8, 17, 39, 43, 44, 47, 51, 53, 67, 72, 82, 112, 113, 117, 118, 125, 132, 134, 135, 149, 151, 167, 171, 173, 186, 190, 191, 200, 203, 205.

மற்ற குறிப்புகள் பரிபாசை இல்லாதவை.

அண்டங்காக்கை

அகர ரகசியம் - பகுதி 23

தொகுப்பாசிரியர்.
மரு. குப்புசாமி சித்தா

பிரணவ மெய்ப்பொருள்:

"முப்பான முப்பூவும் ஆதியிலே குருவாய்
முடிந்திருக்கு என்றறியார் மூடர் தானே"

"முப்பூ முடித்து வைத்திருக்குதடா அதை
வைப்பு வைத்து திருத்தும் வழி தேடடா"

-அமுத கலைஞானம் 1200

ஆகவே மெய்ப்பொருளானது ஏற்கனவே முடித்து வைக்கப்பட்டுள்ளது.

"பெட்டியதில் உலவாத பெரும்பொருள் ஒன்றுண்டு"

என்பதற்கிணங்க அம்மெய்ப்பொருள் ஒரு பெட்டியினுள் இறுக மூடப்பட்டு உலகோர் அறியா வண்ணம் பாதுகாப்பாக வைக்கப்பட்டுள்ளது. அது பளபளப்புடன் ஒளி வீசத்தக்க நிறம் உடையதாய் உள்ளது.

"இறைவனின் பொக்கிஷம் மறைபொருளாய் வைத்திருந்தும் குழந்தை எடுத்தாடுவதேன்."

"குழந்தையுள்ளம் படைத்த இறை குழந்தைகட்கே சொந்தமதாம்."

"மழலைச் சொல் குழந்தைகட்கே அக்பரது பொக்கிடமாம்".

"குழந்தையும் தெய்வமும் கொண்டாடும் இடத்திருக்கும்.

"ஏட்டுச் சுரைக்காய் என இங்கெடுத்து யாம் கூறோம்
கூட்டுக் கறிக்காகுமிதால் குடும்பம் எல்லாம் பிழைத்திடுமே."

மகான் -கருணாகர சுவாமிகள்.

"மேன்மையுடன் தேகசித்தி பெறுவாரில்லை
ஞாலத்தின் அனைவோர்கள் இக் கற்பத்தை
அறியார்கள் அறிந்தவர்கள் ஆகிலுந்தான்
பாலமிர்தம் போல் மனிதன் உற்பனத்தால்
பல நூலின் வழி கண்டால் தோணும் வஸ்து
தாலத்தின் சித்தர்களும் காணாமல் தான் தன்மையற்று
சவமாகி சுடுகாடு போனார்தானே".

-அகத்தியர்.

"மூலமென்ற வழலையது முப்பூவாச்சு
மூதண்டக் கருவதுவும் முடிந்த மூலி
காலனென்ற காலனுக்கும் ஆதி மூலி
கண்டவர்க்கும் எளிதான கமல மூலி
பாலென்றால் பால் சொரியும் பஞ்ச மூலி
பரித்தெவரும் பொசிக்கின்ற பச்சை மூலி
ஞாலமிசை மெத்தவுண்டு நடன மூலி
நவின்றிட்டால் வெளியாகும் நயந்துபாரே"

-நந்தீசர்.

"பஞ்சபூதம் ஒன்று கூடில் பளிங்கு போல் அதீதமாம்"

-திருவள்ளுவர்.

"தானான ஆதார ஜோதி போல
சங்கையுடன் தோணுமடா அங்கே பாரு
வானான அண்டமதின் நடுவே பார்த்தால்
வகையாகத் தோணுமடா பஞ்சரூபம்".

-அகத்தியர்.

எனவும் சித்தர்கள் அம் மெய்ப்பொருளை வெட்ட வெளிச்சமாய்க் காட்டி விட்டார்கள்.

மேலும் அப்பொருளானது புனிதமானதாகவும், வணங்கத் தக்கதாகவும், பரந்த கடலைத் தன்னுள் பெற்றதாகவும் உள்ளது.

"வாத வைத்திய யோகமெல்லாம் ஆதியந்தம் இரண்டாலாம்
காதமல்ல இவைகிடைக்கும் கண்டகண்ட இடங்களிலும்".

என்றும் கூறப்படுவதால் எங்கும் தேடி அலைய வேண்டியதில்லை. "ஊரடுக்க மெத்தவுண்டு" எனவும் அகத்தியர் கூறுவதால் அப்பொருள் எங்கும் உள்ள பொருள் எனத் தெளிக.

"குப்பங்காடு மலை சாக்கடை நகரமெல்லாம்
குடியிருக்கும் வீடுமுதல் இது கிடக்கு
ஒப்பம் வைத்து ஊரெல்லாம் ஓடுது பார்
உலகிலே இதுதெரியா மனிதரில்லை"

"இன்பத்துக்கும் துன்பத்துக்கும் இதுதானென்றும்"

என்பதையும் கவனிக்கத் தக்கது. இக் காயகற்பக் கலையானது ஒன்றையொன்று சுத்தப்படுத்தும் மூன்று செய்முறைகளைக் கொண்டுள்ளது. கழுகு போன்ற கூர்மையான பார்வை கொண்டவர்களால் மட்டுமே தாங்கள் தேடும் பொருளை சரியாகக் கணிக்க இயலும்.

செய்முறை:

நமது முதல் செய்முறையானது கெந்தகத்தை மூடி வைத்திருக்கும் இருண்ட சிறைக்கதவுகளைத் திறக்க வல்லது. இந்த செய்முறை மூடி வைக்கப்பட்ட பெட்டியிலிருந்து மூலக்கருவை எப்படி பிரித்து எடுப்பது என்பதையும், 'ஞானிகளின் கல்' எனும் மெய்ப்பொருளில் பாதரசமும், கந்தகமும் உயிருடன் உடல் போல எப்படி இணைக்கப்பட்டிருக்கிறது என்பதையும் நமக்குத் தெரிவிக்கிறது.

ஒரு அறிவுக் கூர்மையுள்ள கலைஞன் தன்னுடைய ஒவ்வொரு செய்முறையிலும்

அவ்வுடலை சாராயமாகக் கரைக்க வேண்டும். கறுப்பு நிறத்தை வெண்மையாக மாற்ற வேண்டும். அந்த வெண்மைக்கு உயிரூட்ட

வேண்டும்இவவாறு உயிரூட்டப்பட்ட வெள்ளைக்கல் தன் நாளத்தில் பெலிக்கன் எனும் நீர்ப்பறவையின் ரத்தத்தையும் பெற்றுள்ளது.

நீராக மாற்றுதல்:

நமது கல்லை நீராக மாற்றுவது ஞானிகளின் நெருப்பு ஆகும். இந்த ஞானிகளின் நெருப்பு எது என்பதும், நமது கல்லை நீராக மாற்றும் ஒரே கருவி இந்த நெருப்புதான் என்பதையும் எவன் அறிந்தவனோ அவனே ஞானி என அழைக்கத் தகுதியானவன் ஆகும். இந்த இரகசிய நெருப்பு தான் நம் உயர்ந்த கலைக்கு எல்லாவித அற்புதங்களையும் செய்யவல்ல ஒரே இயக்கம் என்பதையும், எந்த ஞானியும் வெளிப்படையாகத் தெரிவிக்கவில்லை. எவன் ஒருவன் இந்த இரகசிய நெருப்பை புரிந்து கொள்ளாதவனோ, அதன் மதிப்பு வாய்ந்த தகுதிகள் எப்படி விவரிக்கப்பட்டிருக்கிறது என்பதைத் தெரியாதவனோ அவன் இந்த இடத்தில் தன் பரிசோதனைகளை நிறுத்திக் கொண்டு தனக்கு இந்த இரகசியத்தை புரிந்து கொள்ளக்கூடிய அறிவைக் கொடுக்குமாறு இறைவனை வேண்டிக் கொள்ளட்டும். இந்த இரகசியத்தை அறிந்து கொள்ளக்கூடிய ஞானத்தை அவன் பெற்றுக் கொண்டால் அது வானுலகக் கடவுள் தந்த பரிசாக இருக்குமே தவிர வேறில்லை.

நீ முயற்சி செய்தால் நமது கல்லை இயற்கையான முறையிலும், முரட்டுத் தனம் இல்லாமலும் கரைக்கும் நெருப்பு எது என்றும், ஞானிகளின் கடலில், நம் கல்லை நீராகக் கரைத்தது எதுவென்றும், அதைத் தூய்மைப்படுத்திக் கரைத்தது ரவிமதியின் வெப்பக் கதிர்கள் தான் என்பதையும் நீ அறிந்து கொள்ளாமல் இருக்க முடியாது.

இம் முறைகளினால் ஹெர்மஸ் கூறுவது போல நமது கல்லானது திராட்சை ரசமாகி, பிறகு ஞானிகளின் சாராயமாக மாறியது. இதையே பேசில் வாலன்டைன் எனும் அறிஞர் நமது பொருள் மலிவானது, நமது நெருப்பு மலிவானது, நமது அடுப்பு மலிவானது என கூறுகிறார்.

#அண்டக்கல் உப்பு:

மெய்ப்பொருளை உலர்த்தி இடித்து பொடித்து இரும்பு வாணலியில் இட்டு சிறு நெருப்பில் வறுக்கவும். இவ்வாறு வறுக்கும் போது மெய்ப்பொருள் உருகி சிறு சிறு கட்டிகளாக மாறும். நிறைய புகை வரும். இதனை மீண்டும் பொடித்து வறுக்கவும். இது போல் புகை வராத வரையிலும், கட்டிகளாக மறாத வகையிலும் வறுக்கவும். இதன் மூலம் நமது மெய்ப்பொருளானது வெண்மையாகவும், உயர்ந்த சாம்பல் போன்றும் கிடைத்தால் நமது செய்முறையானது சரியானபடி முடிந்துள்ளதாகக் கொள்ளலாம்.

மெய்ப்பொருளை எடுத்து மூன்றாவது பகுதிப் பொருட்களை நீக்கிச் சுத்தம் செய்து வறுத்த சாம்பலை நுண்மையாகப் பொடிக்கவும். இதனை ஒரு கண்ணாடி பாட்டிலில் இட்டு இதற்கு நான்கு பங்கு அளவு மெய்ப்பொருளின் நீரை விட்டு இறுக மூடி வைக்கவும். இது பாட்டிலின் அளவுக்குப் பாதி அளவு தான் இருக்க வேண்டும். இதை ரவியில் வைத்து தினம் ஆறு முறை குலுக்கி விடவும். நான்குநாட்களுக்குப் பின் தெளிய வைத்து, தெளிவை மாத்திரம் இறுத்து வைக்கவும். குடுவையில் உள்ள சாம்பலை உலர்த்திப் பொடித்து முன் பிரித்த நீரை ஊற்றி சீலை செய்து ரவியிலிடவும். முன் செய்தது போல் தினம் ஆறு முறை குலுக்கி விட்டு நான்குநாட்களுக்கப் பின் தெளியவைத்து, தெளிவை இறுத்துக் கொள்ளவும்இவ்வாறு சாம்பலில் உள்ள உப்பு முழுவதும் நீரில் வரும்வரை இச் செய்முறையை திரும்பத் திரும்பச் செய்யவும். குடுவையில் மீதி உள்ள பொருளை எரிந்து விடவும்.

சிவம் சக்தியாகிறது.சக்தி சிவமாகிறது

அகர ரகசியம் - பகுதி 24

முதல் செய்முறை: காடிவைத்தல்அல்லது அமுரி என்ற பாதரசம் தயாரித்தல்

மூன்றாவது பகுதிப் பொருளை நீக்கிச் சுத்தம் செய்த ஈயத்தை எடுத்துக் கொள். இதனை ஒரு கண்ணாடிப் பாத்திரத்தில் இட்டு இதற்கு நான்கு பங்கு அளவு ஞானிகளின் கல்லில் இருந்து பெறப்பட்ட அதன் சொந்த உப்பும், புளிப்பு திரவமும் சேர்த்து வைக்கப்பட்ட காடியை ஊற்றவும். இதனை இறுக மூடி சீலை செய்து கடும் ரவியில் வைக்கவும். இதனை தினம் நான்கு அல்லது ஆறு முறை குலுக்கி விடவும். பத்து நாட்களுககுப் பின் பார்க்க இரத்தம் போன்று சிவந்த திரவமாக இருக்கும். இந்த திரவத்தைத் தெளியவைத்து மேல் தெளிவை மாத்திரம்

தனியே இறுத்து எடுக்கவும். பின் பாத்திரத்தில் உள்ள பொருளுடன் புதிய காடியை ஊற்றவும். புளிப்பு திரவம் (காடி நீர்) சிவப்பு நிறம் அடையாமல் இருக்கும் வரை இதனை திரும்பத் திரும்பச் செய்யவும்.

இவ்வாறு தயாரிக்கப்பட்ட காடி நீரானது (ரத்த நிற திரவம்) இப்போது வீரயம் கொண்டதாக இருக்கும். குடுவையில் உப்பு உருவாகி இருக்கும்.

இந்த உப்பை உலர்த்திப் பொடித்து வஸ்திர காயம் செய்து, மீண்டும் குடுவையிலிட்டு மேற்படி ரத்த நிற காடி நீரை குடுவையில் ஊற்றவும். இதனை சீல் செய்து ரவியில் இட்டு தினம் குலுக்கி

வரவும். பத்து நாட்களில் ரத்த நிற காடி நீரானது கருஞ்சிவப்பு நிறத்தில் இருக்கும்.

வாலை வடித்தல்:

இதனை மிதமான வெப்பத்தில் வாலை வடிக்கவும். அமுரி வெளியேரும். இது வெண்மை நிற திரவமாக இருக்கும். குடுவையில் மெழுகு போன்று சற்று இறுகிய பொருள் இருக்கும்.

இந்த தீட்சை நீர் நான்கு பங்குடன் ஈயம் ஒரு பங்கு சேர்த்து காடி வைக்கவும். சிவந்து விடும். இதனை இறுத்து வைத்துக் கொண்டு புதிய தீட்சை நீர் விட்டு காடி வைக்கவும். இவ்வாறு சிவப்பு நிறம் அடையாமல் இருக்கும் வரை புதிய தீட்சை நீர் விட்டு வந்து பின் சிவந்த நீரை ஒன்று கலந்து அனைத்து நீரையும் குடுவையில் உள்ள உப்புடன் ஊற்றி காடி வைக்க சிவப்பு நிற நீர் கருஞ்சிவப்பு நிறமாகும். இதனை வாலையில் வடிக்கவும். அமுரி வெளியேறும். குடுவையில் மெழுகு போன்று சற்று இறுகிய பொருள் இருக்கும். இவ்வாறு மொத்தம் ஏழு முறை செய்யவும். அல்லது பத்து முறை செய்யவும். எவ்வளவு அதிகம் செய்கிறோமோ அவ்வளவு நல்லது.

ஒவ்வொரு முறையும் காய்ச்சி வடிப்பதால் அதன் ஊடுறுவும் தன்மை அதிகரிக்கும். மெதுவாகவும், பாராட்டுக்குரிய அளவிலும் அதன் கடுமையற்ற மிருதுத் தன்மை உயரும். இப்படி ஒவ்வொரு செயல்பாட்டிலும் அதன் தகுதி உயர்ந்து கொண்டிருக்கும். இதனை யூகி முனிவர்,

"ஆழி கடைந்து அமுதமது ஆக்கறியார்
அச்சலத்தில்
ஊழிபரன் உப்பெடுத்து ஊட்டரியார்-ஏழு
சட்டை வாங்கி ரசம் கட்டறியார் வாதிகள்தாம்
வையகத்தில் தூங்கி விழுவாரெனவே சொல்"

-என கூறுகிறார். ஏழு சட்டை வாங்கி கட்டுதல் என்பது இங்கு தெளிவாக்கப்பட்டுள்ளது. கடையில் உள்ள ரசத்திற்கும் ஏழு சட்டைகள் உண்டு. இவ்வாறு உயர் சுத்தி செய்யப்பட்ட அமுரியை வைத்து காரசார நீர் பெறுவதை அடுத்து காணலாம்.

காரம் தயாரித்தல்: இரண்டாவது செய்முறை:

எடோக்ஸஸின் ஆறு சாவிகளில் இருந்து:-

நமது உயிர் மருந்தானது இந்த உடல் என்று சொல்லப்பட்ட சுத்தியாகாத கசடுகளில் மறைந்துள்ளது. இப்புனிதமான நீரினால் அக்கசடுகள் சுத்தியாகும் வரை கழுவி, அதன் கருமை நிறத்தை மாற்றி, அதன் பிறகு உன்னுடைய தண்ணீரை இந்த ஜொலிக்கின்ற உப்போடு உறவாக்கினால் நம்முடைய கலையில் எல்லா அதிசயங்களையும் நடத்தும்.

ஞானி ஜெப்பர் கூறுகிறார் "உயிர் கெந்திப் பொருளும், அது கலக்கும் பொருளும்-அதாவது ஆவியாகப் போகும் பொருளும், கட்டப்பட்ட பொருளும் ஒன்றுக்கொன்று செயல்பட்டு எதிர்த் தன்மை வாய்ந்த இப்பொருள்கள் சரியானபடி இணைந்து கொள்ளும். இயற்கையின் எடுத்துக்காட்டுகளைச் சிந்தித்துப் பார். பூமியில் ஈரப்பதம் ஊடுறுவவில்லை என்றால் பூமி என்றும் பழங்களை உற்பத்தி செய்யாது. மேலும் அந்த ஈரப்பதம் இல்லாவிட்டால் பூமி உலர்ந்து மலடாய்ப் போய்விடும்.

எனவே இந்த கூட்டுக் கலையில், முதல் செய்முறையில் பிறந்த அந்தப் பாம்பை நீ முழுவதும் சுத்தி செய்யவில்லை என்றால் உன்னால் வெற்றி அடைய முடியாது. நீ அதன் அழுக்கையும், கறுப்பு கசடுகளையும் வெண்மையாக்கவில்லை என்றால் உனக்கு வெற்றி கிடைக்காது. ஞானிகளின் நவச்சார உப்பு என்று சொல்லப்படுகின்ற, எல்லா சக்திகளினாலும் செய்யப்பட்ட நம்முடைய பாதரசத்தில், தன்னைத்தானே ஸ்நானம் செய்து கழுவிக்கொள்ளும், ஞானிகளின் கற்புள்ள நிலவுதேவதை என்னும் கட்டுப்பட்ட உப்பை, நமது கூட்டுப் பொருளில் இருந்து பிரித்து எடுப்பதே நமது ரகசிய வேலையாகும்.

ஆவியாக்கிக் குளிர வைத்தல் மூலம் சக்தி உயர்த்தப்படுகிறது நமது தண்ணீரே அந்த நெருப்பு உப்பை தன்னுள்ளே ஒரு அங்கமாகப் பெற்றுள்ளது. அதனால் அந்நீரானது அந்த உப்பின் மீது ஊற்றப்படுகிறது. பல முறை இவ்வாறு செய்யப்படுகிறது. திருப்பத் திருப்ப இவ்வாறு செய்யப்படுவதினால், அதன் தாக்குப்பிடிக்கும் சக்தி பெருக்கமடைகிறது. கொழுக்க வைக்கப்படுகிறது. நமது

பாதரசம் அதை செழிப்பாக்குகிறது. இப்படி நமது உப்பானது கட்டப்பட்ட உப்பாக மாற்றப்படுகிறது. இது தான் நமது இரண்டாவது வேலையின் முடிவாகும்.

நம் பூர்ணத்துவமான உப்பானது புளிப்பேற்றப்பட்டு, நம்முடைய பசையாக மாற்றப்படுவது அவசியமாகிறது. சாதாரண ரொட்டி செய்ய, கோதுமை மாவை எப்படி தண்ணீர் ஊற்றி பிசைந்து புளிப்பேறச் செய்கிறோமோ, அதே வேலையை இங்கு செய்யும் பொழுது நம் உடலானது காடியுடன் சேர்ந்து புளிப்பேற்றப்பட்ட பசையாக மாறி ரொட்டி செய்யப்படும் பக்குவ நிலைக்கு உள்ளாகிறது.

ஞானிஹெர்மஸ் கூறுகிறார்," ஒரு பசையானது காடியின் உதவி இல்லாமல் தானாக புளிப்பேறாது. எனவே அழுக்காய் இருக்கிற அக்கசடுகளைப் பிரித்து புடமிட்டு பரிசுத்தமாக்கு. அவைகளைச் சேர்க்க வேண்டும் என்றால், தண்ணீரையும், உப்பையும் புளிப்பாக்கு.

அப்பொழுது அந்த பசையும் புளிப்புள்ளதாக மாறும். இச் செயல் திரும்பத் திரும்ப நடத்தப்படும் போது, அந்தப் பசையானது முழுவதுமாக புளிப்பாக்கப்பட்டு ஞானிகளின் ஒரு இனிப்புப் பொருளாக மாறுகிறது.

அந்த காடி நீரானது உப்பை சரியானபடி புளிப்பாக்கி, அதன் சக்தியை அளவில்லா விதத்தில் பெருகச் செய்கிறது. நீ ரொட்டி செய்யும் முறையை கவனித்தால், நம் புளியை தயார் செய்யும் முறையையும் அறிந்து கொள்வாய்.

எந்தப் பொருளை எப்படி உபயோகிக்க வேண்டும் என்பதையும், எந்தப் பொருள் நமது மாவைப் புளிப்பாக்கியது என்பதையும் நீ அறிவாய். அதாவது மாவைப் புளிப்பாக்கியது தண்ணீரா அல்லது காடியா என்பதை நீ அறிந்து கொள்வாய். நம் உயர்ந்த கலை செய்யப்படும் பொழுது இயற்கையின் சட்டதிட்டங்களை நீ முழுமையாக கடைபிடிக்க வேண்டும்."

காரசார ஜெயநீர் பெறுதல்:

நமது அமுரி நீரையும், காரம் என்ற அண்டக்கல்லையும் ஒரு குடுவையில் நான்குக்கு ஒன்று என்ற விகிதத்தில் சேர்த்தால் அது

ஒரு உயர்வான கலவையாக மாறுகிறது. இந்த குடுவையை கடும் ரவியில் வைத்து வர, நீரானது குடுவையைச் சுற்ற ஆரம்பிக்கும். குடுவையை நன்கு மூடி சீல் செய்து விடு. இல்லை எனில் உப்பு ஆவியாகி வெளியேறி விடும். இந்த கலவையை சித்தர்கள் மணமகன்-மணமகள் உடலுறவு என்றே கூறுகின்றனர். அந்த கலவை கருப்பு நிறமாக மாறி வரும். இதுவே உப்பும் நீரும் ஒன்று சேரும் ஆரம்ப நிலையாம். இந்த உயிர்க் கலையைச் செய்யும் ஞானி அதிக விழிப்புடன் இருக்க வேண்டும். ஏனென்றால் இந்தச் செய்முறையில் அவர் பல மாற்றங்களைக் காண நேரிடும். கறுப்பு நிறமாக மாறி உள்ள நிலை ‘அண்டகாக்கையின் தலை’ என்று அழைக்கப்படுகிறது. இந்தக் கலவையை மேலும் புளிப்பேற்ற வேண்டும். அப்பொழுது அந்தக் குடுவையில் மினுமினுக்கும் வெள்ளை உப்புத் தோன்றும். அவை மீனின் கண்களைப் போல் பளபளப்பாக இருக்கும்.

அந்த மருந்துக் கலவையின் மேல் ஒரு வட்டம் உருவாகும். அந்த வட்டம் முதலில் சிவப்பு நிறத்திலும், பிறகு வெண்மையாகவும், பிறகு பச்சையாகவும், மயில் தோகை வண்ணத்தை ஒத்த மஞ்சளாகவும், கடைசியில் ஆழ்ந்த சிவப்பு நிறத்திற்கும் மாறும். இந்தக் காட்சியே நமது செய்முறையின் இறுதி முடிவின் அறிகுறியாகும்.

வாலை வடிதல்:

அடுத்து வரும் நமது செய்முறையில் வெப்பப்படுத்தும் செய்முறை போற்றத் தகுந்ததாகும். ஆன்மாவும் உயிரும் ஒன்றாகி ஒரு நிலையான கரைப்பானாக ஒரு புனிதமான கலவையாக மாறும். அந்த உடலானது உயிரூட்டப்பட்டு, குறையற்ற நிறைவான உயர்ந்த திட ரூபமாகிறது. அதனுடைய மருந்துக் கலவையின் சக்தி உயர்த்தப்பட்டு, ஒரு சிறந்த கரைப்பானாக மாறுகிறது. அது மனிதனுக்கு வரும் #எல்லாநோய்களையும்

போக்கும் ஒரு மருந்தாக மாறுகிறது. ஆங்கில சித்தர்கள் இதனை “ஞானிகளின் ரசம்” (philosopher’s mercury) என்கின்றனர். தமிழ்ச் சித்தர்கள் இதனை நாதவிந்து நீர், காரசாரஜெயநீர் என்று அழைக்கின்றனர்.

இந்த நிலைப்பாடு நமது மருந்து செய்முறையில் எந்தக் குறைபாடும் இல்லாமல் இருந்தால் தான் சரியாக வரும். சில சமயங்களில் தவறான அறிகுறிகள் நம்மை பயமுறுத்தும். அந்த தவறான அறிகுறிகள் நான்கு வகைப்படும்.

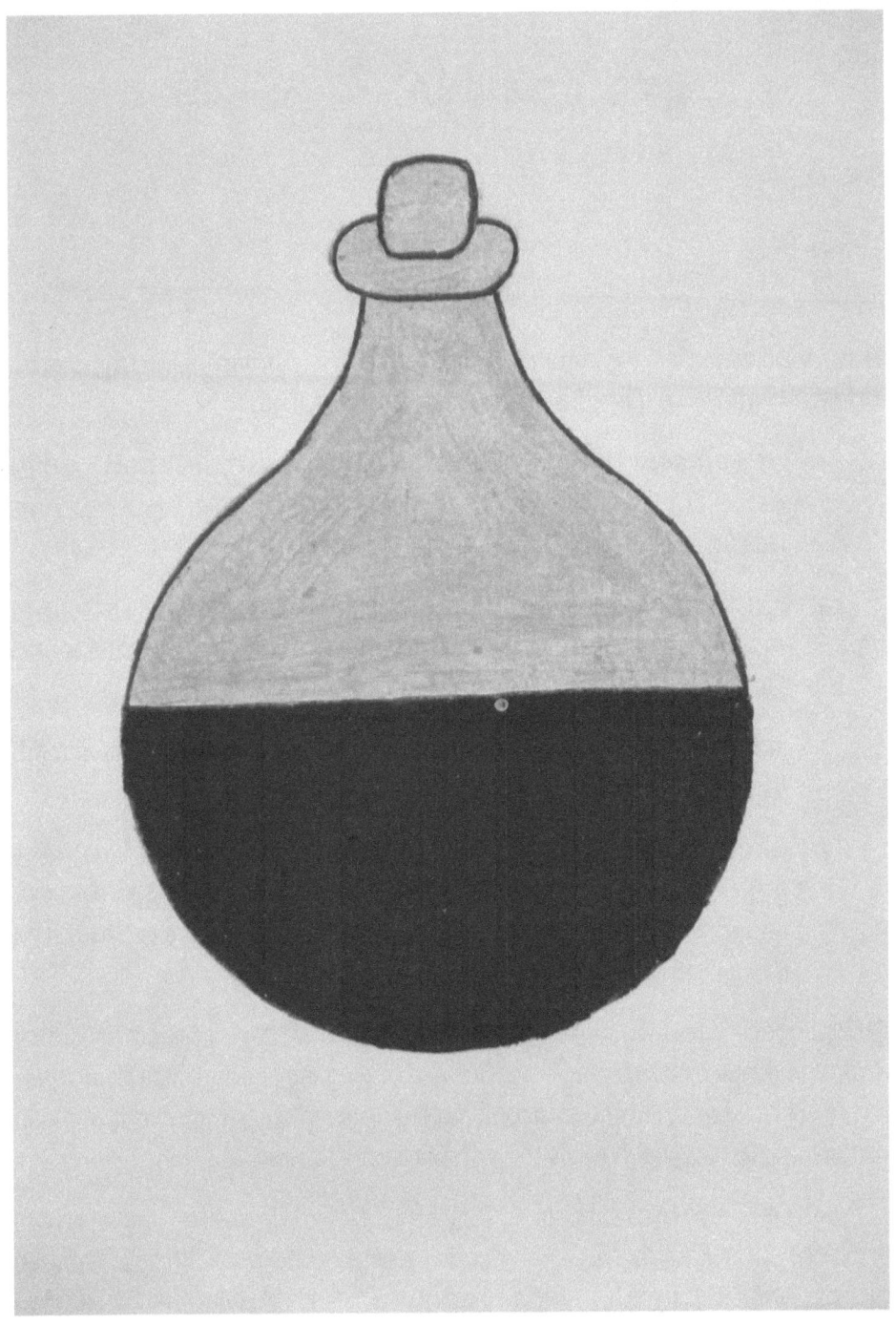

முழுகருப்பு நிலை

அகர ரகசியம் - பகுதி 25

சில சமயங்களில் தவறான அறிகுறிகள் நம்மை பயமுறுத்தும். அந்த தவறான அறிகுறிகள் நான்கு வகைப்படும்.

1. முதலாவது ஒரு சிவப்பு நிறமுள்ள எண்ணெய் நமது கூட்டுப் பொருளின் மேல் பகுதியில் மிதக்கும். அதை பக்குவமாக இறுத்து அகற்ற வேண்டும்.

2. இரண்டாவதாக நமது கரைசல் நீர் வெள்ளை நிறத்திலிருந்து சிவப்பு நிறமாக மாறும் மாற்றமானது விரைவானதாக இருக்கும்.

3. மூன்றாவது நமது கலவையின் அடியில் உருவாகும் திடப்பொருள் ஒழுங்கற்றதாய் இருக்கும்.

4. நான்காவது அந்த திடப்பொருளை சிறிதளவு எடுத்து சூடுபடுத்தப்பட்ட ஒரு இரும்புத் தகட்டில் வைத்தால் அது மெழுகைப் போல உருகும். அவ்வாறு உருகக் கூடாது. நெருப்புக்கு ஜெயிக்க வேண்டும்.

இவ்வாறான கெட்ட அறிகுறிகள் தோன்றும் போது, அந்தக் கலவை நீரை அந்தக் கண்ணாடிக் குப்பியில் இருந்து வெளியே எடுத்து வேறு குப்பிக்கு மாற்றி, மேலும் அதிக அளவில் நமது பாதரச நீரை ஊற்றி அந்த அறிகுறிகளைச் சரி செய்ய வேண்டும்.

அந்தக் கலவையானது மேற்புறத்தில் பதங்கம் ஆனாலும், இரண்டு பொருளும்- உப்பும் நீரும்- தனித்தனியாக பிரிந்து நிற்கும் நிலை ஏற்பட்டாலும், அந்த கலவை நீர் ஆவியாகும் நிலை ஏற்பட்டாலும் தொடர்ந்து காடி வைப்பதை நிறுத்தி அந்த கலவையை

வேறு கண்ணாடிக் குப்பிக்கு மாற்றி, மேலும் அதிக அளவில் நமது பாதரச நீரை ஊற்றி அந்த அறிகுறிகளைச் சரி செய்ய வேண்டும்.

இகின்ஸ்-ஆகுவா என்ற நித்திய ஜீவ நீரான மரணம் மாற்றும் நீரின் ரகசியங்கள் எனும் நூலை எழுதிய ஞானி ஈரேனஸ் பிலலெத்தஸ் அவர்களின் ஒரு எடுத்துக் காட்டுச் செய்முறை கீழ்வருமாறு:

நான் மூத்திரத்தை எடுத்துக் கொள்வேன். அதில் போதுமான உப்பை கரைத்துக் கொள்வேன். ஒரு மாதத்திற்குஅந்த கரைசலை அப்படியே வைத்திருந்து, பிறகு அதைக் காய்ச்சி வடிப்பேன். அதிலிருந்து சிவந்த நிறத்தில் ஒரு சாராயம் வடியும். அதை நாக்கில் தொட்டால் நிலக்கரி நெருப்பைப் போல எரியும். அதில் மறுபடி புதிய உப்பைக் கரைப்பேன். ஒரு மாதம் வைத்திருந்து பிறகு காய்ச்சி வடிப்பேன். இவ்வாறு ஐந்து முறை ஒன்று சேர்த்துக் காய்ச்சி வடிப்பேன். ஒவ்வொறு முறையும் காய்ச்சி வடித்தால் உப்பின் சக்தி பாதி அளவு தான் நீரில் கரையும். அதனால் அந்த சாராயம் அதிக ஊடுறுவும் தன்மையை அடையும். ஆனால் அதன் காரத் தன்மை குறையாது. முதல் முறை காய்ச்சி வடிக்கும் பொழுது அத் திரவத்திலிருந்து வெப்பம் வெளியேறிய பிறகு, அதே செய்முறைகளினால் மெதுவாகவும், பாராட்டுக்குறிய அளவிலும், அதன் கடுமையற்ற மிருதுத் தன்மை உயரும். ஏறக்குறைய அதன் மொத்தக் கடுமையும்- ஆனால் மொத்தமும் அல்ல- மறைந்து விடும். பிறகு இரண்டாவது முறை காய்ச்சி வடிக்க, அது முதலில் வெளிவந்த சாராயத்தைக் காட்டிலும் அதன் மணத்திலும், சுவையிலும் மிருதுவாகக் காணப்படும். இப்படி அதன் ஒவ்வொரு செயல்பாட்டிலும் அதன் தகுதி உயர்ந்து கொண்டிருக்கும்.

மேற்குறித்த சாராயத்தைப் பொருத்த மட்டில் தாங்கள் கவனித்தது என்ன?

எப்படி ஒயின் என்னும் திராட்சை ரசத்தை காய்ச்சி வடித்தால், அலம்பிக் குடுவையின் மேல் முனையிலிருந்து, இரத்த நாளங்களைப் போல கீழே இறங்குமோ, அதுபோல அதைச் சிறிது குலுக்கினால் எண்ணெய்க் கீற்றுகள் தோன்றி அங்கும் இங்குமாக வழுக்கிச் செல்லும்.

இந்த ஞானிகளின் பாதரசம் உறையக் கூடியதா?

ஆம். இரண்டாவது தயாரிக்கப்பட்ட சாராயம் தன் சக்தியைப் பெருக்க இவ்வாறு கிரகித்துக் கொண்டு திடப் பொருளாக உறையும்.

(நாத நீரை ரவியில் வைக்க மெழுகாகும். இது பூரண மெழுகு)

கடைசியாகக் கிடைத்த சிவந்த நீருக்குத் தான் தங்கநீர் என்று பெயர். இந்நீரானது எல்லா குஷ்ட்ட நோய்களையும், மூல நோய்களையும் நீக்கும். 'ப்ரென்ச் டிசீஸ்' என்னும் பரங்கி நோயையும் குணமாக்கும். உண்மையில் கூறப்போனால் அழுகிய நிலையில் உள்ள கண் நோய்களையும் நீக்கும். அது எண்ணெய்யின் நிறம் போன்று இருக்கும் இனிப்பான குணமுடையதாகும். இந்த மருந்தைக் கடலைப் பிரமாணம் எடுத்து, சுத்த ஜலத்தில் கலந்து அருந்தி வர எல்லா வீக்கங்களும் கட்டிகளும் தீரும்.

முடக்குவாதம், இழுப்பு, வலிப்பு முதலிய நோய்களுக்கு மூன்று நாட்களுக்கு மூன்று சொட்டு தங்க நீரையும், ஒரு சொட்டளவு மூலப்புளியையும் கலந்து தரத் தீரும்.

இந்த நீரை உட்கொள்ளும் முறை:

இந்த நீரை நாளொன்றுக்கு மூன்று முறை உணவுக்கு முன் திராட்சை ரசத்தில் இரண்டு சொட்டுகள் விட்டு கலந்து அருந்தி வர வேண்டும். முதன் முறையில் ஐந்து சொட்டுக்கள் வரை நாம் உட்கொண்டோமானால் நமது ஆன்மீக சக்தியை அது வளர்க்கும். தொடர்ந்து அருந்தி வர, மனிதன் இது வரை கேள்விப்படாத, உலகத்தில் உள்ள உன்னதமான, இனிமையான பல இரகசியங்கள் விளங்க ஆரம்பிக்கும். அதை உட்கொண்ட உடனே, உன்னிடத்தில் மாறுதல்கள் உண்டாகும். அண்ட சராசரத்தில் உள்ள உலகங்களும், நட்சத்திரங்களும் உன் உடலில் இயங்கும் விதத்தை நீ புரிந்து கொள்வாய். ஒரு கனவு கலைவதைப்போல உன் பகுத்தறிவு விழித்தெழும். உலகத்தில் உள்ள எல்லா இரகசிய கலைகளும் உனக்குப் புரிய ஆரம்பிக்கும்.

ஆயினும் இவை எல்லாவற்றிலும் உயர்வானது எது என்றால், இயற்கையை அதன் நிலையை நீ தெரிந்து கொள்வதே ஆகும்.

அதனால் நம்மை படைத்த இறைவனை உண்மையாகப் புரிந்து கொள்ளும்படிக்கு உதவும்.

மற்றவர்கள் கூறுவதைப்போல தாழ்ந்த உலோகங்களை தங்கமாக்க மட்டும் இந்நீர் பயன்படுத்தப்படவில்லை.

மாறாக இவ்வுயர்ந்த வஸ்துவானது அண்ட சராசரத்துக்கும், தத்துவ இரகசியங்களுக்கும் ஆதாரமானது.

இருந்தாலும், நமது கல்லானது தற்சமயம் இருக்கும் நிலையில் அது தாழ்ந்த உலோகங்களை தங்கமாக மாற்றும் நிலைக்கு இன்னும் வரவில்லை.

அந்த செய்முறை தொடர்கிறது.

மூன்றாவது செய்முறை மற்றும் இறுதிச் செய்முறை:

STONE OF FIRE: சிவப்பு அண்டக்கல்

இதற்கு நமது அண்டக்கல்லை மேலும் புளிக்க வைக்க வேண்டும். அதை மேலும் உயர்ந்த நிலைக்கு மாற்ற வேண்டும். இல்லையென்றால் தாழ்ந்த உலோகங்களில் நமது மருந்தை சுலபமாகச் செலுத்த முடியாது. அந்த பிரத்யேகச் செய்முறை என்னவென்றால்

குடுவையில் வெள்ளை நிறமாக மாறி இருக்கும் உப்பில் சிறிதளவு எடுத்து(ஒரு பங்கு) அதனுடன் கிடைத்த நாதவிந்த நீரை நான்கு பங்கு சேர்த்துக் கலந்து, முன்பு செய்த வெள்ளி செய்முறையின் படியே செய்து வர வெள்ளைக் கல் நாதவிந்து நீருடன் கலந்து விடும். அப்பொழுது ஒரு உயர்ந்த மருந்துக் கலவை உனக்குக் கிடைக்கும். அந்த 'டிங்சர்' எனும் காரசார ஜெயநீர் அதன் ஒரு பங்கு நீரினால், ஆயிரம் மடங்கு எடையுள்ள தாழ்ந்த உலோகத்தை தங்கமாக மாற்றும்.

இந்த நாத விந்து நீரை வைத்துக் கொண்டு மேலும் பல அற்புதங்களைச் செய்யலாம்.

அவற்றை எல்லாம் இந்த கபடு நிறைந்த உலகோர்க்குச் சொல்லக் கூடாது.

வேறுவிதமான செய்முறை:

இரண்டாம் செய்முறையின் இறுதியில் கிடைத்த வெள்ளை அண்டக் கல்லை நீ பின்வரும் வழி முறைகளின் படி நாதவிந்து நீருடன் கூட்டி செயல்படுத்தலாம். உயர்தரமான உப்பு ஐந்து பங்கெடுத்து ஒரு குப்பியில் போட்டு உருகச் செய். உன்னுடைய மருந்தை மெழுகைப் போல உருக்கி மென்மையாக்கு. பிறகு அதை வறுத்து எடு. பத்துப் பங்கு நாத விந்து நீரில் அதைக் கரைத்து விடு. அந்தக் கரைசலை அப்படியே மூன்று நாட்களுக்கு வை. நான்காம் நாள் அதைக் காய்ச்சி வடி.

அடியில் இருக்கும் உப்பை வெய்யிலில் இட்டு இறுகச் செய். ஆவியாகி வெளி வந்த நீரை குப்பியில் ஊற்றி மூடு. உப்பு உலர்ந்ததும் முன்போல அதை உருக்கி, புதிய நாத விந்து நீரை ஊற்றி கரைத்து வைத்து காய்ச்சி வடி. அக்கல்லின் தனித்துவமும், சக்தியும் உயரும். இவ்வாறு ஐந்து முறை செய்ய, அதாவது உப்பை சேர்த்துப் பிரிப்பதற்கு மூன்று நாட்களாகும். அந்தக் கல் முழுமையாக இறுகுவதற்கு 24 மணி நேரம் பிடிக்கும். சொல்ல முடியாத அளவுக்கு உயர்ந்த ஒளி நிறைந்த அந்தக்கல் சிவப்பு நிற ஒளிரும் எரிகல்லாக உருவாகும். வெள்ளை உப்புச் செய்முறையில் அவ்வுப்பானது ஒளிவிடும் நீராவி போன்று இருக்கும். இச் செயல்கள் அனைத்தும் வாலையினுள் நடப்பவையே ஆகும்.

கடைசியாக கட்டிய உப்பை (சிவப்பு அண்டக்கல் அல்லது தங்கம் அல்லது மூலப்புளி) ஒரு பங்கு எடுத்துக் கொள். தங்க உலோகம் ஆயிரம் மடங்கு எடுத்துக் கொள். உலோகத்தை உருகச் செய்து அதில் கட்டிய உப்பை ஒரு பங்கு தூள் செய்து, உருகிய உலோகத்தில் போடு. அந்த தங்க உலோகமானது தங்கச் செந்தூரமாக மாறும்.

இந்த தங்கச் செந்தூரத்தை 10,000 ம் மடங்கு தரம் தாழ்ந்த உலோகம் எதுவானாலும், அதை உருக்கி அதில் இந்த செந்தூரத்தை ஒரு பங்கு போட, தாழ்ந்த உலோகம் தங்கமாக மாறும். வெள்ளி உலோகமாக மாற்ற வேண்டுமானால் வெள்ளிச் செந்தூரம் செய்து, தாழ்ந்த உலோகத்தில் போட்டு வெள்ளியாகச் செய்து கொள்.

மேலும், மேற்படி தங்க, வெள்ளிச் செந்தூரங்களுக்கு நாம் மேற்படி தங்கத்தையும், வெள்ளியையும் கடையில் வாங்கி அவதிப்படத் தேவையில்லை. ஏனென்றால் ஒரு சிறிதளவு நாதவிந்தின் மூலமாக அதிக அளவுள்ள மருந்துப் பொருளை இந்த வழியில் பெருக்கிக் கொள்ள முடியும். ஒரு கப்பல் நிறைய ஏதோ ஒரு உலோகம் இருந்தாலும், அதை நமது இனிப்புப் பொருளால் தங்கமாக மாற்றலாம்.

அறிவியலின் பிள்ளைகளே, நான் எழுதிய குறிப்புக்கள் உனது முடிவை நீ அடைவதற்குப் போதுமானதாக இருக்க, என் இதயப்பூர்வமான வாழ்த்துக்களைத் தெரிவித்துக் கொள்கிறேன். ஆனால் ஒன்றை மட்டும் ஞாபகத்தில் வைத்துக் கொள்ள வேண்டும். இந்த உயர்ந்த கலையைப் புரிந்து கொள்ளும் அறிவு நமக்கு இறைவனின் அருளால் வந்தது.

அதை நாம் ஒளியின் மூலமாகவே பெற்றோம். இந்த உண்மையை எல்லா அறிஞர்களும் ஒப்புக் கொண்டனர். நமது கலையை முடிக்க இவைகள் மாத்திரம் போதாது. தினமும் நீ பிரார்த்தனை செய்ய வேண்டும். நல்ல நூல்களைப் படிக்க வேண்டும். இயற்கையின் செய்முறைகளைப் பற்றி இரவும் பகலும் சிந்தனை செய்துகொண்டே இருக்க வேண்டும். இவைகளின் மூலமாக இக்கலையில், அந்த இயற்கையே உனக்கு உதவி செய்யும். அப்படி நீ நடந்தால் கண்டிப்பாய் உன்னுடைய வேலையில் நீ வெற்றி பெறுவாய்.

மேலும் நம்முடைய மூலப் பொருளானது காண்பதற்கு அரிதானது என்று உன்னிடம் நீண்ட விரிவுரை செய்ய எனக்கு விருப்பமில்லை. நம்முடைய கலைக்கு முக்கிய கருப்பொருள் இது தான் என்று குறிப்பிட்டு எதையும் கூறவில்லை.

அதனால், நம்முடைய உப்பைத் தயாரிக்க உண்மையான மூலப்பொருள் எது என்று நீ அறிந்தால், அதை சமைக்கக் கூடிய இயற்கை நெருப்பு எது என்று நீ அறிந்து கொண்டால், நீ இக்கலையின் சாவியை பெற்றுக் கொண்டாய் என்று பொருள்.

செயற்கை நெருப்பில் வேலை செய்வது முரட்டு வேலை. இயற்கை நெருப்பில் வேலை செய்வது உயிர்க் கலையாகும்.

எனவே ஞானிகள் குறிப்பிடும் இந்த இரண்டு வேலைகளுக்கு இடையே உள்ள வித்தியாசத்தை கவனி. முதலில் சொன்ன நெருப்பில் நேரடியாக செய்யும் முரட்டு வேலை நம்முடைய உப்பையும் அழித்து, அதற்குத் தேவையான ஈரப்பதத்தையும் அழித்துவிடும். ஆனால் இயற்கை நெருப்பில் அவற்றை நீற்றினால் உப்பையும், நீரையும் மேலும் ஒன்றாகச் சேர்க்கும். அனுபவங்கள் தான் இக்கலையில் உனக்கு மிகுந்த அறிவுத் திறனைக் கொடுக்கும். அப்பொழுது இயற்கை முறையில் நமது உப்பை நீற்றுவதில் உள்ள மதிப்பை நீ புரிந்து கொள்வாய்.

அந்த இயற்கை நெருப்பே நமது கல்லைத் தூய்மைப்படுத்தி, ஆவியாக்கிக் குளிரச் செய்து, அதை நீற்றும் போது அதன் ஈரப்பதத்தைக் காப்பாற்றி, அதை ஒன்றுபடுத்தியது. அதன் காரணம் என்னவென்றால் இயற்கை நெருப்பில் உள்ள எரியும் சாராயம் தான், கல்லின் முக்கிய பகுதிகளை ஒன்று சேர்த்து, உயர்ந்த தன்மையைக் கொடுத்தது. நம்முடைய கல்லானது இயற்கையின் கருணையால் உருவான ஒரு நட்சத்திர நெருப்பைப் பெற்றதாகும்.

மேற்படி வேறு: இறுதிச் செயல்பாடு.

நம்முடைய மருந்து சில சமயம் உலோக திருத்தி என்றும் அழைக்கப்படுகிறது. பூரணமாய் முடிந்த நமது கல்லில் ஒரு பங்கு எடுத்துக் கொள்ளவும். அது சிவப்பாகவும் இருக்கலாம், வெள்ளையாகவும் இருக்கலாம். அதை ஒரு குடுவையில் போட்டு உருகச் செய். நான்கு பங்கு அமுரி அல்லது நாத நீரை எடுத்துக் கொள். வெள்ளி என்ற உப்பாக வேண்டுமானால் வெள்ளை அமுரியுடனும், தங்கம் என்ற புளியாக வேண்டுமானால் நாதத்துடனும் (சிவப்பு அமுரி) எது தேவையோ அவற்றுடன் நமது கல்லை சேத்துக் கொள். எல்லாவற்றையும் ஒரு குடுவையில் போட்டுக் காய்ச்சு. கடைசியில் உனக்கு தூளான வீழ் படிவம் கிடைக்கும். அதை எடுத்து பத்திரப்படுத்து.

இதனை பாதரசத்தில் பாய்ச்சி தாயாக மாற்றும் முறையை அடுத்த பதிவில் எழுதுகிறேன்.

கருப்பு, வெள்ளை, சிவப்பு

அகர ரகசியம் - பகுதி 26

சுத்தி செய்யப்பட்ட பத்து பங்கு எடையுள்ள பாதரசத்தை எடுத்துக் கொள். அதை ஒரு குடுவையிலிட்டு நெருப்பிட்டுக் காய்ச்சு. ரசமானது சூடேறி புகையப்போகும் நேரத்தில், ஒரு பங்கு அளவு நமது பொடியை அதில் போடு. இதற்கு முன் இல்லாத சிமிட்டுகிற கண்களையுடைய அப்பொருள் ரசத்தில் ஊடுறுவும். அதைக் குறைந்த நெருப்பில் சூடாக்கி உருகச் செய். உனக்கு ஒரு மருந்து கிடைக்கும். அது முற்றிலும் உயர்ந்த சுத்திகரிக்கப்பட்ட மருந்தாக இருக்கும்.

இதிலிருந்து ஒரு பங்கு மருந்தை எடுத்து ஏதாவது ஒரு லோகத்தில் கொடுத்து, அவை இரண்டும் உருகும் பொழுது தான் நாம் கொடுத்த மருந்து உயர்ந்த நிலை மருந்தாக மாறும்.

தாழ்ந்த உலோகம் வெள்ளியாக வேண்டுமென்றால் அந்த நிறம் வரும் வரையிலும் நமது மருந்தைப் போடு.

இப்பொழுது உனக்கு இயற்கை உருவாக்கியதைக் காட்டிலும் சுத்தமுள்ள வெள்ளியோ, தங்கமோ கிடைக்கும்.

இருந்தாலும் இந்தச் செயலைச் செய்யும்பொழுது அந்தக் கல்லில் இருந்து திரவம் கசியாத அளவுக்கு அதை சூடேற்றி வறுக்கவேண்டும். இது எப்பொழுதும் நல்லது. ஏனென்றால் ஒரு சிறிய அளவு மருந்தை அதைவிடப் பல மடங்கு சுத்தி செய்யாத உலோகங்களில் செலுத்தும் பொழுது., நமது கல்லை அதிக அளவுக்கு உபயோகப்படுத்த வேண்டியதாய் உள்ளது. இறுதிச் செயல்பாட்டுக்கான உப்பை அதிகப்பட்ச அளவுக்கு சுத்தி செய்தால் தான் வாதம் ஜெயிக்கும்.

இக் கலையானது பல அற்புதங்களைச் செய்யும் வழிகளைப் போதிக்கிறது. உதாரணமாக விலை மதிக்க முடியாத இரத்தினங்களைத் தயாரிக்க உதவுகிறது. மேலும் பல விதங்களில் இக் கலையானது நமது வாழ்க்கைக்கு உதவுகிறது. இக்கலை முடிவு இல்லாதது. ஒரே முடிவைத்தரும் கலையாக இதைப் பார்க்க முடியாது. நமது வாழ்வில் பல விதங்களில் உயர்ந்த முடிவைத் தர வல்லது. அதை எப்படி வேண்டுமானாலும் உபயோகப்படுத்தலாம். இதை எதற்காக உனக்கு எழுதுகிறேன் என்றால் என் அன்புக்குறியவராக நீங்கள் இருப்பதால் தான் எழுதலானேன். இப் புனிதமான இயற்கை இரகசியக் கலையில் உன்னையும் ஈடுபடுத்தத் தான் இதை உனக்கு எழுதுகிறேன்.

இறுதியாக ஒரு வார்த்தை! நான் உனக்கு முன்பு எழுதியதைப் போலச் செய். கடவுளுக்கு பயந்து நட. உனக்கு அருகாமையில் இருப்பவர்களிடம் உன் முழு இருதயத்தோடு அன்பு செய். மேலும் நம் சித்தர்கள் எழுதிய நூல்களைப் படித்துக் கொண்டும், நம் வேலையைத் தொடர்ந்து செய்து கொண்டும் வா. எங்கெங்கும் உள்ள இறைவனே இக்கலையை நமக்கு உணர்த்தியவர். நான் ஆழ்ந்த பிரார்த்தனைகளின் மூலமாக இக் கலையை என் கைகளில் பெற்றேன். ஆதலால் இந்த தொகுப்புக் கட்டுரையை 2019ம் ஆண்டு ஆகஸ்டு மாதம் 14ந் திகதி மரு. குப்புச்சாமி சித்தா ஆகிய நான் இக் கட்டுரையை எழுதி முடித்தேன்.

மேலும் நமது பொருளைப் பற்றி.

நமது பொருள் கட்டியான பொருளுமல்ல, உருண்டை வடிவப் பொருளுமல்ல. ஆணும், பெண்ணும் கலந்த அலிப் பொருள் எனும் அண்டமாகும். இந்த அலிப் பொருளே நமது உடலை அழியா நிலைக்கு உயர்த்தும் உன்னதப் பொருள் ஆகும். இது வித்தின்றி விளையும் ஒரு விதைப் பொருள். உலகத்தில் உள்ள அனைத்துப் பொருளையும் உருவாக்கும் ஒரு சிறந்த விதை. ஆகவே இதை சிம்ஹ பீஜம் எனலாம்.

இந்தப் பொருள் எங்கே கிடைக்கும். பூமியிலா? வானத்திலா?

எனில் இரண்டும் இல்லை. இரண்டுக்கும் இடையில் காற்று வெளியில் உள்ளது. ஆகவே இதனை இடைப் பொருளில் தேடுங்கள். இப் பொருள் அனைத்து உயிர் வகைகளின் தோற்றத்துக்கும் ஆதியாய் அமைந்த பொருள். அதனால் இதனை "இறைப்பொருள்" என சித்தர்கள் பெயரிட்டுள்ளனர். இப் பொருள் ஆலகாலம் போன்ற விஷத்தோடு வழக்கில் உள்ள பொருளாக இருந்து வருகிறது. இதன் விசத்தை நீக்கிப் பயன்படுத்தாததால் நமக்கு நரை, திரை, பிணி, மூப்பு, சாக்காடு ஆகியன ஏற்படுகிறது. இது குழந்தைகளின் விளையாட்டில் காணக்கூடிய எளிய பொருள். ஆயினும் இது பணியாளர்கள் கூட்டி எறியும் ஒரு வெறுக்கத்தக்க பொருள்.

இந்த மெய்ப்பொருள் ஒன்பத்தைந்து பாகை தலை நிமிர்ந்து மண்மீது மதிப்பாரற்றுக் கிடக்கிறது. ஆண்களை விட பெண்களுக்கே அதிகத் தொடர்பு இப் பொருளுடன். இப்பொருள் பணக்காரர்களுக்கு மட்டும் அல்ல ஏழை எளியவர்களும் எளிதில் வேறுபாடின்றி அணுகத்தக்க நிலையில் இறைவனால் படைக்கப்பட்டுள்ளது. இது செத்தாலும் பிழைக்கும். ஆகவே செத்தாரையும் பிழைக்க வைக்கும். தன்னைப் பற்றிக் கூறிக் கொண்டே ஊரைச் சுற்றும் உன்னதப் பொருள்.

நமது இந்தப் பொருளானது ஒன்று, இரண்டு, மூன்று, நான்கு மற்றும் ஐந்து பொருள்களால் ஆக்கப்பட்டதாகும். ஐந்து என்பது அதனுடைய சொந்தக் கருப்பொருளாகிய விதை ஆகும். நான்கு என்பது நான்கு பூதங்கள் என அறியவும். மூன்று என்பது எல்லாப் பொருள்களின் மூன்று அடிப்படையான ரச, கந்தி, உப்பாகும். இரண்டு என்பது ரசப் பொருள்கள் இரு மடிப்பாக உள்ளன என்பதாகும். ஒன்று என்பது ஒவ்வொரு பொருளும் எந்த சாரத்திலிருந்து வந்ததோ அதைக் குறிக்கும்.

ஆதி அந்தம் என்ற உயிர் மெய், சடப்பொருள்களாய் இருப்பதால் அவை கால ஆதிக்கத்துள் கட்டுண்டு, பிறவிச் சுழலில் சிக்கி, மறிப்பதுவும், உயிர் பெற்று முளைப்பதுமாய் இருக்கிறது.

மூன்றாவது செய்முறையில் கிடைத்த மகரம் எனும் "டிங்க்சர்" பற்றி அடுத்த பதிவில்........

கருப்பு, வெள்ளை, சிவப்பு

அகர ரகசியம் - பகுதி 27

நமது மூன்றாவது செய்முறையில் கிடைத்த "டிங்சர்" எனும் திராவகம் பற்றி:

#மகரம்

இது நாதம், விந்து இரண்டும் இணைந்த திராவகம் ஆகும். இது இரு பொருளாக ஒன்றிணைந்து செயல்படும். இது வெள்ளியையும், மற்ற உலோகங்களையும் தங்கமாக்கும் வல்லமையுடையது. மனித உடலில் உள்ள மாசுக்களை அகற்றி, தூய்மையாக்கி மகத்தான ஞானியாக்கி என்றும் சிரஞ்சீவியாக வாழவைக்கிறது. இது இறைவனின் சக்தியையும், வானின் சக்தியையும், விண்மீன்களின் வியக்கத்தக்க சக்திகளையும், மெக்னீசியா இலாபிஸ் பிளாஸ்பரமும் கொண்டு பெரும் மதிப்புள்ளதும், வணங்கத்தக்க பொருளாகவும் காட்சியளிக்கிறது.

குரு உபதேசமின்றி அமுதம் அணுவாய்ப் பிரியா
விரித்துரைக்கில் சத்திசிவம் உருத்திரராய் பிரிந்திடுமே

திருமூர்த்தி தரிசனத்தைக் கண்டமனம் கலிதீர
பிரிந்து சத்திசிவம் தானே கால்மாறி நடம்புரிவர்

திரித்துவமாய் அமுதிதனைப் பிரித்தெடுக்கும் போதினிலே
உருத்திரனாய் பிரிந்து நிற்கும் அலித்திரவம் நடுவினிலே

ஒன்றி நிற்கும் அலித்திரவம் இரண்டாய் பிரிந்தவுடன்
மன்றுள் சிவசக்தி கால்மாறி நடம் புரியும்

அணுத்திரவம் பெற்றிருக்கும் உயிர்த்துடிப்பு மேல்கீழாய்
முனைமாறும் விதம் அதனை வாய்விண்டு கூறார் சித்தர்

நொந்துமனம் நடனம் காண சிந்தையுற்றோம் வெகுகாலம்
விந்தையாய் விளையாடலுற்றார் நித்யானந்தமுற்று

என்ன தவம் செய்தேனோ இக்காட்சி தனைக் காண
பின்னமில்லை கண்டவர்க்கே என்றுமறை கூறுமப்பா
இக்காட்சி தனைக்கண்டால் விஞ்ஞானிகளும் மெச்சிடுவர்
பக்குவர்க்கு இக்காட்சி தம்கண் விட்டகலாதே.

முதல் செய்முறையில் நமக்கு கிடைத்தது உகரம் என்ற கந்தகம். இரண்டாம் செய்முறையில் நமக்குக் கிடைத்தது அகரம் என்ற பாதரசம். மூன்றாம் செய்முறையில் நமக்குக் கிடைத்தது அகர, உகரம் இணைந்த மகரமாகிய மகாமுப்புத் திராவகம் ஆகும். இதுவே விஷம் நீக்கப்பட்ட அமுதம். இவ்வமிர்தமே மகரமென்றும், வாலைதிராவகமென்றும், வாலைபூசை என்றும் சித்தர்கள் கூறுவதாகும். இதுவே கல்பமும் ஆகும். இது சரீரம் பூராவும் பரவி சரீரத்தை சுண்ணமாக்கும் வல்லமையுடையது. இந்த நீரைச் சிறப்பித்தே,

"தண்ணீராஞ் சிவகங்கை சுத்த கங்கை
தாயான பிராணனுமே சந்திரபானம்
தண்ணீராஞ் சத்தியெனு நாதத்துள்ளே
கலந்த பரப் பிரம்ம விந்து கலந்துதானால்
ஒன்றான சுக்கிலமுங் குருவுமாச்சு
ஓகோகோ தங்கரத முதித்ததம்மா
மண்ணோடு புல் முதலா யேமமாச்சு
மாறாமல் இந்திரன் போல் வாழ்வுண்டாச்சே"

என அகத்தியர் பாடியுள்ளார். இதனால் அகர, உகர மகரங்கள் எப்படி ஒன்றை ஒன்று நெருங்கி பிணைந்திருக்கின்றன என்பது புலனாகிறது. இம்மூன்றும் சேர்ந்திருப்பதற்கே ' ஏகவஸ்து' என கூறுவதும் உண்டு. இந்த திராவகத்தை வானுலகத்தின் கீழ் எவராலும் பிரிக்கவே முடியாது. திருமூர்த்தி சொரூபமாகிவிட்டது.

உப்பு என்பது மெய்ப்பொருள் என்ற அண்டத்தில் இருந்து எடுக்கப்படும் பொருள். இது கனிம இனமாகவும், தாது வர்க்கமாகவும், பஞ்சபூத தத்துவமாகவும் உள்ளது. இவ்வுப்பை விட்டால் கற்பமும், #வாதமும் சித்தியாகாது. இந்த ஆதி உப்பைக் கட்டி வாதம் புரிவதற்கு ஏழு வகை தாதுக்கள் கொண்ட, வானவில்லின் நிறம் பெற்ற பால்-ஐ, அறிய வேண்டும். இதன் மூலம் உப்பின் மாசுக்கள் எல்லாம் நீக்கப்படும் போது சுத்தம் செய்யப்பட்ட நிலையில் முப்பூ வாகக் கிடைக்கிறது.

"அப்பு உப்பு என்று சொல்லும் அறிய சூத சுத்த நீர்
இப்புவிச் சரக்குகட்கு ஏமனா யிருக்கையில்
வைப்பு வைத்தஉப்பை விட்டு வல்லமைகள் பேசினால்
தப்புண்டாகும் பொய்மை இல்லை சயில நீரறிந்திடே"

என்றார் நாயனார். அகர. உகர உப்புக்களால் வடிக்கப்பட்ட திராவகத்தை நெருப்புக்கு ஓடக்கூடிய பாசாண சரக்குகளுக்கு கரி நெருப்பில் வைத்து சுருக்கு கொடுக்கவே, நெருப்பிற்கு ஜெயித்து கட்டுப்பட்டு நெருப்புடன் நெருப்பாக இருக்கும். இதன் உண்மை உணராது மனம் போனவாறு செய்தால் தப்பு ஏற்பட்டு விடும் என்பது நாயனார் கருத்து.

இயற்கைத் தோற்றத்துள் மண்ணும் தண்ணீரும் மட்டும் கண்ணுக்குப் புலனாகிறது. அதே போல் அமுத கலசத்துள்ளும் அல்லது சித்தர் உலகத்துள்ளும் கோசபீசம் தண்ணீரும், மண்ணாகவும் கொள்ளப்படுகிறது. இந்த மண்ணும் {(உப்பு) இது உப்பாக இல்லை)} தண்ணீருமே சிவமும்சக்தியாகவும், பெண்ணும்ஆணாகவும், காரசாரமாகவும் கருதப்படுகிறது. மண்ணில் நெருப்பு மறைந்து இருத்தல் போல, பிரணவ கலசத்துள்ளிருக்கும் ஆதிஷேசனாகிய சர்ப்பத்துள் நெருப்பாகிய, அண்டக்கல்(உப்பு) மறைந்திருக்கிறது.

தண்ணீருடன் காற்று உறவாகிய தன்மை போல் அமுதத்திலும் காற்றுகூடி இரண்டும் கட்டுப்பட்ட நிலையில் அமுதகலசத்துள் இருக்கிறது. காற்றும், நெருப்பும் கண்ணுக்குத் தோன்றாதன. சிவத்தன்மையுடையது. மண்ணும், தண்ணீரும் மட்டும் கண்ணுக்குத் தோன்றுவன. சக்தியின் தன்மையுடையன. ஆகவே

வாலை என்ற பிரணவ கலசத்திற்கு (அமுத கலசம்) பெண்ணுருவம் கொடுக்கப்பட்டுள்ளது.

'ஓமெனும் பிரணவத்திழுதித்த ஐந்தெழுத்துமாகி
ஆமெனும் மகாரபீடத் தமர்ந்திடும் வாசிகண்டு
ஊமெனும் மௌனமுற்று ஊறிடும் மதிப்பாலுண்டு
தாமெனும் நாகைநாதர் தாண்டவம் பார்ப்பாய் நெஞ்சே'

ஓம் என்ற பிரணவமே ஆதி வஸ்துவாம். "ஆமென்று ஆடினது ஓங்காரந்தான். அடிமுடியாய் நின்றதுவும் ஓங்காரந்தான்" என்று அகத்தியர் கூறுகிறார். இதையே கருவூரார்,

ஆமெனவும் ஊமெனவு மிரண்டுங் கூட்டி
அப்பனே ஓமென்ற மூன்று மொன்றாய்
நாமெனவுந் தாமெனவு மொன்றேயாகும்
நல்லவர்கள் அறிவார்கள் காமி காணார்"

என்றார். ஓம் என்றாலும், பிரணவம் என்றாலும், பஞ்சபூதம், அல்லது ஐந்தெழுத்து என்றாலும் ஒரே வஸ்துவை, அமுதகலசத்தையே குறிப்பிடுகிறது. அகரத்துடன் லயமாய் அமர்ந்திருக்கும் வாசியும், அமுதமும் மூன்றும் ஒன்றாக்கி வாலையின் வழியே வழிந்திடும் மதிப்பாலை உண்டு காயசித்தி பெற்றதும் உஸ்வாசநிஸ்வாசமற்றுவிடும். அப்பாழுது வாசி லயம் செய்தால் சந்திர மண்டலம் இளகி இறைவனின் ஒளி கண்டு களிப்புற்றிரு என்று நெஞ்சறி விளக்கம் கூறுகிறது.

"பஞ்சபூதம் ஒன்று சேர்ந்து பார்தனிற் படிந்துமே
மஞ்சுலாவு வாசியோக வாழ்வினிற்கு ளாதியாய்
மிஞ்சியே படர்ந்த மூலி வேதையிற்கு மேகுமே
வஞ்சமும் மறைப்புமில்லை வழலையின்றன் போக்கிதே"

என நாயனாரும் வழலை என்ற சவுக்காரம் பஞ்சபூதங்களால் ஆகிய சுண்ண நீர் என்றும், வாசியோகத்துக்கும், ரசவாதத்திற்கும் மூலப்பொருள் என்றும் வெளிப்படையாகக் கூறி இருக்கிறார்.

"ஏற்றி இறக்கி இருகாலும் பூரிக்கும்
காற்றைப் பிடிக்குங் கணக்கறிவாரில்லை

காற்றைப் பிடிக்குங் கணக்கறிவாளர்க்குக்
கூற்றை உதைக்குங் குறியதுவாமே”

ஊஷரமாகிய உப்பை பானையிலிட்டுத் தீ மூட்டியதும் அதிலிருந்து வியாபிக்கும் சோமபானத்தை மேலெழப் பிடித்து அடியிலிருக்கும் சூரியகாரத்துடன் கலக்கி இருகாலும் ஓருருவாக வியாபித்த காற்றை, கைவசப்படுத்தும் உபாயமறிவாரில்லை. அதைப் பிடிக்குந் தந்திரம் அறிந்தவர்க்கு, எமனை வெல்லக்கூடிய வல்லமையுண்டு.

“மேல் கீழ் நடுப்பக்கம் மிக்குறப் பூரித்துப்
பாலாம் ரேசகத் தானுட் பதிவித்து
மாலாகி யுந்தியுட் கும்பித்து வாங்கவே
ஆலாலம் உண்டான் அருள் பெறலாமே”

சோமனாதியைப் பானையிலிட்டு எரித்து பூரிக்கச் செய்து அதில் எழும் பாலாகிய சோம பானத்தை, அடியிலிருக்கும் சூரியனில் கலக்கி உறையச் செய்து எடுக்க, அவர் ஆலகால விஷத்தை உண்ட சிவபெருமானின் கிருபை படைத்தவராவர்.

தாய்மார்களுக்கு உடலில் உள்ள இரத்தத்தை பாலாக மாற்றி, அமுதமாக குழந்தைக்கு ஊட்டி, உயிரை நிலை பெறச் செய்ய - ஆண்டவர் விந்தை செய்து அருளுகிறார். இதைப்போல் ஞானிகளின் இரத்தமானது வெண்மையான விந்தாக (பாலாக) மாறி பிறகு அமுதமாக உறுப்பெறுகிறது. அது போன்றே உடல் முழுவதும் பால் உள்ள மரங்களே மனிதனின் வழிபாட்டில் முதன்மை பெறுகிறது. வேப்பமரத்தில் பால் வடிந்தால் -இறை அம்சம் கொண்டு, அது முக்தி நிலை பெற்றதாக- வழிபாட்டிற்குரிய மரமாக- கொண்டாடப்படுகிறது. பால் சுரப்பது விஷேசம். அதுவும் சிரஞ்சீவியாக சிரத்தில் உயிர் ஜீவிக்க வேண்டும். அதில் பால் ஊறல் வர வேண்டும். அதுவே அமுத ஊற்று. பின்னர் உடலெல்லாம் பாலாக மாற்றிட இறைநிலை பெறலாம் என்பதுவே ஞானிகளின் வழிகாட்டல். அந்த வழியே நம்மை நீடூழிகாலம் சிரஞ்சீவியாக்கும்

அகர ரகசியம் - பகுதி 28

பிரணவ முப்பு தயாரிக்க அல்லது அண்டக்கல் முப்பு முடிக்க முதலில் அதற்கான மூலப்பொருள் என்ற முதல் பொருள் எது என்று தெரியவேண்டும். அவ்வாறு தெரிந்து கொண்ட பிறகே அம்முதற்பொருளைப் பயன்படுத்தி அண்டக்கல் முப்பு முடிக்க இயலும். எனவே எது சரியான மூலப்பொருள் என்று அறிந்து கொள்வது இன்றியமையாதது. நான் முதல் பொருளை பொள்ளாச்சி யோகி. திரு. அ. உசேன்கான் ஐயா அவர்கள் எழுதிய ஒரு கட்டுரையின் மூலமாகத்தான் உணர்ந்து கொண்டேன். பின் அந்த கருத்தை திரு. கருணாகர சாமி அவர்கள் எழுதிய நூல்கள் மூலம் உறுதி செய்து கொண்டேன். நான் எந்த கட்டுரையை படித்து முதல்பொருளை உணர்ந்து கொண்டேனோ அதே கட்டுரையை நீங்களும் படித்தால் முதல்பொருளை நீங்களும் உணரக்கூடும் என்று எண்ணி அந்த கட்டுரையை இங்கே அப்படியே கீழே தருகிறேன்.

அமிர்த முப்பு விளக்கம்.

முப்பு என்பதை அறிய ஆவலுள்ளவர்கள் அனேகம். மூன்று பொருள்கள் ஐக்கியமான பொருளிற்கு முப்பு என்று கூறுவாராயினர். அதாவது காற்று, நெருப்பு, தண்ணீர் ஆகிய மூன்றும் ஐக்கியமான பொருளுக்கு முப்பு என்று சித்தர் பெருமக்கள் கூறியுள்ளனர்.

முப்புவிற்கு சித்தர் நூல்களில் அனேக பெயர்களைச் சூட்டியுள்ளனர். முப்பு, முச்சுடர், சல்லிவேர், குருவண்டு, பனிக்குடம், ஏகமூலி, தலைப்பிண்டம், வாலைப்பெண், உவருப்பு, வழலை, அண்டம், பிண்டம், மதிரவி, கோஜபீஜம், சவர்க்காரம், ஏரண்டம், சிப்பி, நத்தை, கும்பிடுகல், பச்சை, மலப்புளி, கோரை, கிளிஞ்சி,

கன்னி, பழச்சார், இந்திரகோபம், திகைப்பூடு, பூநீறு, கரியுப்பு, மூலப்புளி என்றும் இன்னும் அனேக விதமான பெயர்களை நிறைய நூல்கள் மூலம் குறிப்பிட்டுள்ளனர்.

பஞ்சபூதத்தின் மண்ணாகிய உடம்பை அசைய வைக்க வாதம், பித்தம், கபம் என்னும் காற்று, நெருப்பு, தண்ணீர் உதவுகிறது. இம்மூன்றும் முறையே நமது குருதியில் அதனதன் அளவு பிரகாரம் இருக்குமானால் நோய் இல்லாத ஆரோக்கிய உடம்பாகும். அவ்வாறின்றி ஒன்றுக்கொன்று மாறுபட்டால் உடலில் நோய் உண்டாகிறது.

இம் மூன்றின் மாறுபாட்டை அதனதன் அளவுப்படி செயல்படுத்துவதற்கு உறுதுணையாக இருப்பது மருந்துகளே. மருந்துகளைக் கையாள்பவர் மருத்துவர். மருத்துவரின் கடமை இந்த இடத்தில் தான் பிரகாசிக்கிறது.

வாத, பித்த, கபம் என்ற மூன்றினையும் ஐக்கியப்படுத்துவது மருந்துகளைக் காட்டிலும் உயர்ந்த முறை. ஏனெனில் இம்மூன்றும் ஐக்கியமாகிவிட்டால் அதைத் தனித்தனியாகப் பிரிக்க முடியாது. இவ்வாறு ஐக்கியமாகிய பொருளை மருந்தாக சாப்பிட்டு வந்தால் உடலில் வாத, பித்த, கப தொந்தங்களை அதனதன் அளவுப்படி நிரந்தரமாக உடலில் செயல்படுத்துவதால் உடலானது நோய் நீங்கி ஆரோக்கியமாகவும் நீண்ட ஆயுளுடனும் வாழலாம்.

ஆதலால் வாத. பித்த, கப தொந்தங்களை சமச்சீர் படுத்துபவரை மருத்துவர் என்றும், வாத, பித்த, கப தொந்தங்களை ஐக்கியப்படுத்தி நீண்ட ஆரோக்கியம் உண்டாக்குபவரை ஞானி என்றும் சித்தர் என்றும் பெரியோர்கள் கூறுவர்.

இம்மூன்றையும் ஐக்கியமாக்க மூலிகையைக் கொண்டும், உலோகங்கள், உப்புக்கள், பாசாணங்கள், மற்றும் உபரசங்களைக் கொண்டும் முப்பு தயார் செய்யலாம் என்பதும், மூன்று உப்புக்களை சேர்த்துச் செய்யலாம் என்பதும் அவ்வளவு தெளிவானதல்ல.

இந்த அமிர்தமாகிய முப்புவானது உடலை உரமாக்கி கற்ப உடலாக மாற்றுகிறது. மேலே கூறப்பட்டபடி முப்பு நூற்றுக்கு மேற்பட்ட வகைகள் உள்ளன என்று சித்தர் நூல்கள் கூறுகின்றன.

வளமையென்ற அண்டமென்றால் முட்டையல்ல
மானிடர்கள் மண்டையல்ல வுவர்நீரல்ல
இணையான ரோமமல்ல கண்ணீரல்ல
ஈசன்விந்து சூதமென்பார் அதுவுமல்ல
தளிரான மூலிகையு மதுவுமல்ல
சமாதிநிலை யூணுப்புத் தானுமல்ல
குளமான சுக்கிலத்தின் கூறுமல்ல
கொடியதொரு சுண்ணாம்புக் கூட்டந்தள்ளே

தள்ளப்பா உவரல்ல துருசுமல்ல
சவுக்கார மண்வேகச் சத்துமல்ல
விள்ளப்பா ஆணல்ல பெண்ணுமல்ல
வெடியுப்பு கறியுப்பு விசநீரல்ல
கொள்ளப்பா ரத்தினமல்ல மலைதானல்ல
கோசமல்ல அஸ்தியல்ல குருவண்டல்ல
என்னப்பா வஸ்துவல்ல சிறுநீரல்ல
ஏதென்றால் பஞ்சபூதத்தி லொன்றே.

(வஸ்து என்பது இந்த இடத்தில் 'பொருள்' என்ற அர்த்தத்தில் வராது. சித்தர்களின் பூசாவிதி நூல்களில் "என்னப்பா வஸ்து வைத்துப் பூசை செய்யே" என்று வரும். எனில் வஸ்து என்பது மது என்ற அர்த்தம் தரும். அதுபோல் இங்கும் வஸ்து என்பது மது என்ற அர்த்தத்தையே குறிக்கும். எந்த விதமான மது பான போதை தரும் பொருள்கள் அல்ல என்கிறார்)

பாரப்பா பிண்டத்தைச் சொல்லவென்றால்
பாரமில்லை சாரமில்லை பயனோயில்லை
பேரப்பா பெண்ணில்லை பெண்ணால்
பெற்ற பிள்ளையில்லை கருவில்லை சிசுவுமில்லை
கூரப்பா மங்கையர்கள் தூரமான
குருதியில்லை கும்பிடுகல் பூமியில்லை
பாரப்பா பல சீவ செந்துமில்லை
மதுவில்லை மலமில்லை வகையாய்க் கேளே.

(முப்பு வழலை சூத்திரம்-12 ல்)

மேலே கண்ட அகத்தியர் பாடல் படி ஆரம்பத்தில் எழுதிய முப்புவின் பெயர்கள் பரிபாசையாகக் கூறப்பட்டதை இப்பாடல்கள் மூன்றின் மூலம் நமக்குத் தெளிவுபடுத்தியுள்ளார்.

மேலும், 'வெடியுப்பு கறியுப்பு விசநீரல்ல' என்பதை நாம் கவனத்தில் கொள்ள வேண்டும்.

இந்த முப்புவானது அதிக ஆக்கம் நிறைந்தது. அமிர்தமானது. உலகில் இதற்கு ஈடான பொருளே இல்லை. இதை முடித்தவர்கள் சித்தர் ஆவார்கள். இது கையில் இருந்தால் இந்த உலகமே அவர்களுக்கு அடக்கமாகும்.

உதாரணமாக ஞானசம்பந்தர் பாம்பு கடித்து இறந்த பூம்பாவை என்ற பெண்ணின் உடல் சாம்பலை பார்த்து பெண்ணே எழுந்து வா என்றதும் அப்பெண் உயிர் பெற்று எழுந்தாள். மயிலாப்பூர் சிவநேசச் செட்டியாரின் மகள் பூம்பாவை பாம்பு தீண்டி இறக்க, அவளது எலும்பைக் குடத்தில் சேமித்து வைத்தார் சிவநேசர். அதனை அறிந்த ஞானசம்பந்தர் திருக்கோயில் முன் அக்குடத்தை கொணர்வித்து "மட்டிட்ட புன்னை" என்ற பதிகம் பாடி உயிர்ப்பித்தார். ஏசுநாதரும் லாசரஸ் என்பவரை உயிர்ப்பித்தார். தக்கலை பீர் முகமது ஒலியுல்லா அவர்களும் சேர மன்னனின் மைந்தன் இறந்து விட்டான் என்ற செய்தி கேட்டு உடனே சேரனின் அரண்மனைக்குச் சென்று மன்னனின் மகனை உயிர்ப்பித்து வாழ வைத்தார் என நூல்கள் வாயிலாக அறிகிறோம்.

இவ்வளவு மகத்துவம் பொருந்திய முப்புவை கையாள தகுதி உள்ளவர்களுக்குத்தான் அமையும். சண்டாளர்களுக்கும், பேராசை பிடித்தவர்களுக்கும் அமையாது. விட்டகுறை தொட்ட குறை உள்ளவர்களுக்குத்தான் அமையும். அதாவது இறைபேரின்பமே தேவை என்று சதா இறை ஞாபகத்தில் வாழ்ந்து பிற உயிர்களையும் தம் உயிராக நேசித்து வாழும் உத்தமர்களுக்கே இது வாய்க்கும் என சித்தர்கள் கூறியுள்ளார்கள்.

இனி முப்பு முடிக்கும் மார்க்கம் பார்ப்போம் முதலில்,

உ உகரம், இரண்டு, நாதம், அடி, தாய், மாதா, குரு. சக்தி, ரசூல், ஏவாள், சந்திரன், இரவு, அந்தம், சுரோணிதம், மணோன்மணி, பெண், சாரம்.

அ அகரம், எட்டு, விந்து, முடி, தந்தை, பிதா, தெய்வம். சிவம், அல்லாஹ், ஆதாம், சூரியன், பகல்., ஆதி, சுக்கிலம், சதாசிவம், ஆண், காரம். என்று அகர உகரத்திற்கு பல பெயர் வழங்கினர். உகரம் என்ற உருவமும், அகரம் என்ற அருவமும் சேர்ந்தது தான் நம் உடல். உருவம் ஓரிடத்தில் அசையாமல் இல்லாததால் அது எந்த பாத்திரத்தில் இருக்கிறதோ அதன் உருவம் அடைகிறது. அதாவது திரவ ரூபமாக இருக்கிறது என அறிந்து கொள்ளவேண்டும்.

உதாரணத்திற்கு உருவமான வெடியுப்பையும், படிகாரத்தையும் இடித்து தூள் செய்து ஒரு பானையில் போட்டு மேல் வாலை வைத்து அடுப்பில் காய்ச்சி திரவமாக தீநீர் சொட்டுச்சொட்டாக பாட்டிலில் சேர்கிறது. இந்த தீநீர் திரவமாக இருப்பதால் உருவம் இல்லை. உருவமாக இருந்த வெடியுப்பும், படிகாரமும் நெருப்பில் வெந்து அருவமாக அதாவது தீநீராக மாறிற்று. அது போல காற்று, நெருப்பு, தண்ணீராகிய மூன்று பொருட்களையும் இணைத்து ஜெயநீராக மாற்றிக் கொண்டால் அருவமாகிய முப்பு செய்ய இயலும்.

அடுத்து உருவத்தின் வழியாக வெளிச்சம் ஊடுறுவிச் செல்லாது. அருவமாகிய திரவத்தின் வழியாக ஒளி ஊடுறுவிச் செல்லும். அதாவது உருவமாகிய உடலை அருவமாக்கிக் கொண்டால் சூரிய ஒளி அவர்களின் உடல் வழியாக தடுக்கப்படாமல் வெளிச்சம் செல்வதால் அன்னார்களுக்கு நிழல் விழுவதில்லை.

வங்கத்தில் தண்ணீர் அம்சம் உள்ளது. ரசத்தில் நெருப்பின் அம்சம் உள்ளது. வெடியுப்பில் காற்றின் அம்சம் உள்ளது. ஆக காற்று, நெருப்பு, தண்ணீர் ஆகிய மூன்றையும் இணைக்க மேலே கூறப்பட்ட உபயோகத்தில் ஒன்றும், பாசாணத்தில் ஒன்றும், உப்பில் ஒன்றும் எடுத்துக் கொள்கிறோம். இந்த மூன்றில் ஏதாவது ஒன்றை சுண்ணம் செய்து கொள்ள வேண்டும். அத்துடன் மற்ற இரண்டையும் சேர்த்து

சுண்ணம் செய்து கொள்ளலாம். மூன்றும் சேர்ந்த சுண்ணத்துடன் நவச்சாரம் சேர்த்து அரைத்து பனியில் வைக்க ஜெயநீராகிறது. அதாவது அருவமாகிறது. இந்த ஜெயநீரை தினமும் காலை மாலை ஒரு சொட்டு வீதம் தகுந்த அனுபானங்களில் சாப்பிட்டு வர உருவ உடம்பு இளகி சுண்ண உடம்பாகி பின்பு திரவ (அருவ) உடம்பாகிறது.

மண்ணிலிருந்து எடுத்த வாயுவின் அம்சமாக வெடியுப்பும், நெருப்பின் அம்சமாக ரசமும், தண்ணீரின் அம்சமான வங்கமும் இணைந்து சுண்ணம் செய்முறையில் சுண்ணம் செய்து அத்துடன் சமஎடை ஆகாய அம்சமான நவச்சாரம் சேர்க்க வங்க ஜெயநீராகிறது. ஆக இதில் பஞ்ச பூதமும் அடங்கியுள்ளது.

சித்தர் நூல்களில் ரசஜெயநீர் முதல் தரமாகவும், துருசு ஜெயநீர் இரண்டாம் தரமாகவும், வங்க ஜெயநீர் மூன்றாம் தரமாகவும் கூறப்பட்டுள்ளது.

இவ்வாறு பல முறைகள் இருப்பினும் விட்டகுறை தொட்டகுறை உள்ளவர்களுக்கே வாய்க்கும் என சித்தர் பெருமக்கள் கூறியுள்ளனர்.

அகர ரகசியம் - பகுதி 29

பொதுவாக சித்தர் நூல்களில் வழலை என்ற அண்டத்தில் எண்ணெய்யாகிய ஆலகால விசம் உள்ளது என்று கூறுவார்கள். இந்த எண்ணெய்யை நீக்கி சுத்தம் செய்த பின்பே அது மருந்தாக முடிக்க தகுதி பெறும் என்றும் கூறுவர். அவ்வாறாக எண்ணெய் கழட்டாமல் மருந்தாக மாற்ற முயற்சித்தால் அது ஆலகால விசமாகி ஆளைக் கொன்று விடும் என்பதாகவும் கூறுவதுண்டு. எண்ணெய் நீக்கும் முறைகள் சித்தர் நூல்களில் பலவிதமாகக் கூறப்பட்டுள்ளது. பல முரண்பாடுகளும் உண்டு.

இவ்வாறு எண்ணெய் நீக்கி சுத்தம் செய்த பொருளை காரமான நீர்கள் ஏதாவதை விட்டு அரைத்துப் புடமிட சுண்ணமாகுமென்றும், எண்ணெய் நீங்காவிடில் கருத்துப்போகுமென்றும் சொல்லப்பட்டுள்ளது.

எடுத்துக்காட்டாக, கொங்கணர் கடைக்காண்ட சூத்திரத்தில்

“செய்கையிலே கைமுறையி லிணங்கன்தன்னை
சேராமற் பாடிவிட்டார் சூத்திரத்தில்
கைகையிலே தசதீட்சை கடந்துயேறக்
கடினமப்பா முதல் தீட்சை வாலை தீட்சை
பொய்கையிலே கொண்டு கைமுறையாய்ச் சேர்த்துப்
பொலிவாக சவுக்கார எண்ணெய் விட்டு
நைகையிலே யெண்ணெய்தனை கழற்றிப்போட்டு
நலமான கடுங்காரம் நன்றாயேற்றே”

என்றும்,

சட்டைமுனி வாத காவியம்-1000 த்தில்,

"கூறுவது முந்தி முந்தி வழலையாதி
குடித்த எண்ணெய் கக்கவைத்தால் அவனே வாதி
மாறுவது யெண்ணெய்கக்க வகையைக்கேளு
வாகான சவுக்காரக் கட்டி வாங்கி"

என்றும் கூறப்பட்டுள்ளது.

இது போன்று சித்தர் நூல்களில் கூறப்பட்டுள்ளதை அப்படியே நேர் அர்த்தம் செய்து புரிந்து கொண்ட நமது சித்த மருத்துவர்களும், ஏதோ ஒரு பொருளை எடுத்து அதில் உள்ள எண்ணெய்யை படாத பாடு பட்டு நீக்கி, ஏதேதோ மூலிகைகளின் சாறுகளையும், திராவகங்களையும் விட்டு அரைத்து புடமிட்டு சுண்ணம் செய்து பயன்படுத்தி வருகிறார்கள்.

ஆனால் அவர்கள் பயன்படுத்தும் சுண்ணங்கள் சித்தர் நூல்களில் கூறியுள்ள உண்மை முப்பு சுண்ணம் செய்யும் வேலைகள் அனைத்தையும் செய்கிறதா என கேட்டால் செய்வதில்லை என்பதே அனைவரின் பதிலாக உள்ளது.

உண்மையில் ஆலகால விசம் என்பது என்ன? அதை நீக்க வேண்டுமா? புடம் போட வேண்டுமா?

எனில்,

"ஆலகால விசமமுரி அதுதான் பானமும்
சீலமாக அதன் நஞ்சு நீக்கியே தெளிவதாய்
காலைமாலை நீஉண்டிடில் ஓலமிட்டு
மறலி ஓடுமோடுமீ துண்மையே"

என்ற திருவள்ளுவ நாயனார் பாடலைக் கவனியுங்கள். அதில் "ஆலகால விசமமுரி" என்றும், அது தான் பானம் என்றும் கூறுகிறார். ஆலகாலவிசம் என்பது எண்ணெய் என கொள்ளப்படும். எனில் எண்ணெய்யை நீக்கி விட்டால் பிறகு அமுரி எப்படிக் கிடைக்கும்? அமுரி என்பது எண்ணெய் வடிவம் உடையது என்பதை நான் அகர ரகசியத்தில் ஏற்கனவே கூறியுள்ளேன். விசம் தான் பானம் ஆகிறது என நாயனார் தெளிவாகக் கூறிவிட்டார்.

மேலும் அகத்தியர் கற்பமுப்பு குரு நூல்-100ல், பாடல் 15ல்,

"மார்க்கமுட னிந்தஉப்பை யெடுத்துநல்ல
வாயகண்ட பீங்கானில் வாரிக் கொண்டு
மூர்க்கமுள்ள பழச்சாறு நிரம்பவிட்டு
மூட்டுவா யடுப்பினிலே தீபம்போலே
பார்க்குமுன்னே வெந்து நல்ல சுண்ணமாச்சு
பவுசுகெட்ட யெண்ணெய்யெல்லாம் பறந்துபோச்சு
ஆர்க்குமிதைச் சொல்லாதே யதிகவெள்ளை
யாகுமிந்த முப்பூவுங் குருவுமாச்சே"

என்று எண்ணெய் தானே நீங்கிவிடும் என்றும், புடமிடாமலே சுண்ணமாகும் என்றும் கூறுகிறார். ஆகவே புடமிடுதல் பரிபாசை என்பதை உணருங்கள்.

ஆகையால் எண்ணெய்யை நீக்காமல் அதன் நஞ்சைத்தான் நீக்கி பிறகு அமுரியாக்க வேண்டும். இதனை காலைமாலை உண்டால் மறலி ஆகிய எமன் ஓடி விடுவான் என்கிறார் நாயனார்.

ஆகவே இங்கு நீக்க வேண்டியது நஞ்சு தானே தவிர எண்ணெய் அல்ல என்பது உறுதியாகிறது.

அகர ரகசியம் - பகுதி 30

சுத்தகங்கை!!!!

சிவ நீர்!!!

மரணம் இல்லாத பெருவாழ்வு!!!

விளக்கம்:

மாவட்ட நீதிபதி, மிகச்சிறந்த வைத்தியர், முப்பூ மருந்து ஆராச்சியாளர், ஜட்ஜ். வி. பலராமய்யா:-

"என் தந்தை தைத் திங்கள் பதினோராம் தேதி நன்னாளில் வைகுண்டப் பதவியடைந்தார்" என்று அச்சிட்ட தாளை தன் உற்றார் உறவினருக்கு அனுப்பி வைப்பர்.

அவரை "வைகுண்டம் என்பது எங்குள்ளது?" என்று கேட்டோமானால் "மேலேயிருக்கிறது" என்று ஆகாயத்தைக் காட்டுவார்.

"வைகுண்டம் மேலேயுள்ளதென்பது தங்களுக்கெப்படித் தெரியும்" என்று கேட்டால் "பெரியோர்கள் சொல்லுகின்றார்கள், சாஸ்திரங்களும் சொல்லுகின்றன" என்று சொல்வார்.

எந்தப் பெரியோராவது வைகுண்டத்தைப் பார்த்து விட்டுத் திரும்பி பூலோகத்திற்கு வந்து வைகுண்டத்தின் நிலையைச் சொல்லி கேட்டதுண்டா?.

"போனவன் திரும்பமாட்டா" னென்றல்லவா சாஸ்திரங்கள் அறைகூவுகின்றன. "புண்ணியம் செய்தவன் கைலாயமடைகிறான், பாபம் செய்தவன் நரகத்தையடைகிறான்.

புண்ணியம் செய்தவன் சொர்க்கலோகமடைந்து தனக்கு வேண்டிய சுகங்களை அனுபவிக்கிறான்.

தேவலோக மாதர்களின் இன்பத்தை வேண்டிய அளவு நுகருவான்" என்றெல்லாம் புராணங்கள் கூறுகின்றன.

மக்களும் பேசுகின்றனர். இப்படிப்பட்ட மக்களின் கதியை நினைந்து நினைந்து வள்ளலார் வேதனையடைந்தவராய் எழுதுகின்றார்,

"உண்டதே யுணவு தான் கண்டதே காட்சி
இதை யுற்றறிய மாட்டார்களா
யுயிருண்டு, பாவ புண்ணிய முண்டு
வினைகளுண்டுறு பிறவியுண்டு துன்பந்
தொண்டதே செயுநரக வாதையுண்டு
இன்பமுறு சொர்க்க முண்டு, இவையுமன்றி
தொழு கடவுளுண்டு கதியுண்டென்று சிலர்
சொலுந் துர்ப்புத்தி யாலுலகிலே.....
.....வண்டர் வாயற வொரு மருந்தருள்க.

ஆறாம் திருமுறை

மக்கள் வைகுண்டம், கைலாயம், பிரம்மபதம், அமுதம், வேதவாக்கியம், கருணைநோக்கம், பரமசுகம் என்பனவெல்லாம் எவ்வித மனுபவிக்கிறார்களென்பதை வள்ளலார் சொல்கிறார்,

"ஓகை மட வார்குயிலே பிரமபதம் அவர்கள்
உந்தியே வைகுந்தமே லோங்கு முலையே
கைலையவர் குமுத வாயினி தமுறலே
யமுதமவர் தம் பாகனைய மொழியே
நல் வேத வாக்கியம்,
அவர்கள் பார்வையே கருணை நோக்கம்
வாங்கின வரோடு விளையாட வருசுகமதே
பரம சுகமாகு மிந்த.....
..... வீணர்.....
வாய் மதமற மருந்தருள்க."

என்று வேண்டுகிறார்.

“ஏழைக் குடும்பத்தில் பிறந்தார் ; கார்ப்பரேசன் விளக்கொளியில் படித்தார்; பெரிய வக்கீலானார்;

உயர்நீதி மன்றத்து நீதிபதியானார்; பிறகு பிரதம நீதிபதியானார்; அது மாத்திரம் தானா! பெரும் சட்ட நிபுணரும் கூட! ஆனால் திடீரென மாரடைப்பால் இந்த நிபுணர் உயிர் துறந்தார்” என்ற செய்தி திடீரென செய்தித் தாள்களில் வருகிறது.

இத்துணை மேதாவி ஏன் இறந்து விட்டார்? என்ற கேள்வி நாம் போடுவதில்லை.

கூட்டங்கள் போட்டு மேடைகளில் ஏறி அவரவர் கற்றதெல்லாம் பேசிவிட்டு அவர் ஆத்மா சாந்தியடையட்டு மென்று கதறிவிட்டு வீடு திரும்புகிறோம்.

அவர் ஆத்மா எங்குள்ளது! நம்முடைய விருப்பமும் துக்கச் செய்தியும் எங்கு போய்ச் சேருகிறதென்பதை நாம் ஆலோசிக்கிறோமா? இல்லை மாமூல் பழக்கத்தைக் கொண்டாடிவிட்டு ஏதோ செய்துவிட்டதாக நினைத்துக் கொள்ளுகிறோம்.

இத்தனை பதவிகள் அடைந்தாரே அந்த மேதாவி! ஆனால் உண்மையில் பதவியை அடைந்தாரா? உண்மைப் பதவியடைந்திருந்தால் அவர் பிணமாகியிருப்பாரா?.

பசித்திரு,
தனித்திரு
விழித்திரு
(வள்ளலார்)

இந்தப் பதவியல்லவா பதவி! இந்தப் பதவியடைந்திருந்தால் அவர் ஏன் பிணமாக வேண்டும்? இந்தப் பதவியல்லவோ வைகுண்டப்பதவி, சிவ பதவி.

சிவபதம் என்பது என்ன? “படியளவு சாம்பலைப் பூசியே பழுத்த பழம்” என்று வள்ளலார் சாம்பலைப் பூசி உரத்த குரலில் தேவாரம் பாடிவிட்டால் சைவமாகுமா? சிவன் இந்த பூதக் கண்களுக்கு காட்சியளிப்பாரா? விரதமென்ற பெயரால் பட்டினி கிடந்து அங்குமிங்கும் ஓடி வெறும்வெளியில் சுகம் பெற முடியுமா?.

சிவம் என்ற பதத்தில் 'சி' என்னும் எழுத்தின் தலை மேலுள்ள சுழியை எடுத்துவிட்டால் சிவம் சவமாகி விடும்.

இந்த இகாரத்தை அறிந்தவனே சிவத்தை அறிய முடியும். அதன்றி,

"பெண் கொண்ட சுகமதே கண்கண்ட பலனிது
பிடிக்க வறியாது சிலர்தாம்
பேரூரிலாத வொறு வெறு வெளியிலே
சுகம் பெறவே விரும்பி வீணிற்
புண் கொண்ட வுடல் வெழுத்துள்ளே
நரம்பெலாம் பசையற்று மேலெழும்பப்
பட்டினிகிடந்து சாகின்றார்களீ தென்னபாவம்
இவருண்மை யறியார்....."

என்று வருந்தி வருந்தி வள்ளலார் எழுதியுள்ளார்.

பரமபதம், வைகுண்டம், சிவபதம் அடைந்தவனுடைய நிலையை தான் அனுபவித்த வண்ணம் வள்ளலார் சொல்கின்றார்,

"கோயில் கதவு திறந்திடப் பெற்றேன்
காட்சி யெல்லாங் கண்டேன் அடற்கடந்த
திருவமுது உண்டு அருள் ஒளியில் அனைத்தும்
அறிந்து, தெளிந்து அறிவுருவாய் யறியாமை
யடைந்தேன், உடல் குளிர்ந்தேன்,
உயிர் கிளர்ந்தேன்
உள்ளமெலாம் தழைத்தேன்
இடர்தவிர்க்கும் சித்தியெலாம் என்வசம்
ஓங்கினவே!

என்ற கதியல்லவோ சிவகதி! அதுவல்லவா வைகுண்டம்! வள்ளலார் சொல்லும் கோயிற்கதவு மனிதனால் ஆக்கப்பட்ட மறக்கதவா? இல்லை! இல்லை! அதுவாயிற் கதவு! அந்த வாயிற்கதவைப் பின்னால் வரும் திருமூலர் செய்யுள் விளக்கும்.

தன்னுள்ளிருக்கும் வாயிற்கதவையே அவர் குறிப்பிடுகிறார். அந்தக் கதவு திறந்தது. காட்சியெல்லாம் புலப்பட்டன. திருவமுது சொட்ட ஆரம்பித்தது.

உடல் குளிர்ந்தது.

சித்தியெல்லாம் அவர் வசம் ஓங்கின.

வைஷ்ணவக் கோயில்களில் ஏகாதசியன்று சொர்க்கவாசல் திறக்கப்பட்டு ஆயிரக்கணக்கான மக்கள் ஒருவரோடொருவர் இடித்துக் கொண்டு கால்களை மிதித்துக் கொண்டு உள்ளே ஓடோடிக் கண்ட பயனென்ன? உடல் குளிர்ந்ததா? அமிர்தம் பொழிந்ததா? உள்ளமெலாம் தழைத்ததா? ஐயோ பாவம்!.

கைலயங்கிரியில் வீற்றிருக்கும் சிவன் முடியிலிருந்து கங்கை இறங்கினாள்.

பகீரதன் மூதாதைகளின் பிணங்கள் மேல் கங்கை நீர் பாய்ந்தது.

எல்லோரும் உயிர் கொண்டு எழுந்தனர்.

இது சாத்திரம் அல்லது புராணம்.

வசதியுள்ளவர்கள் அக்கைலயங்கிரிக்கே போய்த் திரும்புகிறார்கள். "கைலாயத்திற்கே போய் வந்தோம்" என்று பறையடித்துக் கொள்கிறார்கள். கங்கை உற்பத்தியாகும் சிவனது முடியைக் கண்டோமென்பார்கள்.

கங்கையில் நீராடி நேராக வருகிறோமென்பார்கள். அப்படிப்பட்டவர்களைப் பெருமைபடுத்த அவரை அண்டிப் பிழைக்கும் கூத்தாடிகள் நாற்பது பேர்கள் சேர்ந்துகொண்டு, "ஆஹா சிவகதி பெற்ற பெருமானே! தங்களுடைய தரிசனத்தால் நாங்கள் தன்யர்களானோம்! நாங்கள் நேரில் கைலாயநாதரைப் பார்க்க முடியாவிடினும் அவரை தரிசித்து வந்த தங்களின் பாத சேவை கிடைக்கப் பெற்றோம்" என்றெல்லாம் புகழ்வது உலக இயல்பாகிவிட்டது.

கங்கை நீர் பருகுங்கள்; உங்கள் பாபங்களெல்லாம் கூண்டோடு தொலைந்து விடுமென்று கங்கை நீர் கொண்டு வந்த புண்ணியர் ஒருவர் ஒரு தேக்கரண்டியில் செப்புக் கலசத்திலுள்ள நீரைச் சிரத்தையுடன் கொடுப்பார்.

கூத்தாடிகளும் இருகைகள் ஏந்தி மெல்ல தலையை தூக்கிப் பருகிவிட்டு தலை முடியில் சிவநீரை துடைத்துக் கொள்ளுவார்கள்.

"கொலை, களவு, காமம் முதலிய தீமைகளன்றி நன்மை யென்பதனைக் கனவிலும் கண்டறியா மக்கள் கங்கையெனும் ஆற்றில் குளிக்கினுந் தீ மூழ்கியெழினும் அவ்வசுத்தம் நீங்காது கண்டாய்" என்று வள்ளலார் சொல்வதை யோசிக்க வேண்டாமா?. ஆகவே அசுத்தங்களை அகற்றி உடல், உயிர், ஆவியெல்லாம் குளிரச் செய்யும் கங்கை எதுவாயிருக்கம முடியும்? மண்ணும் கல்லும் சாக்கடை நீரும், ஒன்று பாதியுமாய்ச் சுட்டுத்தள்ளிய பிணங்களும் கலந்த கங்கை நீரில் மூழ்கினால் எந்த பாபம் தொலையும்? எந்த சிவபதம் அடைய முடியும்? சாக்கடை நீரில் அழுக்குத்துணியை துவைத்துப் பரிசுத்தமாக்க முடியுமா? எது சுத்த கங்கையோ அதுவல்லவோ மற்ற அசுத்தங்களை நீக்க வல்லது.

அந்த சுத்த கங்கை எங்குள்ளது? கோவிலில் வைத்திருக்கும் பஞ்ச பாத்திரத்திலா? அங்கு இருக்கும் தீர்த்தக் குளங்களிலா? அந்த தீர்த்த மிருக்குமிடத்தைத் திருமூலர் சொல்கிறார்;

"உள்ளம் பெருங்கோயில் ஊனுடம் பாலயம்
வள்ளற் பிரானார்க்கு வாய்க்கோபுர வாசல்
தெள்ளத் தெளிவார்க்குச் சீவன் சிவலிங்கம்
கள்ளப் புலனைந்தும் காளாமணி விளக்கே"
"தலையடி யாவதறியார் காயத்தில்
தலையடி உச்சியில் உள்ளது மூலந்
தலையடியான அறிவை அறிந்தோர்
தலையடியாகவே தானிருந்தாரே"

(திருமந்திரம்)

இதையே பத்திரகிரியார் சொல்கிறார;

"உச்சிக் கிடைநடுவே ஓங்கும் குருபதத்தை
நிச்சயித்துக் கொண்டிருந்து நேர்வதினி யெக்காலம்
காசியெல்லாம் நடந்து காலோய்ந்து போகாமல்
வாசிதனில் ஏறிவரு வதினி யெக்காலம்
மூலநெருப்பை விட்டு மூட்டி நிலாமண்டபத்தில்
பாலையிறக்கி உண்டு பசியொழிவ தெக்காலம்"

(மெய்ஞானப் புலம்பல்)

பத்திரகிரியார் இந்த கங்கையை அமிர்தப்பால் என்கிறார். இது பிறக்கும் மண்டபம் எங்குள்ளதென்றும் சொல்கிறார். அதையே திருமூலர் சொல்வதையும் கவனிக்கத்தக்கது.

"உடலிற் கிடந்த உறுதிக் குடிநீர்க்
கடலிற் சிறு கிணற்றேற்ற மிட்டாலொக்கும்
தெளிதரும் இந்த சிவநீர்ப் பருகில்
ஒளிதரு மோராண்டில் ஊனமொன் றில்லை"
"இந்த சிவநீரை நுரை திரை நீக்கி நுகரவல்லார்க்கு
நரை திரை மாறும் நமனு மங்கில்லையே"

(திருமூலர்)

இந்த சிவநீரையே வள்ளலார் அமுதம் என்கிறார்.

இதைப் பருகபருக நரை திரை மாறும். உடல் வன்மைபெறும், மூப்பு சாக்காடு ஒழிந்து உடல் இளமையடையும். பழம் காயாகும்.

காய கல்பம் தேடிஊரூராய் அலைந்து திரிவதினாலென்ன பயன்? காயத்தை கல்லாக்கும் மருந்து வெளியிலில்லை.

உள்ளே தான் உள்ளதென்பது தெள்ளத் தெளிவாகப் புலனாகிறதல்லவா!.

இந்த சிவநீர் இருக்குமிடம், அதை இறைத்துப் பருகும் மார்க்கம் சொல்ல வல்லார் யாராவது இருக்கிறார்களா?

அவர்கள் எங்கிருக்கிறார்கள் என்னும் கேள்வி யாருக்கும் உதிக்கக் கூடும்.

"எந்த ரோமகானு பாவலு" என்று தியாகையர் சொன்னபடி எத்தனையோ சித்த பிரான்கள் உலாவிக்கொண்டு தானிருக்கிறார்கள்.

ஆனால் அவர்கள் சொல்வதைக் கேட்டு அப்படியே நடக்கத் தயாராயிருக்கிறோமா!.

ஒரு பெரிய வனத்தில் ஒரு சித்தர் பிரானுள்ளார். "வாருங்கள் போய் பார்த்து விட்டு வரலா" மென்று காயகல்ப சாதனையை அடைய விரும்பிய நண்பரிடம் சொன்னால், "போகலாம்!

வியாபாரம் இப்பொழுது தான் துவங்கினேன்; உடனே வெளியில் போனால், வியாபாரம் பார்க்கத் தகுந்த ஆள் இல்லை, சௌகர்யம் பார்த்துக்கொண்டு போவோம்.

சரி, அவர் உள்ள இடம் எத்தனை மைல்? கார் அவர் இருப்பிடத்திற்கு நேராகப் போகுமா; அவ்விடத்தில் சாப்பாட்டிற்கு வசதியுண்டா? கூட்டம் அங்கே நிறைய வருமா! காபி ஹோட்டல் பக்கத்தில் உள்ளதா?" என்னும் கேள்விகள் சரமாறியாகப் போடுவர்.

இப்படிபட்டவர்களுக்கா சிவநீர் கிடைக்கும்? கதவைத்திறக்கும் சாவியை அச்சித்தர் பிரான்கள் கொடுப்பார்களா?.

எதுவரினும், எது போயினும் சரி, இன்றே அந்த சிவநீரை பருக வேண்டும்; என் உடல், உயிர் ஆவி அத்தனையும் இந்நேரமே சமர்பித்து விடத் தயாரென்று உறுதி உதித்த நேரமே குருதேவன் வருவார். வழி பிறக்கும். சிவநீர் சுரக்கும்.

(இந்த கட்டுரை வைத்திய ரத்தினம் அவர்களால் எழுதப்பட்டு 1967 ஆம் ஆண்டு ஜனவரி மாதம் "முதல் சித்தன்" என்ற மாத இதழில் பிரசுரமாகியது.)

அகர ரகசியம் - பகுதி 31

பல மாணவர்களும் இந்த தவறான பொருள்களையே தேர்ந்தெடுக்கின்றனர். அவை போரோக்ஸ் அல்லது அலுமினியம் அல்லது மை, அல்லது துருசு, அல்லது ஆர்சனிக் அல்லது விதைகள் அல்லது தாவரங்கள் அல்லது ஒயின், வினிகர், சிறுநீர், முடி, இரத்தம், பசை, பிசின் போன்றவை; அல்லது அவர்கள் ஒரு தவறான முறையைத் தேர்ந்தெடுத்து, செயல்படுகின்றனர். உலோக உடல்களைக் கசிவு செய்வதற்குப் பதிலாகக் கட்டுப்படுத்துகின்றனர்.

பிலாலெத்ஸால் ஆற்றிய வானியல் ரூபி ஒரு சுருக்கமான வழிகாட்டி, கிபி1694.

Philosopher's Stone மற்றும் அதன் கிராண்ட் ஆர்க்கானம் பற்றி, நீ கடவுளின் கருணையால் மட்டுமே தத்துவவாதிகளின் கல்லைப் பெறமுடியும். அப்படியானால், அது காய்கறிகளிலோ அல்லது விலங்குகளிலோ இல்லை, கந்தகம், பாதரசம் மற்றும் கனிமங்களில் இல்லை; துருசு, படிகாரம் மற்றும் உப்புக்களில் மதிப்பு இல்லை; தகரம், இரும்பு மற்றும் செம்பில் இலாபம் எதுவும் இல்லை; வெள்ளி மற்றும் தங்கம் எந்தவொரு திறமையும் இல்லை. குழப்பமான பொருளில் இருந்து தான் அனைத்தையும் சாதிப்பார்கள். இது மூடியிருக்கிறது, உப்பு பிறகு இணைக்கப்படுகிறது. நான் சந்திரன் மற்றும் சூரியனை மரம் என்பேன். நான் அதை தேன் மலர் என்று அழைக்கிறேன். மலர் மற்றும் தேன் கந்தகம் மற்றும் பாதரசம் ஆகும். அனைத்து உலோகங்களுக்கும் வெண்மையான விதை உண்டு. தண்ணீர் ஆவியாகும், பூமி நிலையானது; மற்றொன்று இல்லாமல் ஒன்றும் செய்யமுடியாது.

அடுத்ததாக கருத் தைலம் கூறுகிறேன் கேள்:-

கருத்தைலம்

அண்டத்தில் இருந்து கிடைக்கும் அமுரியை சூரிய உதயத்திற்கு முன் எடுத்து அடிமுடியை நீக்கி சமைத்து ஆறு திங்கள் சமாதி வைக்கவும்.

ஏழாம் நாள் எடுத்து அமுரி எட்டுப் பங்கும், கல்லுப்பு இரண்டு பங்கும் சேர்த்து கரைத்து இந்நீரை மேல் சமாதி நீரின் அளவிற்கு எட்டுப் பங்கு கலந்து மூடி சீலை மண் செய்து வெய்யிலிலும், பனியிலும் இருக்குமாறு பார்த்து (மழை நீர் மற்றும் வேறு எந்த வித நீரும் உள்ளே கலந்து விடக் கூடாது) நாலாம் நாள் வாலையில் விட்டு வடிக்க முதலில் வரும் வெள்ளை நீரை தனியாகவும், பின் வரும் இரத்த வர்ண நீரை தனியாகவும் பிடிக்கவும். இந்த இரத்த வர்ண நீரே நாதத்தின் கருத் தைலம் எனப்படும்.

விளக்கம்:

அண்டத்தில் இருந்து கிடைக்கும் அமுரியை என்பது அண்டம் என்றாலும் அமுரி என்றாலும் இரண்டும் ஒன்றே. அமுரி என்பது பொதுப் பெயர். பிரணவப் பொருளாகிய முதல் பொருளுக்கும் அதிலிருந்து கிடைக்கும் நீர்மங்களுக்கும் அமுரி என்றே பெயர். இந்த இடத்தில் அமுரி என்பது முதல் பொருளைக் குறிக்கும்.

அந்த முதல் பொருளை காலையில் அடிமுடி நீக்கி என்பது பரிபாஷை. அமுரி என்பது முழுதும் அமுத மயமானது. அதில் இருக்கும் மூன்றாவது பகுதிப் பொருளை நீக்கி சமைத்து என்பதும் சமாதி வைத்து என்பதும் காடி வைப்பதையே குறிக்கும்.

ஆறு திங்கள் என்பது ஆறு மாதம் ஆகும். ஆனால் உண்மையில் இந்த காலக் கணக்கு முற்றிலும் பரிபாஷை ஆகும். சரியான காலஅளவு என்பது ஆறு வருடங்களாகும். அதன் பின் ஏழாம் நாள் எடுத்து என்பது பரிபாஷை. அதன் பிறகு எடுத்து அமுரி எட்டுப் பங்கும், கல்லுப்பு இரண்டு பங்கும் சேர்த்து கரைத்து, இந்த நீரை மேல் சமாதி நீரின் அளவிற்கு எட்டு பங்கு கலந்து என்பது . . . . . அமுரியை காடி வைக்கும் போது பல வகை மாற்றங்கள் ஏற்படும். அப்போது தான் அமுரியும், அண்டக்கல்லும் (கல்லுப்பு) கிடைக்கும்.

இதில் வெள்ளை நிற அமுரி, வெள்ளை அண்டக்கல், சிவப்பு நிற அமுரி, சிவப்பு அண்டக்கல் போன்றவை கிடைக்கும்.

அமுரி எட்டு பங்கும், கல்லுப்பு இரண்டு பங்கும் சேர்த்து கரைத்து வெய்யிலிலும், பனியிலும் இருக்குமாறு பார்த்து என்பது காடி வைப்பதே ஆகும். அவ்வாறு காடி வைக்கும் போது வாலை வடிதல் நடைபெறும். முதலில் கூறியதையே, இரண்டாவதாக வேறு விதமான பரிபாசையில் கூறுகிறார். இரண்டு செய்முறையும் ஒன்றே.

மேற்படி செய்முறையில் கிடைத்த இரத்த வர்ண நீரே நாதத்தின் கருத் தைலம் எனப்படும்.

அகர ரகசியம் - பகுதி 32

ஆதி மெய் உதய பூரண வேதாந்தம்

வாத கற்பம்

காப்பு

மாதவத்தின் தவநிலையின் இருப்புமாகி
மதியாகிப் பதியாகி மனவாக்குக்கு எட்டாப்
பூதலத்தின் மேதலம் பூரணமுமாகிப்
பிணியாகிப் பிணிதெறிக்கும் மருந்து மாகி
ஈதலத்தின் வாத கற்பம் எடுத்திங்கு ஓதி
எந்தன் குல சுக்கில நாத உடம்பாய் நின்ற
ஓதும் மதி வேத கலைவாணி என்ற
உளங்குளிர நாவினின்று முழங்கும் காப்பே

நூல்

மாதவன் தவ மருந்தொன்று இருக்கு
வாங்க வாருமே
மரண வறுமை தீருமே
தேகச் சாதிலிங்கம் கெந்தி வெண் பாஷாணம்
யோகப் பச்சை நாபி கருநெல்லியும்
ஊசித் திருநீர் கொண்டுமே வாசிக்கரு
கல்வத்திலே
ஓரேழு சாமம் ஆட்டவே காரம் கடுக்காய் போலே... 1

காமாலை சோகை கனத்த மகோதரம்
கோமாரி வெப்பு குல வாதத்துடனே

கொத்துடனே இத்துவிழச் சித்ரவதை
செய்யும் செய்யுமப்பா.......... 2

குன்மம் தலைப்பிணி ரோகம் பீனிசமும்
குஷ்டமுடன் ஜூரம் ஜன்னி க்ஷயத்துடன்
கொத்துடனே இத்துவிழச் சித்ரவதை
செய்யும் செய்யுமப்பா.......... 3

குத்திருமல் பித்தம் கக்கும் ஓக்காளநீர்
குத்தும் வெள்ளை வெட்டை பக்கச்சூலையுடன்
கொத்துடனே இத்துவிழச் சித்ரவதை செய்யும்
செய்யுமப்பா. 4

வாதம் எண்பதுவும் வலிப்பில் ஓரைந்துமே
சேதஞ் செய்யும் புறவீச்சுடன் அற்றும்
சொல்லாமலே எல்லாம் விடுத்து எல்லை
கடந்தோடும் ஓடுமப்பா.......... 5

மேநிலைப் பொருப்பினுள்ளே
விளைந்தது படிகம் போலே
கோநிலை அண்டக் கல்லை
குரு முடித்தெடுத்துக் கொண்டு
நாநிலச் சரக்கின் வேதை
நட்டமும் நீக்கி மேலாம்
நீநிலச் செம்பிற் காட்ட
நிறைந்ததோர் மாற்று எட்டு ஆச்சே.......... 6

எட்டது திட்டம் ஆச்சென்று
இருந்திட வேண்டாம் பின்னும்
அட்டி இல்லாத மைந்தா
அயப்பொடி பலம் ஓரேழில்
சட்ட நிம்பழத்தின் சாற்றில்
தனிப்பட கரைத்து உலர்த்தி
வெட்டென வீழிச்சாறு விட்டு
அரைத்திடு சாமம் நாலே.......... 7

நாலில் ஓர் நொடியின் நேரம்
நடுவினில் இடைவிடாமல்
கால் மடித்து ஆட்டிக் கொண்டு
கவனமாய் வழித்தெடுத்து
வேல் முனை வில்லை தட்டி
வெயிலில் வைத்து எடுத்த பின்னே
மேல வான் கற்பூரத்தை
வீழி இலை மேற்பரத்தே..........   8

பரத்தியே நடுவில் வில்லை
பக்குவத்தின் இடையில் மேலும்
விருத்தமாய் பந்து போலே
விளங்கவே எரித்து ஆற்றி
தரித்திரம் போக என்று
தவமணி மக்கட்காக
இருத்திய வாத கற்பம்
இது வெகு சுருக்குப் பாரே..........   9

பாரே தான் இதுவே காய
கற்பமும் இதுவே யாகும்
நேரே நீ ஆற்றி வைத்த
நிச வில்லை தனை எடுத்து
கூறுவேன் வஜ்ஜிரம் என்ற
குகையில் வைத்து அதன் மேல் மூடி
பார்த்து அறி உலைக் கிட்டத்தின்
பகர் பொடி உளுத்தம் மாவே   10

மாவதுவும் சமனாய்ச் சேர்த்து
மணு அண்டக் கருவாம் வெள்ளை
மேவவே குழம்பதாக்கி
விடிய ஓர் சாமந் தன்னில்
ஆவியும் நிலைக்க என்று
அணைத்து ஏழு சீலை செய்து
நீவியே மூவொன்பதாம்
நூற்றெருப் புடத்தில் சேரே..........   11

சேர் கஜ புடத்தில் மைந்தா
செந்தூரம் மனதில் நாட்டி
வார் குழல் தியானம் தந்த
வள்ளல் பால் விடையும் பெற்று
நீர் துளி முப்பூக் காட்டி
நிறை நெருப்பிட்ட பின்பு
கூறும் நான் மறையின் உச்சி
குறி பிரம்மரந்திரம் அங்கே......... 12

"அங்" உரு ஆறாயிரமாம்
ஆன பின் எடுத்துப் பார்க்கத்
தங்கம் போல் மஞ்சள் சாயல்
தனிக் கட்டி அதை எடுத்து
இங்கிதக் காற்றங்கு ஏற
இருந்தது பொடியாம் அப்போ
அங்கு ஆவின் பால் விராலி
அதனிலை பழச்சாறு சேரே......... 13

சேர்த்து இவை மூன்றும் மைந்தா
திரு வளர் கல்வந் தன்னில்
சாத்திரப் படியே ஆட்டி
சானத்தின் பதமாம் அப்போ
கோத்திரம் தழைக்க என்று
குணப்பொடி உள்ளே வைத்து
வேற்றொருவரும் காணாமல்
விரைவுடன் கவசம் பண்ணே......... 14

பண்ணியே குக்குடத்தில்
பவழமும் நிகர் ஒவ்வாது
கண்ணொளி மழுங்கிக் கூசும்
கனகச் செந்தூரத் தோற்றம்
எண்ணியோர் அணுவே யாகும்
எந்த லோகத்தும் நீட்ட
மின்னொளி மாற்றின் லக்கம்
விதி சகஸ்திரத்தெட்டு ஆடே......... 15

ஆடிடும் அபரஞ்சிக்கு
அதிகமே ஓடிக் காணும்
காடுடன் மலையும் மற்றும்
கண் விழித்திடப் பொன்னேயாம்
தேடரு மண்டலந்தான்
தேனிலோர் கடுகே யாகும்
ஈடு உனக்கு எவர் காண் மண்ணில்
இருந்து நீ பரத்தை நாடே.......... 16

நாடெலாம் ஓடிச் சுற்றி
நாதமிலாத சரக்கை ஆடி
மோடியாய்ச் சுட்டு நீத்து
முறை குருவைப் போற்றாமல்
ஓடியே நரம்பும் கண் கெட்டு
ஒழிந்தனரென இரங்கிப்
பாடினேன் படித்தாலாமோ
பார்த்து நீ அறிவாய் உன்னில்.......... 17

வாத கற்பம் முற்றிற்று.

ஆதார நூல்கள்

1. அகத்தியர் பூஜா விதி
2. வள்ளுவர் முப்பு சூத்திரம்
3. அகத்தியர் பரிபசை-500
4. புலஸ்தியர் கற்பம்-300
5. அகத்தியர் அந்தரங்க தீட்சா விதி
6. அகர ஆய்வு - மகான் கருணாகர சுவாமிகள்
7. அகத்தியர் அமுத கலை ஞானம் - 1200
8. அப்பின் வழி வந்த கல்பம்- மகான் கருணாகர சுவாமிகள்
9. திருவருட்பா - இராமலிங்க வள்ளலார்
10. நந்தீசர் கருக்கிடை - 300
11. திருவள்ளுவர் பஞ்சரத்தினம்
12. அகத்தியர் முப்பு - 50
13. இராமதேவர் வைத்திய காவியம் - 1000
14. கடைப்பிள்ளை கலைக்கியானம்
15. கொங்கணர் வாத காவியம் - 3000
16. திருவள்ளுவ நாயனார் வாத சூத்திரம் - 16
17. திருவள்ளுவர் எழுதிய திருக்குறள்.

18. திருவள்ளுவரின் ஞான வெட்டியான்

19. காகபுஜண்டர் பெருநூல் காவியம்

20. சுப்பிரமணியர் சுத்த ஞானம் - 100

21. அமுத கலசம் - ஜட்ஜ் வி. பலராமையா

22. முப்பு குரு - ஜட்ஜ் வி. பலராமையா

23. உச்சி முதல் பாதம் வரை - பொள்ளாச்சி யோகி திரு. அ. உசேன்கான்

24. கொங்கணர் கடைக்காண்ட சூத்திரம்

25. சட்டை முனி வாத காவியம் - 1000

26. அகத்தியர் கற்ப முப்பு குரு நூல் - 100

27. திருமூலர் திருமந்திரம்

28. பத்ரகிரியார் மெய்ஞானப் புலம்பல்

29. முதல் சித்தன் மாத இதழ் - 1967

30. ஆவிகள் உலகம் மாத இதழ் -

31. ஆதி மெய் உதய பூரண வேதாந்தம்

32. The supreme secret of the world interpreted by Theophrastus paracelsus in German language “yah golden and blessed casket of nature’s marvelous” translated by benidictus figuls in English language. புனிதமான இயற்கை அற்புதங்களின் தங்கம் தமிழில் மொழி பெயர்த்தவர் D. அமிர்த ராஜன். வேலூர்.

33. The admirable efficiency of the true oil of sulphur vive

34. ஞானி எடோக்சசின் ஆறு சாவிகள்

35. Aurum portable by Dr. Antony

36. The Sophie hydrolith

37. The hermetic practice six keys

38. The process by philosopher leyder -1662

39. The stone of the philosophers

40. The only true way

41. The demonstration of nature

42. A very brief track concerning the philosophical stone

43. The house of light

44. The Arora of the philosophers

45. The metamorphosis of metals

46. The root of the world

47. The true book of the loaned Greek abbot synesius

48. The glory of the world or table of Paradise

49. The water stone of the wise

50. An open entrance to the closed palace of the king

51. On the philosophers stone

52. பிலலெத்தஸ் ஆற்றிய வானியல் ரூபி ஒரு சுருக்கமான வழிகாட்டி 1694

53. இகின்ஸ்-ஆகுவா என்ற நித்திய ஜீவ நீரான மரணம் மாற்றும் நீரின் ரகசியங்கள் -ஞானி ஈரேனஸ் பிலலெத்தஸ்.

www.ingramcontent.com/pod-product-compliance
Lightning Source LLC
Chambersburg PA
CBHW020743180526
45163CB00001B/334
9781639574070